高职高专机电类专业“十三五”规划教材

微型计算机控制技术与应用项目教程

主　编　王德志
副主编　李俊仕
参　编　王　政　马和平　于新潮
主　审　何　萍　张　彬

西安电子科技大学出版社

内 容 简 介

本书以 MCS-51 系列单片机芯片为背景，深入浅出地介绍了单片机的结构、工作原理、编程方法(汇编语言和 C 语言)及单片机通信等。全书共有 8 个任务，主要内容包括：循环彩灯的控制、汽车转向灯的控制、交通信号灯的控制、单片机串行通信技术应用、生产线产品计件显示控制、矩阵键盘设计与扫描、波形发生器的设计及直流电机的 PWM 调速控制。本书内容丰富、实用，并在每一个任务后配有思考与练习。

本书可作为高职高专院校机电一体化技术专业、电气自动化专业等的专业课教材，也可供成人教育院校机械类、机电类专业的师生学习，还可供从事单片机应用产品开发的工程技术人员参考使用。

图书在版编目(CIP)数据

微型计算机控制技术与应用项目教程 / 王德志主编. —西安：西安电子科技大学出版社，2020.1
ISBN 978-7-5606-5545-1

Ⅰ. ① 微… Ⅱ. ① 王… Ⅲ. ① 微型计算机 —计算机控制—高等职业教育—教材 Ⅳ. ① TP273

中国版本图书馆 CIP 数据核字(2019)第 289457 号

策划编辑 秦志峰
责任编辑 张静雅
出版发行 西安电子科技大学出版社（西安市太白南路 2 号）
电 话 (029)88242885 88201467 邮 编 710071
网 址 www.xduph.com 电子邮箱 xdupfxb001@163.com
经 销 新华书店
印刷单位 陕西天意印务有限责任公司
版 次 2020 年 1 月第 1 版 2020 年 1 月第 1 次印刷
开 本 787 毫米×1092 毫米 1/16 印张 16.5
字 数 389 千字
印 数 1～3000 册
定 价 42.00 元
ISBN 978-7-5606-5545-1 / TP

XDUP 5847001-1

前　言

本书是根据高等职业技术教育和高等专科教育的教学要求而编写的，在编写理念上力求理实一体化，着重培养学生的动手能力、实践能力和可持续发展能力，突出理论知识的应用，加强针对性和实用性，注重学生技能的培养。全书共8个任务，包括循环彩灯的控制、汽车转向灯的控制、交通信号灯的控制、单片机串行通信技术应用、生产线产品计件显示控制、矩阵键盘设计与扫描、波形发生器的设计、直流电机的PWM调速控制等。本书采用汇编语言和C语言双语编程。

本书具有如下特色：

(1) 教材结构符合学生的认知规律。本书结合高职高专教育的特点，按照“必须、够用、发展”和突出实践能力培养的原则编写。

(2) 内容适当、易懂。在编写本书的过程中，编者贯彻理实一体化、理论联系实际的原则，着重基本概念和原理的阐述，突出理论知识的应用，加强针对性和实用性，注重引入新技术，拓展专业实践经验，具有内容适当、浅显易懂、实践性强的特点。

(3) 应用性强。为加强学生动手能力、解决实际问题能力的培养，本书以8个任务为载体，着重强调实际应用，有利于学生分析和解决实际问题能力的提高。

本书既可作为高职高专院校机电一体化技术专业、电气自动化专业等的专业课教材，又可供成人教育院校机械类、机电类专业的师生学习、参考，还可供从事单片机应用产品开发的工程技术人员参考使用。

本书由包头职业技术学院王德志主编，包头职业技术学院李俊仕、王政、马和平、于新潮参编，具体编写分工为：王德志编写任务1；马和平编写任务2；于新潮编写任务3、任务4；王政编写任务5、任务6；李俊仕编写任务7、任务8。

本书由包头职业技术学院电气工程系何萍主任及包头钢铁(集团)有限责任公司电气公司张彬高级工程师担任主审，他们对书稿进行了认真细致的审阅，提出了许多宝贵的意见，在此深表谢意。

由于编者水平所限，书中疏漏和不足之处在所难免，欢迎广大读者批评指正。

编　者

2019年9月

目　录

任务1　循环彩灯的控制

1.1　任务描述

图1-1所示为循环彩灯控制电路，控制面板上的8个发光二极管按照全亮、全灭的规律不停地循环变化。分析电路图并接线，P1.0～P1.7分别连接8个发光二极管L1～L8端。

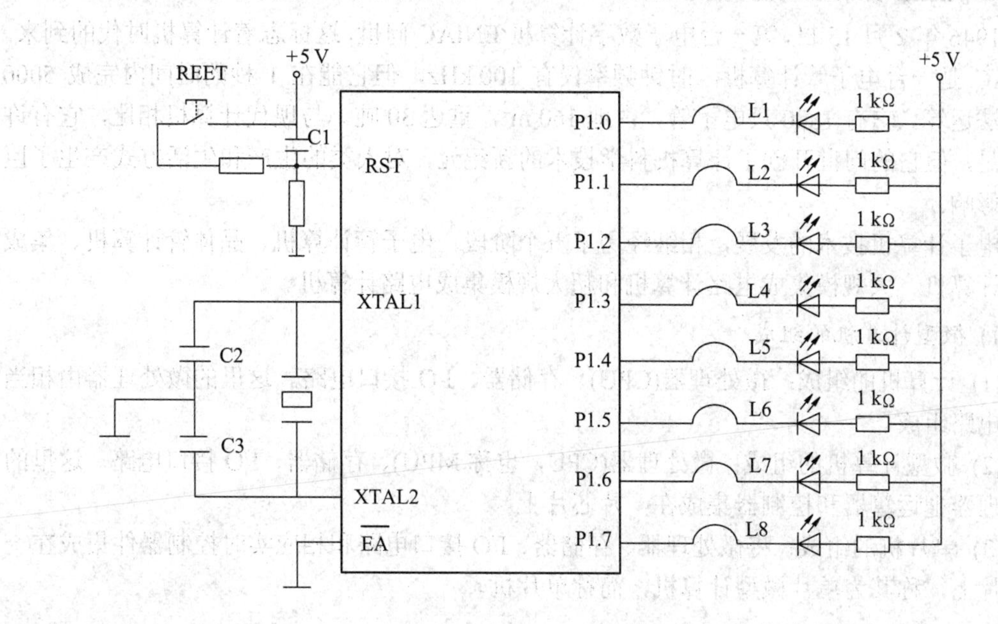

图1-1　循环彩灯控制电路

1.2　任务目标

1. 能力目标

(1) 认识单片机常用芯片，掌握单片机的概念。

(2) 了解单片机系统的组成。

(3) 熟悉计算机中数的表示方法及运算。

(4) 学会使用单片机开发装置。

2. 知识目标

(1) 掌握微型计算机系统的基本知识及单片机系统的组成。

(2) 学会计算机器周期(机周)，掌握单片机复位后 CPU(微处理器)状态。

(3) 掌握 I/O(输入/输出)接口的使用方法。

(4) 熟悉单片机开发装置的基本使用方法。

(5) 熟悉指令系统，会编写简单控制程序。

1.3 相关知识

1.3.1 微型计算机系统的基本知识及单片机系统的组成

1. 微型计算机系统基本知识

1946 年 2 月 15 日，第一台电子数字计算机 ENIAC 问世，这标志着计算机时代的到来。ENIAC 是一台电子管计算机，时钟频率仅有 100 kHz，但它能在 1 秒的时间内完成 5000 次加法运算。它有 1800 只电子管，占地 160 m^2，重达 30 吨。与现代计算机相比，它有许多不足，但它的问世开创了计算机科学技术的新纪元，对人类的生产和生活方式产生了巨大的影响。

电子计算机技术的发展，相继经历了五个阶段：电子管计算机、晶体管计算机、集成电路计算机、大规模集成电路计算机和超大规模集成电路计算机。

1) 微型计算机的组成

(1) 计算机的组成：微处理器(CPU)、存储器、I/O 接口电路。这里的微处理器由相当多的电路组成。

(2) 微型计算机的组成：微处理器(CPU，也称 MPU)、存储器、I/O 接口电路。这里的微处理器把运算器和控制器集成在一片芯片上。

(3) 单片机的组成：将微处理器、存储器、I/O 接口电路和相应实时控制器件集成在一块芯片上，称其为单片微型计算机，简称单片机。

2) 微型计算机的发展概况

微型计算机的发展可分为两个时期。

第一时期：微处理器发展初期。Intel 于 1971 年推出 4004，然后相继推出了 Intel 8008、8080、8085，Motorola、Zilog 公司分别推出了 MC6800、Z80。此时的微处理器功能逐步增强，速度不断提高，已开始具有实用意义。

第二时期：微处理器飞速发展时期。从 20 世纪 70 年代中期起，微处理器开始形成如下两大分支：

一类分支是 PC 处理器，以 Intel 公司的 8086、8026、386、486、586、奔腾Ⅱ～Ⅳ为代表，以满足海量高速数值计算为己任，其数据带宽不断更新，迅速从 8 位、16 位过渡到 32 位、64 位，其通用操作系统不断完善，突出发展高速海量数值计算能力，并在数据处理、模拟仿真、人工智能、图形处理、多媒体和网络通信中得到了广泛的应用。

另一类分支是嵌入式微处理器，也就是人们常说的单片机。嵌入式微处理器面对工业控制领域，突出控制能力，实行嵌入式应用。单片机以 Intel 公司的 MCS-48、MCS-51 等为代表，在工业测控系统、智能仪表、智能通信产品、智能家用电器和智能终端设备等许多领域得到了广泛应用。

3) 单片机的发展概况

单片机的发展大致可分为四个阶段。

第一阶段：单片机探索阶段。以 Intel 公司 MCS-48、Motorola 公司 6801 为代表，属低档型 8 位机。

第二阶段：单片机完善阶段。以 Intel 公司 MCS-51、Motorola 公司 68HC05 为代表，属高档型 8 位机。此阶段，8 位单片机体系进一步完善，特别是 MCS-51 系列单片机得到了广泛的应用，奠定了在单片机领域的经典地位，形成了事实上的 8 位单片机标准结构。

第三阶段：8 位机和 16 位机争艳阶段，也是单片机向微控制器发展的阶段。此阶段 Intel 公司推出了 16 位的 MCS-96 系列单片机，世界其他芯片制造商也纷纷推出了性能优异的 16 位单片机，但由于价格不菲，其应用受到一定限制。而 MCS-51 系列单片机由于其性能价格比较高，得到了广泛的应用，并吸引了世界许多知名芯片制造厂商竞相使用以 80C51 为内核，扩展部分测控系统中使用的电路技术、接口技术、A/D(模数转换)、D/A(数/模转换)和看门狗等功能部件，推出了许多与 80C51 兼容的 8 位单片机，强化了微控制器的特征，进一步巩固和发展了 8 位单片机的主流地位。

第四阶段：微控制器全面发展阶段。随着单片机在各个领域全面深入的发展和应用，出现了高速、大寻址范围、强运算能力的 8 位/16 位/32 位通用型单片机以及小型廉价的专用型单片机，单片机已进入一个可广泛选择和全面发展的应用时代。

4) 单片机的分类

(1) 通用/专用型。所谓通用/专用，是指其应用范围。如 80C51 属于通用型单片机，它不是为某种专门用途设计的。还有一些单片机是针对某一类产品甚至某一个产品而设计生产的，如 VCD、DVD 以及 PC 声卡、显卡中的 CPU 芯片。专用型单片机可最大限度地简化系统结构，提高资源利用率，降低成本。目前，开发专用型芯片是单片机发展的一个重要分支。

(2) 总线/非总线型。总线型单片机普遍设置有并行地址总线、数据总线和控制总线，这些引脚可以用来并行扩展外围器件。非总线型单片机从实用角度可分为两类：一类是有并行总线但不并行扩展，原用于并行扩展的地址总线、数据总线引脚可直接用于 I/O 接口，即使需要扩展也通过串行口扩展；另一类是将需要的外围器件及外设接口直接集成在单片机内，省去原用于并行扩展的地址总线、数据总线和无用的控制端线，这样就减少了芯片引脚数和芯片体积。

由于串行扩展技术的发展以及在 Flash ROM(电擦除闪存)中的应用，非总线型单片机逐渐成为单片机发展的主流方向。

5) 单片机的指令结构

单片机的指令结构有复杂指令结构(CISC)与精简指令结构(RISC)两种。

早期的单片机大多是 CISC 体系，其指令复杂，指令代码、周期数不统一，因此指令运行很难实现流水线操作，大大阻碍了运行速度的提高，如 MCS-51 系列单片机。

而在 RISC 体系中，绝大部分指令是单周期指令，而且通过增加程序存储器的宽度，实现一个存储地址单元存放一条指令，从而实现流水线操作，在 f_{osc}(晶振频率)相同的条件下，大大提高了指令运行的速度，如 PIC 系列单片机。

6) 单片机的存储器

单片机的存储器主要有 OTPROM(一次编程存储器)、EPROM(紫外线擦除存储器)、Flash ROM。

单片机的片内 ROM(只读存储器)主要有以下几种形式：Mask ROM、OTPROM、EPROM 和 Flash ROM。Mask ROM 和 OTPROM 仅适用于大批量生产的成熟产品，不适用于在开发阶段或中小批量生产的产品。EPROM 和 EEPROM(也可写为 E^2PROM)已逐渐退出市场。Flash ROM 因其可多次编程擦写以及价廉且使用方便，目前已成为应用的主流品种。

7) 80C51 系列单片机简介

80C51 单片机属于 Intel 公司 MCS-51 系列单片机。MCS-51 系列单片机最初采用 HMOS 制造工艺，其芯片根据片内 ROM 结构可分为 8031(片内无 ROM)、8051(片内有 4 KB 掩膜 ROM)、8751(片内有 4 KB EPROM)，统称为 51 系列单片机。其后有增强型 52 系列单片机，包括 8032、8052、8752 等。

HMOS 工艺的缺点是功耗较大，随着 CMOS 工艺的发展，Intel 公司生产了采用 CHMOS 工艺的 80C51 芯片，大大降低了功耗，并引入低功耗管理模式，使低功耗具有可控性。根据片内 ROM 结构，80C51 芯片也有 80C31、80C51、87C51 三种类型，引脚与 51 系列兼容，指令相同。

随后，Intel 公司将 80C51 内核使用权以专利互换或出售形式转让给世界许多著名 IC 制造厂商，如 Philips、NEC、Atmel、AMD、Dallas、Siemens、Fujutsu、OKI、华邦、LG 等。在保持与 80C51 单片机兼容的基础上，这些公司融入了自身的优势，扩展了针对满足不同测控对象要求的外围电路，如满足模拟量输入的 A/D、满足伺服驱动的 PWM(脉冲宽度调制)、满足高速输入/输出控制的 HIS/HSO、使用方便且廉价的 Flash ROM 等，开发出上百种功能各异的新品种。这样，80C51 单片机就变成了有众多芯片制造厂商支持的大家族，统称为 80C51 系列单片机。客观事实证明，80C51 已成为 8 位单片机的主流，成了事实上的标准 MCU 芯片。

8) 单片机的特点

(1) 有优异的性能价格比。目前国内市场上，有些单片机的芯片只有几元人民币，而单片机加上少量外围元件，就能构成一台功能相当丰富的智能化控制装置。

(2) 集成度高，体积小，可靠性好。单片机把各功能部件集成在一块芯片上，内部采用总线结构，减少了各芯片之间的连线，大大提高了单片机的可靠性与抗干扰能力。而且，由于单片机体积小，易于采取电磁屏蔽或密封措施，适合于在恶劣环境下工作。

(3) 控制能力强。单片机指令丰富，能充分满足工业控制的各种要求。

(4) 低功耗、低电压，便于生产便携式产品。

(5) 易扩展。单片机可根据需要并行或串行扩展，构成各种不同应用规模的计算机控制系统。

9) 应用领域

(1) 智能化家用电器。各种家用电器普遍采用单片机智能化控制代替传统的电子线路控制，升级换代，提高档次，如洗衣机、空调、电视机、微波炉、电冰箱、电饭煲以及各种视听设备等。

(2) 办公自动化设备。现代办公室中使用的大量通信和办公设备多数嵌入了单片机，如打印机、复印机、传真机、绘图仪、考勤机、电话以及通用计算机中的键盘译码、磁盘驱动等。

(3) 商业营销设备。在商业营销系统中已广泛使用的电子秤、收款机、条形码阅读器、IC 卡刷卡机、出租车计价器，以及仓储安全检测系统、商场保安系统、空气调节系统、冷冻保险系统等都采用了单片机控制。

(4) 工业自动化控制。工业自动化控制是最早采用单片机控制的领域之一，如各种测控系统、过程控制、程序控制、机电一体化、PLC 等。在化工、建筑、冶金等各种工业领域都要用到单片机。

(5) 智能化仪表。采用单片机的智能化仪表大大提升了仪表的档次，强化了功能，如数据处理和存储、故障诊断、联网集控等。

(6) 智能化通信产品。此类产品中最突出的是手机，当然手机内的芯片属专用型单片机。

(7) 汽车电子产品。现代汽车的集中显示系统、动力检测控制系统、自动驾驶系统、通信系统和运行监视器(黑匣子)等都离不开单片机。

(8) 航空航天系统和国防军事、尖端武器等领域。

2. 单片机系统的组成

一个完整的单片机系统由硬件和软件两部分组成，如图 1-2 所示。硬件是组成单片机系统的物理实体；软件是对硬件进行使用和管理的程序。

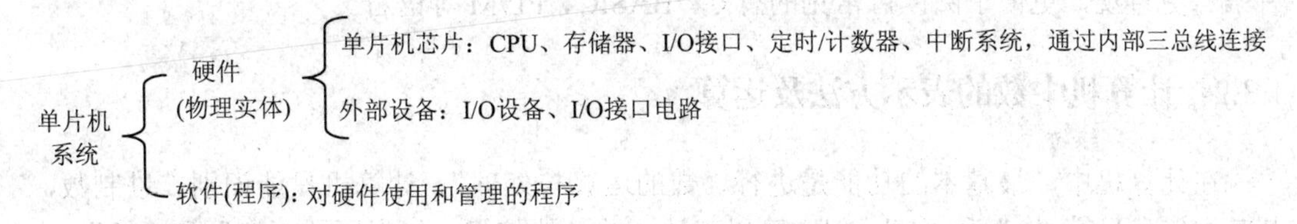

图 1-2　单片机系统组成

1) 硬件

(1) 中央处理器(CPU)。CPU 是计算机的核心部件，它由运算器和控制器组成，实现计算机的运算和控制功能。运算器又称算术逻辑部件(ALU)，主要完成对数据的算术运算和逻辑运算。控制器从内部存储器中取出指令并对指令进行分析、判断，根据指令发出控制信号。

CPU 中还包括若干寄存器，它们的作用是存放运算过程中的各种数据、地址或其他信息。寄存器种类很多，主要有通用寄存器和专用寄存器两种。

通用寄存器：向 ALU 提供运算数据、保留运算中间或最终的结果。

专用寄存器：用来存放特定的数据和地址。

(2) 存储器。存储器(Memory)是具有记忆功能的部件，用来存储数据和程序。

存储器根据其位置不同可分为两类。

- 内存储器：和 CPU 直接相连，存放当前要运行的程序和数据，故也称主存储器(简称主存)。它的特点是存取速度快，基本上可与 CPU 处理速度相匹配，但价格较贵，能存储的信息量较外存储器小。
- 外存储器：主要用于保存暂时不用但又需长期保留的程序和数据。存放在外存的程序必须调入内存才能进行。外存的存取速度相对较慢，但价格较便宜，可保存的信息量大。

根据存储器的功能不同可将其分为 RAM(随机存取存储器)数据存储器和 ROM 程序存储器。

(3) 总线。总线(Bus)是计算机各部件之间传送信息的公共通道。微机中有内部总线和外部总线两类。内部总线是指 CPU 内部之间的连线；外部总线是指 CPU 与其他部件之间的连线。外部总线包括数据总线 DB(Data Bus)、地址总线 AB(Address Bus)和控制总线 CB(Control Bus)。

(4) I/O 设备及其接口电路。I/O 接口由大规模集成电路组成的 I/O 器件构成，用来连接主机和相应的 I/O 设备(如键盘、鼠标、显示器、打印机等)，使这些设备和主机之间传送的数据、信息在形式上和速度上都能匹配。

2) 软件

单片机系统的软件即程序，程序设计语言包括以下几种。

(1) 机器语言：计算机可以识别和直接执行的语言，它由一组二进制代码组成。用机器语言编写程序，直观性差、可读性差，麻烦费时且容易出错，实际上不可行。

(2) 汇编语言：用助记符代替机器语言中的操作码、用十六进制数代替二进制代码的程序语言。这种语言比较直观，可读性好。

(3) 高级语言：采用类似自然语言且与具体计算机类型基本无关的程序设计语言。这种语言更直观，更便于阅读，常见的有 C、BASIC、PL/M 等语言。

1.3.2 计算机中数的表示方法及运算

在计算机中，最基本的功能是进行“数的运算与处理”。计算机只能识别二进制数，其基本信息只有“0”和“1”，但它可以表达一些其他信息，如电压的“高”和“低”，电路的“通”和“断”。这种表示方法鲜明可靠，容易识别，实现方便。但是二进制数位数多，书写和识读不便，因此通常需要用到其他进制的数。

1. 十进制数、二进制数、十六进制数

1) 十进制数

十进制数的基数是 10，有 10 个数码(0、1、2、…、9)；进位的规律是“逢十进一”。十进制数用尾缀 D 表示，也可以省略不写。

同一个数码在不同的数位所代表的数值是不同的。如 555.5 中 4 个 5 分别代表 500、50、5 和 0.5，这个数可以写成 $555.5 = 5 \times 10^2 + 5 \times 10^1 + 5 \times 10^0 + 5 \times 10^{-1}$。式中的 10 就是十进制的基数，$10^2$、$10^1$、$10^0$、$10^{-1}$ 称为各数位的权。

任意一个十进制数 N 都可以表示成按权展开的多项式：

$$N = d_{n-1} \times 10^{n-1} + d_{n-2} \times 10^{n-2} + \cdots + d_0 \times 10^0 + d_{-1} \times 10^{-1} + d_{-m} \times 10^{-m} = \sum_{i=-m}^{n-1} d_i \times 10^i$$

式中，d_i 是 0～9 共 10 个数字中的任意一个，m 是小数点右边的位数，n 是小数点左边的位数，i 是数位的序数。例如十进制数 543.21(或 543.21D)可表示为

$$543.21 = 5 \times 10^2 + 4 \times 10^1 + 3 \times 10^0 + 2 \times 10^{-1} + 1 \times 10^{-2}$$

2) 二进制数

二进制数的基数是 2，有 2 个数码(0 和 1)；进位规律为“逢二进一”。二进制数用尾缀 B 表示。任何一个数 N，可用二进制表示为

$$N = a_{n-1} \times 2^{n-1} + a_{n-2} \times 2^{n-2} + \cdots + a_0 \times 2^0 + a_{-1} \times 2^{-1} + a_{-m} \times 2^{-m} = \sum_{i=-m}^{n-1} a_i \times 2^i$$

如二进制数 1011.01 可表示为

$$1011.01\text{B} = 1 \times 2^3 + 0 \times 2^2 + 1 \times 2^1 + 1 \times 2^0 + 0 \times 2^{-1} + 1 \times 2^{-2}$$

3) 十六进制数

十六进制数的基数是 16，有 16 个数码(0、1、2、…、9、A、B、C、D、E、F)；进位规律为“逢十六进一”。十六进制数用尾缀 H 表示，例如，十六进制 3A8.0DH 可表示为

$$3\text{A}8.0\text{DH} = 3 \times 16^2 + 10 \times 16^1 + 8 \times 16^0 + 0 \times 16^{-1} + 13 \times 16^{-2}$$

十六进制数与二进制数相比，大大缩小了位数，缩短了字长。一个 4 位二进制数只需要用 1 位十六进制数表示，一个 8 位二进制数只需要用 2 位十六进制数表示。十进制数、二进制数、十六进制数之间的对应关系见表 1-1。

表 1-1　各种数制间的对应关系

十进制数	二进制数	十六进制数	十进制数	二进制数	十六进制数
0	0000B	00H	11	1011B	0BH
1	0001B	01H	12	1100B	0CH
2	0010B	02H	13	1101B	0DH
3	0011B	03H	14	1110B	0EH
4	0100B	04H	15	1111B	0FH
5	0101B	05H	16	00010000B	10H
6	0110B	06H	17	00010001B	11H
7	0111B	07H	18	00010010B	12H
8	1000B	08H	19	00010011B	13H
9	1001B	09H	20	00010100B	14H
10	1010B	0AH	21	00010101B	15H

2. 数制转换

1) 二进制数与十六进制数相互转换

(1) 二进制数转换成十六进制数。

将二进制数的整数部分自右向左分成 4 位一组，最后不足 4 位时在左边用 0 填充；小数部分自左向右 4 位一组，最后不足 4 位时在右边用 0 填充。每组用相应的十六进制数代替即可。

例 1-1　　101100010011100B = 0101 1000 1001 1100B = 589CH

例 1-2　　11011.0110100B = 0001 1011.0110 1000B = 1B.68H

(2) 十六进制数转换成二进制数。

1 位十六进制数用 4 位二进制数表示即可。

例 1-3　　3BFEH = 0011 1011 1111 1110B

例 1-4　　90.01H = 1001 0000.0000 0001B

2) 二进制数、十六进制数转换成十进制数

二进制数、十六进制数转换成十进制数时，只要将一个二进制数或十六进制数按权展开，然后相加即可。

例 1-5　将数 10.101B、2D.A4H 转换为十进制。

$$10.101\text{B} = 1\times2^{1}+0\times2^{0}+1\times2^{-1}+0\times2^{-2}+1\times2^{-3}=2.625$$

$$2\text{D.A4H} = 2\times16^{1}+13\times16^{0}+10\times16^{-1}+4\times16^{-2}=45.640\ 62$$

3) 十进制数转换成二进制数、十六进制数

(1) 整数部分：除基取余法。

除基取余法是将十进制数不断地用基数去除，直到商为 0，依次记下得到的各个余数。第一个余数是转换后的二进制数的最低位，最后一个余数是最高位。

例 1-6　将 168 转换成二进制数、十六进制数。

```
2 | 168    余数               16 | 168   余数
2 | 84     …0  最低位         16 | 10    …8  ↑最低位
2 | 42     …0                      0    …A   最高位
2 | 21     …0   ↑
2 | 10     …1
2 | 5      …0
2 | 2      …1
2 | 1      …0
    0      …1  最高位
```

所以，168 = 10101000B = A8H。

(2) 小数部分：乘基取整法。

乘基取整法是分别用基数不断地去乘这个数的小数部分，直到积的小数部分为零(或直到所要求的位数)为止，每次乘得的整数依次排列即为相应进制的数码。最初得到的为最高有效数字，最后得到的为最低有效数字。

例 1-7　将 0.645 转换成二进制数、十六进制数。

```
         0.645                         0.645
整数   ×    2               整数    ×   16
       ---------                     ---------
1…       1.290              A…        10.320
         0.29                          0.32
       ×    2                       ×   16
       ---------                     ---------
0…       0.58               5…         5.12
         0.58                          0.12
       ×    2                       ×   16
       ---------                     ---------
1…       1.16               1…         1.92
         0.16                          0.92
       ×    2                       ×   16
       ---------                     ---------
0…       0.32               E…        14.72
         0.32                          0.72
       ×    2                       ×   16
       ---------                     ---------
0…       0.64               B…        11.52
```

所以，0.645 = 0.10100B = 0.A51EBH。

3. 二进制数的运算

1) 二进制数的算术运算

二进制数只有 0 和 1 两个数字，其算术运算较为简单，加、减法遵循“逢二进一”、“借一当二”的原则。

(1) 加法运算。

规则：

$$0+0=0，0+1=1，1+0=1，1+1=10(\text{有进位})$$

例 1-8　求 1001B + 1011B 的和。

```
   1001B
 + 1011B
  1  11
 --------
  10100B
```

所以，1001B + 1011B = 10100B。

(2) 减法运算。

规则：

$$0-0=0，1-1=0，1-0=1，0-1=1(\text{有借位})$$

例 1-9　求 1100B − 111B 的差。

```
   ···
   1100B
 -  111B
 --------
    101B
```

所以，1100B − 111B = 101B。

(3) 乘法运算。

规则：

$$0 \times 0 = 0,\ 0 \times 1 = 1 \times 0 = 0,\ 1 \times 1 = 1$$

例 1-10　求 1011B × 1101B 的积。

$$
\begin{array}{r}
1011\text{B} \\
\times\ \ 1101\text{B} \\
\hline
1011 \\
0000\ \ \\
1011\ \ \ \ \\
1011\ \ \ \ \ \ \\
\hline
10001111\text{B}
\end{array}
$$

所以，1011B × 1101B = 10001111B。

2) 二进制数的逻辑运算

(1) “与”运算。

“与”运算是实现“必须都有，否则就没有”这种逻辑关系的一种运算。运算符为“·”，其运算规则为：

$$0 \cdot 0 = 0,\ 0 \cdot 1 = 1 \cdot 0 = 0,\ 1 \cdot 1 = 1$$

两个二进制数之间的“与”运算，是将这两个二进制数按权位对齐后，逐位相“与”。

例 1-11　若 X = 1011B，Y = 1001B，求 $X \cdot Y$。

$$
\begin{array}{r}
1011\text{B} \\
\wedge\ 1001\text{B} \\
\hline
1001\text{B}
\end{array}
$$

所以，$X \cdot Y$ = 1001B。

(2) “或”运算。

“或”运算是实现“只要其中之一有，就有”这种逻辑关系的一种运算，其运算符为“+”。“或”运算规则如下：

$$0 + 0 = 0,\ 0 + 1 = 1 + 0 = 1,\ 1 + 1 = 1$$

两个二进制数之间的“或”运算，是将这两个二进制数按权位对齐后，逐位相“或”。

例 1-12　若 X = 10101B，Y = 01101B，求 $X + Y$。

$$
\begin{array}{r}
10101\text{B} \\
\vee\ 01101\text{B} \\
\hline
11101\text{B}
\end{array}
$$

所以，$X + Y$ = 11101B。

4. 带符号数的表示

1) 机器数及真值

计算机在数的运算中，不可避免地会遇到正数和负数，那么正、负数(带符号数)如何表示呢？由于计算机只能识别 0 和 1，因此，将一个二进制数的最高位用作符号位来表示这个数的正负。规定符号位用“0”表示正，用“1”表示负。例如，X=−1101010B，Y=+1101010B，则在计算机中 X=11101010B，Y=01101010B。为了区别原来的数与在计算机中数的表示形式，将已经数码化的带符号数称为机器数，而把原来的数称为机器数的真值。上述−1101010B、+1101010B 是真值，而 11101010B、01101010B 是机器数。

2) 数的码制

在计算机中，机器数有三种表示方法：原码、反码和补码。

(1) 原码。

正数的符号位用 0 表示、负数的符号位用 1 表示、数值部分用真值的绝对值表示的二进制机器数称为原码，用 $[X]_{原}$ 表示，设 X 为整数。

① 正数的原码。正数的原码与原来的数相同，即 $[X]_{原}=X$。

例 1-13　求 X= 115 的原码。

$$X = +115 = +1110011$$

所以 $[+115]_{原}$ = 01110011B。

② 负数的原码。负数的原码符号位为 1，而数值位不变。

例 1-14　求 X= −115 的原码。

$$X = -115 = -1110011$$

所以 $[-115]_{原}$ = 11110011B。

③ 0 的原码。值得注意的是，由于 $[+0]_{原}$ = 00000000B，而 $[-0]_{原}$ = 10000000B，所以数 0 的原码不唯一。

由于最高位为符号位，因此 8 位二进制原码能表示的范围是 −127～+127。

(2) 反码。

一个正数的反码等于该数的原码；一个负数的反码由它的正数的原码按位取反形成。反码用 $[X]_{反}$ 表示。

例 1-15　求 X= 115、Y= −115 的反码。

$$X = +115 = +1110011$$

所以 $[+115]_{反}$ =$[+115]_{原}$ = 01110011B。

$$Y = -115 = -1110011$$

所以 $[-115]_{反}$ = 10001100B。

值得注意的是，0 的反码：

$$[+0]_{反} = 00000000B，[-0]_{反} = 11111111B$$

8 位二进制反码能表示的范围是 −127～+127。

(3) 补码。

“模”是指一个计量系统的计数量程，例如时钟的模为 12。任何有模的计量器均可化减法为加法运算。仍以时钟为例，设当前时钟指向 11 点，而准确时间为 7 点，调整时间的方法有两种：一种是时钟倒拨 4 小时，即 11 − 4 = 7；另一种是时钟正拨 8 小时，

即 $11+8=12+7=19$。由此可见，在以 12 为模的系统中，加 8 和减 4 的效果是一样的，即 $-4=+8 \pmod{12}$。

$[X]_{补}$、X 与模的一般关系为：$[X]_{补}=模+X$。

正数的补码与原数的原码相同，即 $[X]_{补}=[X]_{原}=X$。

负数的补码是其反码加 1。

例 1-16　求 $X=115$、$Y=-115$ 的补码。

$$X=+115=+1110011$$

所以 $[+115]_{补}=[+115]_{原}=01110011B$。

$$Y=-115=-1110011$$

所以 $[-115]_{补}=10001100+1=10001101B$。

值得注意的是，0 的补码：$[0]_{补}=[+0]_{补}=[-0]_{补}=00000000B$。

8 位二进制补码能表示的范围为 -128～$+127$，若超过此范围，则为溢出。

3) 常用编码

(1) 8421BCD 码。

人们习惯上用十进制数对计算机输入、输出数据，而计算机又必须用二进制数进行分析运算，就要求计算机将十进制数转换成二进制数，这将会影响计算机的工作速度。为了简化硬件电路和节省转换时间，可采用二进制码对每一位十进制数字编码，称为二—十进制数或 BCD 码，用标识符 $[\cdots]_{BCD}$ 表示，这种编码方式的特点是保留了十进制数的权，数字则用二进制数码表示。

① 编码方法。BCD 码有多种表示方法，最为常用的是 8421BCD 码，8421 代表了每一位的权。其编码原则是十进制数的每一位数字用 4 位二进制数来表示。字符 0～9 用 4 位二进制码 0000～1001 表示，如表 1-2 所示。

表 1-2　8421BCD 编码表

十进制数	8421BCD 码	十进制数	8421BCD 码
0	0000	5	0101
1	0001	6	0110
2	0010	7	0111
3	0011	8	1000
4	0100	9	1001

例 1-17　写出 69.25 的 BCD 码。

根据表 1-2，可直接写出相应的 BCD 码：

$$69.25=[01101001.00100101]_{BCD}$$

② BCD 码与二进制数、十进制数之间的转换关系。按照表 1-2 以及 1 位十进制数用 4 位二进制数来表示的原则可以进行 BCD 码与二进制数之间的相互转换。而 BCD 码与二进制数之间不能直接转换，通常先要转换成十进制数。

例 1-18　将$[11100001100010.01]_{BCD}$转换成十进制数。

$$[\underline{0011}\ \underline{1000}\ \underline{0110}\ \underline{0010}.\underline{0100}]_{BCD} = 3862.4$$

例 1-19　将 01000011B 转换成十进制数。

$$01000011B = 67 = [01100111]_{BCD}$$

(2) ASCII 码。

在计算机中，除了处理数字信息外，还必须处理用来组织、控制或表示数据的字母和符号(如英文 26 个字母、标点符号、空格和换行等)，这些字母和符号统称字符，它们也必须按特定的规则用二进制编码才能在计算机中表示。

目前，在计算机系统中，世界各国普遍采用 ASCII 码(American Standard Code for Information Interchange，美国信息交换标准代码)，编码表见表 1-3。要确定某个字符的 ASCII 码，在表中可先查到它的位置，然后确定它所在位置相应的列和行，最后根据列确定高位码(D6D5D4)，根据行确定低位码(D3D2D1D0)，把高位码与低位码合在一起就是该字符的 ASCII 码(高位码在前，低位码在后)。例如，字母 A 的 ASCII 码是 1000001，符号“+”的 ASCII 码是 0101011。

表 1-3　ASCII 编码表

D6D5D4 / D3D2D1D0	000	001	010	011	100	101	110	111
0000	NUL(空)	DLE(数据链换码)	SP(空格)	0	@	P	、	p
0001	SOH(标题开始)	DC1(设备控制 1)	!	1	A	Q	a	q
0010	STX(正文结束)	DC2(设备控制 2)	"	2	B	R	b	r
0011	ETX(本文结束)	DC3(设备控制 3)	#	3	C	S	c	s
0100	EOT(传输结果)	DC4(设备控制 4)	$	4	D	T	d	t
0101	ENQ(询问)	NAK(否定)	%	5	E	U	e	u
0110	ACK(承认)	SYN(空转同步)	&	6	F	V	f	v
0111	BEL(报警铃声)	ETB(传送结束)	′	7	G	W	g	w
1000	BS(退一格)	CAN(作废)	(	8	H	X	h	x
1001	HT(横向列表)	EM(纸尽)	)	9	I	Y	i	y
1010	LF(换行)	SUB(减)	*	:	J	Z	j	z
1011	VT(垂直制表)	ESC(换码)	+	;	K	[	k	{
1100	FF(走纸控制)	FS(文字分隔符)	,	<	L	\	l	|
1101	CR(回车)	GS(组分隔符)	−	=	M	]	m	}
1110	SO(移位输出)	RS(记录分隔符)	.	>	N	Ω①	n	~
1111	SI(移位输入)	US(单元分隔符)	/	?	O	_②	o	DEL(删除)

注：带“①”、“②”的符号取决于使用这种代码的机器，带“①”的符号还可以表示为“↑”，带“②”的符号还可以表示为“←”。

1.3.3 单片机内部结构、存储空间配置

1. 内部结构和引脚功能

1) 内部结构

80C51 系列单片机的内部结构框图如图 1-3 所示。从图中看到 80C51 芯片内部集成了 CPU、RAM、ROM、定时/计数器和 I/O 口等各功能部件，并由内部总线把这些部件连接在一起。

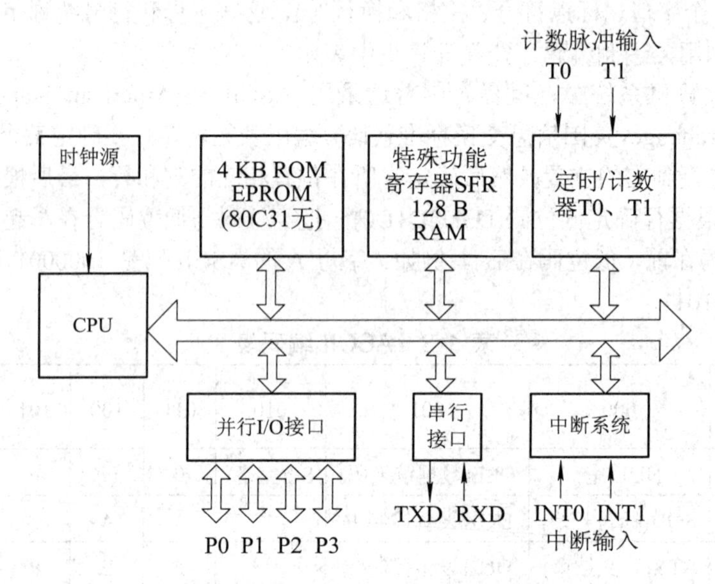

图 1-3 80C51 单片机内部结构框图

80C51 单片机内部包含如下一些功能部件：

(1) 一个 8 位中央处理器 CPU。

(2) 128 字节的片内数据存储器 RAM。

(3) 4 KB 的片内程序存储器 ROM(80C51 有 4 KB 掩膜 ROM，87C51 有 4 KB EPROM，80C31 片内无 ROM)。

(4) 一个片内振荡器和时钟电路。

(5) 4 个 8 位并行输入输出 I/O 口：P0 口、P1 口、P2 口、P3 口(共 32 线)，用于并行输入或输出数据。

(6) 1 个可编程全双工串行口。

(7) 2 个 16 位定时/计数器。

(8) 1 个具有 5 个中断源，可编程为 2 个优先级的中断系统。

(9) 21 个特殊功能寄存器。

(10) 可寻址 64 KB 的片外 ROM 和片外 RAM 控制电路。

2) 引脚功能

80C51 单片机一般采用双列直插式 DIP 封装，共 40 个引脚，图 1-4 为引脚图。40 个引脚大致分为 4 类：电源引脚、时钟引脚、输入/输出引脚、控制引脚。

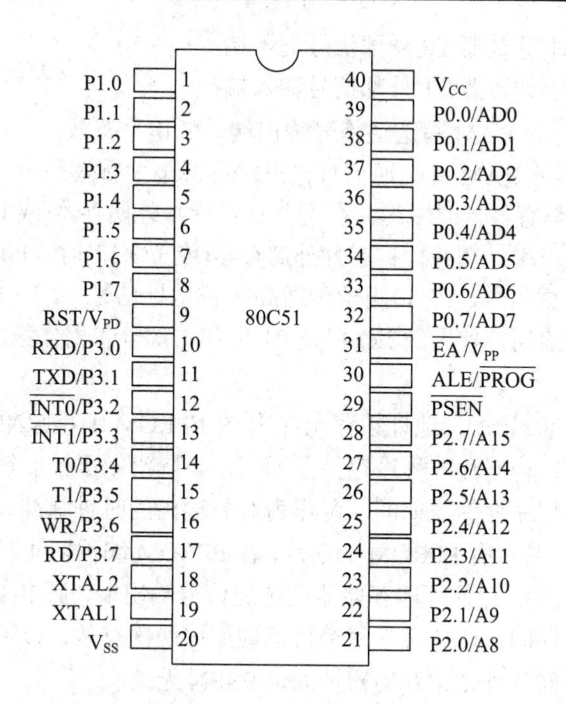

图 1-4　80C51 引脚图

(1) 电源引脚。

V_{CC}(40 引脚)：接 +5 V 电源正端。

V_{SS}(20 引脚)：接地端。

(2) 时钟引脚。

XTAL1(19 引脚)、XTAL2(18 引脚)：接外部石英晶体的一端。在单片机内部，它是一个反相放大器的输入端，这个放大器构成了片内振荡器。

(3) 输入/输出引脚。

80C51 共有 4 个 8 位并行 I/O 口，共有 32 个引脚。

① P0 口(39～32 引脚)：P0.0～P0.7 统称为 P0 口。在不接片外存储器与不扩展 I/O 口时，P0 口可作为准双向输入/输出口；在接有片外存储器或扩展 I/O 口时，P0 口分时复用为低 8 位地址总线和双向数据总线。

② P1 口(1～8 引脚)：P1.0～P1.7 统称为 P1 口，可作为准双向 I/O 口使用。

③ P2 口(21～28 引脚)：P2.0～P2.7 统称为 P2 口，它一般可作为准双向 I/O 口使用；在接有片外存储器或扩展 I/O 口且寻址范围超过 256 B 时，P2 口用作高 8 位地址总线。

④ P3 口(10～17 引脚)：P3.0～P3.7 统称为 P3 口。P3 口除作为准双向 I/O 口使用外，还可以将每一位用于第二功能，而且 P3 口的每一条引脚均可独立定义为第一功能的输入/输出或第二功能。P3 口的第二功能如下。

P3.0——RXD：串行口输入端；

P3.1——TXD：串行口输出端；

P3.2——$\overline{\text{INT0}}$：外部中断 0 请求输入端，低电平有效；

P3.3——$\overline{\text{INT1}}$：外部中断 1 请求输入端，低电平有效；

P3.4——T0：定时/计数器 T0 外部信号输入端；

P3.5——T1：定时/计数器 T1 外部信号输入端；

P3.6——$\overline{WR}$：片外 RAM 写选通信号输出端，低电平有效；

P3.7——$\overline{RD}$：片外 RAM 读选通信号输出端，低电平有效。

上述 4 个 I/O 口都有各自的用途。在不并行扩展片外储存器(或 I/O 口)时，4 个 I/O 口都可以作为双向 I/O 口用。在并行扩展片外储存器(或 I/O 口)时，P0 口用于分时传送低 8 位地址信号和 8 位数据信号，P2 口用于传送高 8 位地址信号。P3 口根据需要通常用于第二功能。真正可提供给用户使用的 I/O 口是 P1 口和一部分未用作第二功能的 P3 口。

(4) 控制引脚。

① ALE/$\overline{PROG}$(30 引脚)：地址锁存允许/片内 EPROM 编程脉冲。ALE 在每个机器周期内输出两个脉冲。在访问片外程序存储器期间，下降沿用于控制锁存 P0 输出的低 8 位地址；在不访问片外程序存储器期间，可作为对外输出的时钟脉冲或用于定时。

$\overline{PROG}$的功能是：片内有 EPROM 的芯片，在 EPROM 编程期间，此引脚输入编程脉冲。

② $\overline{PSEN}$(29 引脚)：片外程序存储器读选通信号输出端，低电平有效。从外部程序存储器读取指令或常数期间，该信号在每个机器周期内两次有效，以通过数据总线 P0 口读取指令或常数。在访问片外数据存储器期间，$\overline{PSEN}$无效。

③ RST/V_{PD}(9 引脚)：RST 即为 RESET 复位信号输入端，只要在该引脚上保持两个机器周期以上的高电平，80C51 即实现复位操作，复位后一切从头开始，CPU 从 0000H 开始执行指令。

V_{PD}为备用电源。该引脚为单片机的上电复位或掉电保护端。当单片机振荡器工作时，该引脚上出现持续两个机器周期的高电平，就可实现复位操作，使单片机回复到初始状态。上电时，考虑到振荡器有一定的起振时间，该引脚上高电平必须持续 10 ms 以上才能保证有效复位。

④ $\overline{EA}$/V_{PP}(31 脚)：$\overline{EA}$为片外程序存储器选用端。该引脚有效(低电平)时，只选用片外程序存储器，否则单片机上电或复位后选用片内程序存储器。80C51 单片机 ROM 寻址范围为 64 KB，其中 4 KB 在片内，60 KB 在片外(80C31 芯片内无 ROM，全部在片外)。当$\overline{EA}$保持高电平时，先访问片内 ROM，但当程序计数器值超过 4 KB(0FFFH)时，将自动转向执行片外 ROM 中的程序；当$\overline{EA}$保持低电平时，则访问片外 ROM，无论芯片内是否有 ROM。对于 80C31 芯片，片内无 ROM，因此$\overline{EA}$必须接地。

V_{PP}引脚的功能是：片内有 EPROM 芯片，在 EPROM 的芯片编程期间，此引脚用于施加编程电源。

对于 4 个控制引脚，应熟记第一功能，了解第二功能。

综上所述，80C51 系列单片机的引脚可归纳为以下两点：

第一，单片机功能多，引脚数少，因而许多引脚都具有第二功能。

第二，单片机对外呈现 3 总线形式，由 P2、P0 口组成 16 位地址总线；由 P0 口分时复用为数据总线；由 ALE、$\overline{PSEN}$、RST、$\overline{EA}$与 P3 口中的$\overline{INT0}$、$\overline{INT1}$、T0、T1、$\overline{WR}$、$\overline{RD}$共 10 个引脚组成控制总线。由于是 16 位地址总线，因此可使片外存储器的寻址范围达到 64 KB。

2. 存储空间配置和功能

80C51 的存储器配置方式属于哈佛结构，即程序存储器和数据存储器分开，有各自的寻址系统、控制信号和功能。程序存储器用于存放程序和表格常数；数据存储器用于存放程序运行数据和结果。

80C51 的存储器组织结构可以分为 3 个不同的存储空间：64 KB 程序存储器(ROM)，包括片内和片外两部分；256 B 内部数据存储器(片内 RAM，包括特殊功能寄存器)；64 KB 外部数据存储器(片外 RAM)。

3 个不同的存储空间用不同的指令和控制信号实现读写功能：程序存储器 ROM(片内、片外 ROM)空间用 MOVC 指令实现只读功能，用 $\overline{\text{PSEN}}$ 信号选通片外 ROM；片外 RAM 空间用 MOVX 指令实现读写功能，用 $\overline{\text{RD}}$ 信号选通读片外 RAM，用 $\overline{\text{WR}}$ 信号选通写片外 RAM；片内 RAM(包括特殊功能寄存器)用 MOV 指令实现读、写功能。

80C51 的存储器配置如图 1-5 所示。

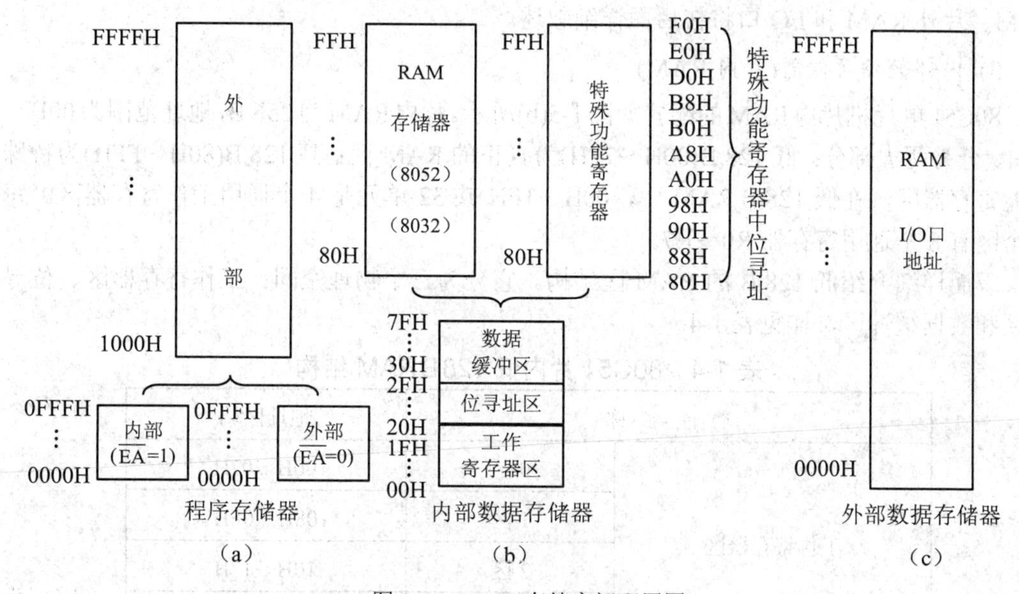

图 1-5　80C51 存储空间配置图

1) 程序存储器(ROM)

对于 80C51 来说，程序存储器的内部地址为 0000H～0FFFH，共 4 KB；外部地址为 1000H～FFFFH，共 60 KB。当程序计数器由内部 0FFFH 执行到外部 1000H 时，会自动跳转。对于 80C51 来说，内部有 4 KB 的 ROM，将它作为内部程序存储器；80C31 内部无程序存储器，必须外接程序存储器，且 $\overline{\text{EA}}$ 必须接地。

80C31 最多可外扩 64 KB 程序存储器，其中 6 个单元地址具有特殊用途，是保留给系统使用的。0000H 是系统的启动地址，一般在该单元中存放一条绝对跳转指令。0003H、000BH、0013H、001BH 和 0023H 对应 5 种中断源的中断服务入口地址。

2) 外部数据存储器(片外 RAM)

外部数据存储器共 64 KB，读写片外 RAM 用 MOVX 指令，控制信号是 P3 口中的 $\overline{\text{WR}}$ 和 $\overline{\text{RD}}$。

读片外 RAM 的过程：片外 RAM 16 位地址分别由 P0 口(低 8 位)和 P2 口(高 8 位)同时输出，ALE 信号有效时由地址锁存器锁存低 8 位地址信号，地址锁存器输出的低 8 位地址信号和 P2 口输出的高 8 位地址信号同时加到片外 RAM 16 位地址输入端，当 $\overline{RD}$ 信号有效时，外 RAM 将相应地址存储单元中的数据送至数据总线(P0 口)，CPU 读入后将其存入指定单元。

写片外RAM的过程与读片外RAM的过程相同，只是控制信号不同，$\overline{RD}$ 信号换成 $\overline{WR}$ 信号。当 $\overline{WR}$ 信号有效时，片外 RAM 将数据总线(P0 口分时传送)上的数据写入相应地址存储单元中。

外部数据存储器主要用于存放数据和运算结果。一般情况下，只有在片内 RAM 不能满足应用要求时，才外接 RAM。但片外 RAM 存储器空间有一个非常重要的用途，可以用来扩展 I/O 口，扩展 I/O 口与扩展片外 RAM 统一编址。从理论上讲，每一个字节都可以扩展为一个 8 位 I/O 口，因此扩展个数可达 65 536 个，可根据需要灵活应用。扩展片外 ROM、片外 RAM 和 I/O 口将在后面详细叙述。

3) 内部数据存储器(片内 RAM)

80C51 单片机片内 RAM 的配置如图 1-5(b)所示。片内 RAM 为 256 B，地址范围为 00H～FFH，分为两大部分：低 128 B(00H～7FH)为真正的 RAM 区；高 128 B(80H～FFH)为特殊功能寄存器区。在低 128 B RAM 中，00H～1FH 共 32 单元是 4 个通用工作寄存器区。每一个区有 8 个通用寄存器 R0～R7。

下面详细介绍低 128 B 的 RAM 区结构。它分为三个物理空间：工作寄存器区、位寻址区和数据缓冲区，详见表 1-4。

表 1-4　80C51 片内低 128 B RAM 结构

功能名称		地址区域
工作寄存器区	0 区	00H～07H
	1 区	08H～0FH
	2 区	10H～17H
	3 区	18H～1FH
位寻址区		20H～2FH
数据缓冲区		30H～7FH

(1) 工作寄存器区。

00H～1FH 共 32 个字节属于工作寄存器区。它又分为 4 个区：0 区、1 区、2 区、3 区。每个区都有 8 个寄存器：R0～R7，寄存器名称相同。但是当前工作的寄存器只能有一个，至于哪一个工作寄存器区处于当前工作状态则由程序状态字 PSW 中的 D4、D3 位决定。不用的工作寄存器区单元可作一般 RAM 使用。

(2) 位寻址区。

20H～2FH 共 16 个字节属于位寻址区。16 个字节每个字节 8 位，共 128 位，每一位均有一个位地址。表 1-5 为位寻址区位地址映象表。

表 1-5　位寻址区位地址映象表

字节地址	位地址							
	D7	D6	D5	D4	D3	D2	D1	D0
2FH	7FH	7EH	7DH	7CH	7BH	7AH	79H	78H
2EH	77H	76H	75H	74H	73H	72H	71H	70H
2DH	6FH	6EH	6DH	6CH	6BH	6AH	69H	68H
2CH	67H	66H	65H	64H	63H	62H	61H	60H
2BH	5FH	5EH	5DH	5CH	5BH	5AH	59H	58H
2AH	57H	56H	55H	54H	53H	52H	51H	50H
29H	4FH	4EH	4DH	4CH	4BH	4AH	49H	48H
28H	47H	46H	45H	44H	43H	42H	41H	40H
27H	3FH	3EH	3DH	3CH	3BH	3AH	39H	38H
26H	37H	36H	35H	34H	33H	32H	31H	30H
25H	2FH	2EH	2DH	2CH	2BH	2AH	29H	28H
24H	27H	26H	25H	24H	23H	22H	21H	20H
23H	1FH	1EH	1DH	1CH	1BH	1AH	19H	18H
22H	17H	16H	15H	14H	13H	12H	11H	10H
21H	0FH	0EH	0DH	0CH	0BH	0AH	09H	08H
20H	07H	06H	05H	04H	03H	02H	01H	00H

位寻址区的主要用途是存放各种标志位信息和位数据。从表 1-5 中可以看出，位地址 00H～7FH 和片内 RAM 字节地址 00H～7FH 编址相同，且均使用十六进制数表示。在 80C51 指令系统中，有位操作指令和字节操作指令。位操作指令中的地址是位地址，字节操作指令中的地址是字节地址，编址相同，在指令执行中，虽然 CPU 不会出错，但用户特别是初学者却容易出错，应用中应予以注意。

(3) 数据缓冲区。

片内 RAM 中的 30H～7FH 为数据缓冲区，属于一般片内 RAM，用于存放各种数据和中间结果，起到数据缓冲的作用。

4) 特殊功能寄存器

80C51 单片机片内 RAM 中高 128 B(80H～FFH)为特殊功能寄存器(SFR)区，内部有 SP、DPTR(可分成 DPH、DPL 两个 8 位寄存器)、PCON、…、IE、IP 等 21 个特殊功能寄存器单元，它们与片内 RAM 的 128 个字节统一编址，地址范围是 80H～FFH。这些 SFR 只用到了 80H～FFH 中的 21 个字节单元，且这些单元是离散分布的。其寻址空间为 80H～FFH。表 1-6 为特殊功能寄存器地址映象表。

表 1-6　特殊功能寄存器地址映象表

SFR 名称	符号	位地址/位定义名/位编号								字节地址
		D7	D6	D5	D4	D3	D2	D1	D0	
寄存器 B	B	F7H	F6H	F5H	F4H	F3H	F2H	F1H	F0H	(F0H)
累加器 ACC	ACC	E7H	E6H	E5H	E4H	E3H	E2H	E1H	E0H	(E0H)
		ACC.7	ACC.6	ACC.5	ACC.4	ACC.3	ACC.2	ACC.1	ACC.0	
程序状态字寄存器	PSW	D7H	D6H	D5H	D4H	D3H	D2H	D1H	D0H	(D0H)
		Cy	AC	F0	RS1	RS0	OV	F1	P	
		PSW.7	PSW.6	PSW.5	PSW.4	PSW.3	PSW.2	PSW.1	PSW.0	
中断优先级控制寄存器	IP	BFH	BEH	BDH	BCH	BBH	BAH	B9H	B8H	(B8H)
		—	—	—	PS	PT1	PX1	PT0	PX0	
I/O 口 3	P3	B7H	B6H	B5H	B4H	B3H	B2H	B1H	B0H	(B0H)
		P3.7	P3.6	P3.5	P3.4	P3.3	P3.2	P3.1	P3.0	
中断允许控制寄存器	IE	AFH	AEH	ADH	ACH	ABH	AAH	A9H	A8H	(A8H)
		EA	—	—	ES	ET1	EX1	ET0	EX0	
I/O 口 2	P2	A7H	A6H	A5H	A4H	A3H	A2H	A1H	A0H	(A0H)
		P2.7	P2.6	P2.5	P2.4	P2.3	P2.2	P2.1	P2.0	
串行口数据缓冲器	SBUF									99H
串行口控制寄存器	SCON	9FH	9EH	9DH	9CH	9BH	9AH	99H	98H	(98H)
		SM0	SM1	SM2	REN	TB8	RB8	TI	RI	
I/O 口 1	P1	97H	96H	95H	94H	93H	92H	91H	90H	(90H)
		P1.7	P1.6	P1.5	P1.4	P1.3	P1.2	P1.1	P1.0	
定时/计数器 T1(高字节)	TH1									8DH
定时/计数器 T0(高字节)	TH0									8CH
定时/计数器 T1(低字节)	TL1									8BH
定时/计数器 T0(低字节)	TL0									8AH
定时/计数器工作方式寄存器	TMOD	GATE	$C/\overline{T}$	M1	M0	GATE	$C/\overline{T}$	M1	M0	89H
定时/计数器控制寄存器	TCON	8FH	8EH	8DH	8CH	8BH	8AH	89H	88H	(88H)
		TF1	TR1	TF0	TR0	IE1	IT1	IE0	IT0	
电源控制及波特率选择寄存器	PCON	SMOD	—	—	—	GF1	GF0	PD	IDL	87H

续表

SFR 名称	符号	位地址/位定义名/位编号								字节地址
		D7	D6	D5	D4	D3	D2	D1	D0	
数据指针(高字节)	DPH									83H
数据指针(低字节)	DPL									82H
堆栈指针	SP									81H
I/O 口 0	P0	87H	86H	85H	84H	83H	82H	81H	80H	(80H)
		P0.7	P0.6	P0.5	P0.4	P0.3	P0.2	P0.1	P0.0	

注：带括号的字节地址表示每位有位地址可按位进行操作。

(1) 与运算器相关的寄存器(3 个)。

① 累加器 ACC(8 位)，用于向 ALU(算术逻辑单元)提供操作数，许多运算的结果也存放在累加器中。乘、除法指令必须通过 ACC 进行。累加器的指令助记符用 A 表示。

② 寄存器 B(8 位)，主要用于乘、除法运算，也可以作为 RAM 的一个单元使用。

③ 程序状态字寄存器 PSW(8 位)。其各位含义如下：

Cy：进位、借位标志。在累加器执行加、减法运算时，有进位、借位时 Cy = 1，否则 Cy = 0；在进行位操作时，Cy 是位操作累加器。指令助记符用 C 表示。

AC：辅助进位、借位标志。累加器执行加减运算时，若低半个字节 ACC.3 向高半个字节 ACC.4 有进位、借位，则 AC 置 1；否则清零。

F0、F1：用户标志位，由用户自己定义。

RS1、RS0：当前工作寄存器组选择位。

RS1、RS0 = 00——0 区(00H～07H)

RS1、RS0 = 01——1 区(08H～0FH)

RS1、RS0 = 10——2 区(10H～17H)

RS1、RS0 = 11——3 区(18H～1FH)

OV：溢出标志位，主要用于表示 ACC 在有符号数算术运算中的溢出。有溢出时 OV = 1，否则 OV = 0。

溢出和进位是两个不同的概念。进位是指 ACC.7 向更高位进位，用于无符号数运算；而溢出是指有符号数运算时，运算结果超过 +127～−128 范围。溢出标志可由下式求得：

$$OV = C_6' \oplus C_7'$$

式中，C_6' 是 ACC.6 向 ACC.7 进位或借位，有进位或借位时置 1，否则清零；C_7' 是 ACC.7 向更高位进位或借位，有进位或借位时置 1，否则清零。根据上面公式可知，只要 C_6' 或 C_7' 两者为 1 时就会发生溢出，溢出时 OV=1，否则 OV=0。

P：奇偶标志位。ACC 中结果有奇数个 1 时 P = 1，否则 P = 0。

(2) 指针类寄存器(2 个)。

① 堆栈指针 SP(8 位)。堆栈是 CPU 用于暂时存放特殊数据的“仓库”。在 80C51 中，堆栈由片内 RAM 中若干连续存储单元组成。堆栈指针 SP 专门用于存放堆栈顶部数据的

地址(即 SP 总是指向栈顶)。

堆栈操作遵循“后进先出”的原则，入栈操作时，SP 先加 1，数据再压入 SP 指向的单元。出栈操作时，先将 SP 指向的单元的数据弹出，然后 SP 再减 1，这时 SP 指向的单元是新的栈顶。可见，80C51 单片机的堆栈区是向地址增大的方向生成的。

② 数据指针 DPTR(16 位)，用来存放 16 位的地址。它由两个 8 位的寄存器 DPH 和 DPL 组成。间接寻址或变址寻址可访问片外的 64 KB 范围的 RAM 或 ROM 数据。

(3) 与端口相关的寄存器(7 个)。

4 个并行 I/O 口 P0、P1、P2、P3，均为 8 位；一个串行口数据缓冲器 SBUF；一个串行口控制寄存器 SCON；一个波特率选择寄存器 PCON(一些位还与电源控制相关，所以又称为电源控制寄存器)。

(4) 与中断相关的寄存器(2 个)。

一个中断允许控制寄存器 IE 和一个中断优先级控制寄存器 IP。

(5) 与定时/计数器相关的寄存器(6 个)。

定时/计数器 T0 的两个 8 位计数初值寄存器 TH0、TL0，它们可以构成 16 位的计数器，TH0 存放高 8 位，TL0 存放低 8 位；

定时/计数器 T1 的两个 8 位计数初值寄存器 TH1、TL1，它们可以构成 16 位的计数器，TH1 存放高 8 位，TL1 存放低 8 位；

定时/计数器的工作方式寄存器 TMOD；

定时/计数器控制寄存器 TCON。

1.3.4　I/O 端口结构及工作原理

80C51 单片机含有 4 个 8 位并行 I/O 口：P0、P1、P2 和 P3，每一个 I/O 口都能作为通用输入或输出口使用。除此之外，P0 口还可作为低 8 位地址/数据总线，P2 口还可作为高 8 位地址/数据总线，P3 口除了可用作通用 I/O 口，还有第二功能，也主要使用其第二功能。

1. P0 口

P0 口既能用作通用 I/O 口，又能用作低 8 位地址/数据总线。图 1-6 所示是 P0 口的 1 位结构图。

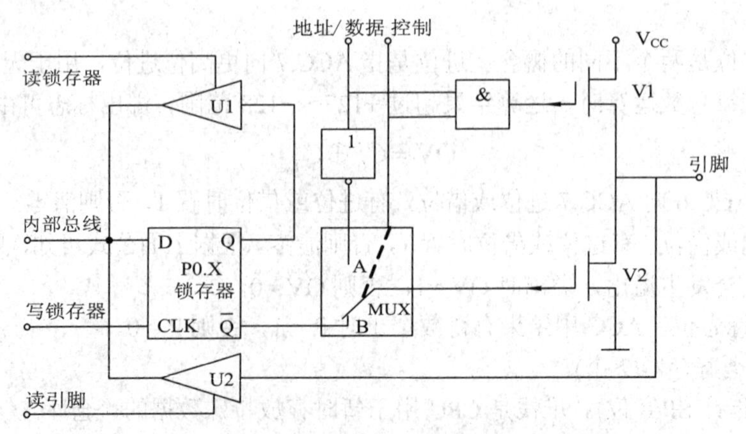

图 1-6　P0 口的 1 位结构图

1) P0 口用作通用 I/O 口

当系统不进行片外 ROM 扩展，也不进行片外 RAM 扩展时，P0 口用作通用 I/O 口。此时，CPU 令“控制”端信号为低电平，其作用有两个：一是使多路开关 MUX 接通 B 端，即锁存器输出端 $\overline{Q}$；二是令与门输出低电平，V1 截止，致使输出级为开漏输出电路。

P0 口在作为通用 I/O 口时，属于准双向口。

2) P0 口用作地址/数据总线

当系统进行片外 ROM 扩展或进行片外 RAM 扩展时，P0 口用作地址/数据总线。此时，P0 口是一个真正的双向口。

2. P1 口

P1 口只用作通用 I/O 口，其 1 位结构如图 1-7 所示。

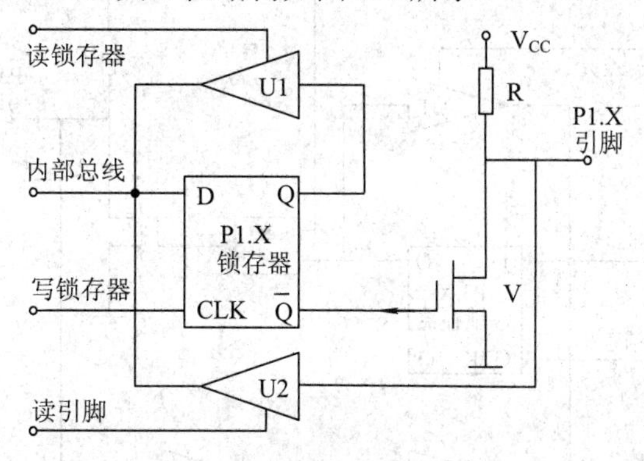

图 1-7　P1 口的 1 位结构图

与 P0 口相比，P1 口的位结构图中少了地址/数据的传送电路和多路开关，上面一只 MOS 管改为上拉电阻。

P1 口是通用的准双向 I/O 口，输出高电平时，能向外提供上拉电流负载，不必再接上拉电阻；当 P1 口用作输入时，须向口锁存器写入“1”。

3. P2 口

P2 口既能用作通用 I/O 口，又能用作高 8 位地址/数据总线。图 1-8 为 P2 口的 1 位结构图。

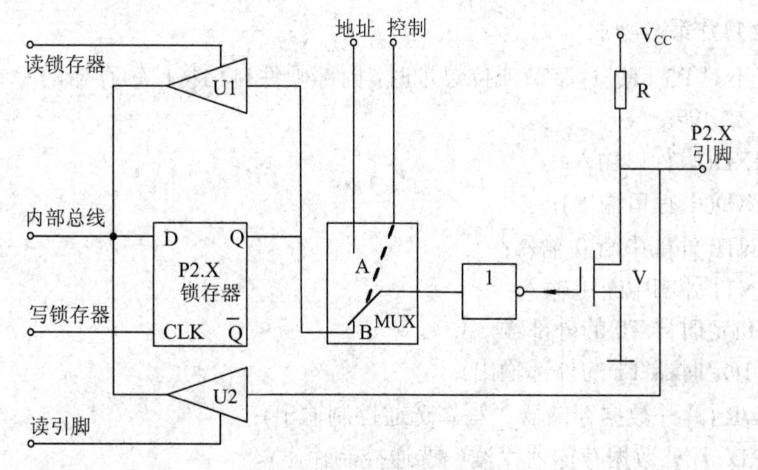

图 1-8　P2 口的 1 位结构图

1) P2 口用作通用 I/O 口

当“控制”端信号为低电平时，多路开关 MUX 接到 B 端，P2 口作为通用 I/O 口使用，其功能和使用方法与 P0、P1 口相同。P2 口用作输入时，必须先写入“1”。

2) P2 口用作地址总线

当“控制”端信号为高电平时，多路开关 MUX 接到 A 端，P2 口作为地址总线使用。“地址”信号经反相器和 V 管二次反相后从引脚输出。这时 P2 口输出高 8 位地址，供系统并行扩展用。P2 口的负载能力为 4 个 LSTTL 门电路。

4. P3 口

P3 口不仅能用作通用 I/O 口，而且每一个引脚还有第二功能。图 1-9 为 P3 口的 1 位结构图。

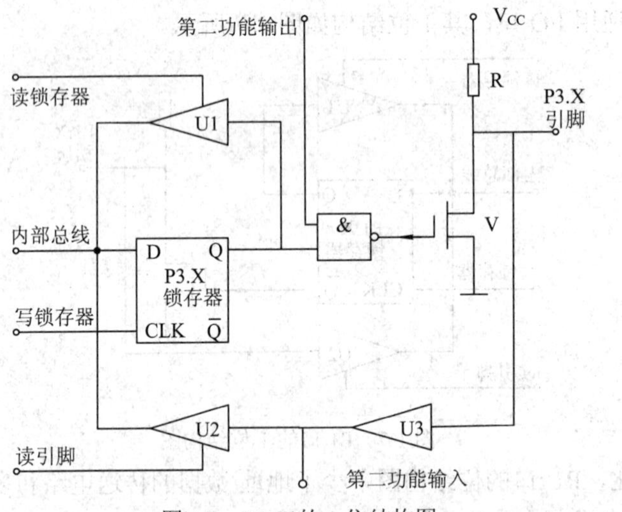

图 1-9　P3 口的 1 位结构图

1) P3 口用作通用 I/O 口

P3 口用作通用 I/O 口时，“第二功能输出”端为高电平，与非门输出取决于锁存器 Q 端信号。P3 口用作输出时，引脚输出信号与内部总线信号相同，其功能和使用方法与 P1、P2 口相同；用作输入时，必须先写入“1”。

2) P3 口用作第二功能

当 CPU 不对 P3 口进行字节或位寻址时，内部硬件自动将口锁存器的 Q 端置 1。这时，P3 口用作第二功能。

P3.0：RXD(串行口输入)；

P3.1：TXD(串行口输出)；

P3.2：$\overline{INT0}$ 外部中断 0 输入；

P3.3：$\overline{INT1}$ 外部中断 1 输入；

P3.4：T0(定时器 T0 的外部输入)；

P3.5：T1(定时器 T1 的外部输出)；

P3.6：$\overline{WR}$ (片外数据存储器“写”选通控制输出)；

P3.7：$\overline{RD}$ (片外数据存储器“读”选通控制输出)。

总之，P0～P3 口都能用作 I/O 口，用作输入时，均须先写入“1”；用作输出时，P0 口应外接上拉电阻。在并行扩展外存储器或 I/O 口的情况下，P0 口用于低 8 位地址/数据总线(分时传送)，P2 口用于高 8 位地址/数据总线，P3 口常用于第二功能，用户能够使用的 I/O 口只有 P1 口和未用作第二功能的部分 P3 口端线。

1.3.5　单片机的时钟和复位

1. 80C51 的时钟与时序

1) 80C51 的时钟信号

80C51 单片机内有一高增益反相放大器，按图 1-10(a)连接即可构成自激振荡电路，振荡频率取决于石英晶体的振荡频率。范围为 1.2～12 MHz，电容主要起频率微调和稳定作用，其值一般可取 30 pF。当采用外振荡输入时，8051 单片机可按图 1-10(b)连接，80C51 单片机可按图 1-10(c)连接。

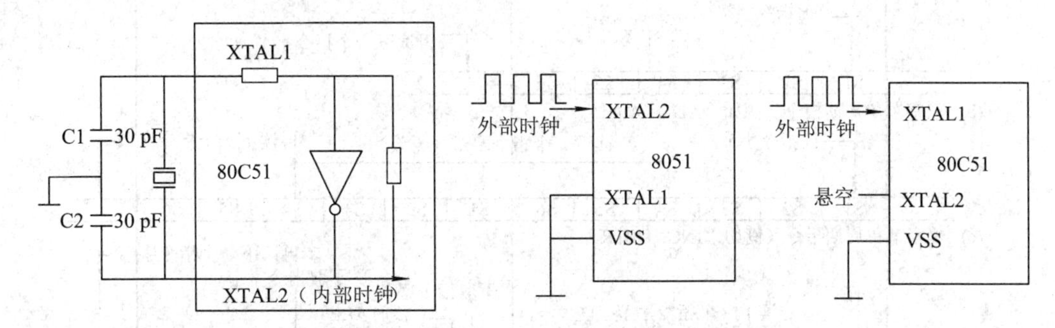

图 1-10　80C51 单片机时钟电路

2) 80C51 的时钟周期和机器周期

时钟周期：80C51 振荡器产生的时钟脉冲频率的倒数，是最基本、最小的定时信号。

状态周期：又称 S 周期，是时钟脉冲二分频后的脉冲信号。状态周期是时钟周期的两倍。在 S 周期内含两个时钟周期，分别称为 P1、P2。

机器周期：80C51 工作的基本定时时间，简称机周。机器周期是时钟周期的 12 倍。当时钟频率为 12 MHz 时，机器周期为 1 μs；当时钟频率为 6 MHz 时，机器周期为 2 μs。

指令周期：从取指令到执行完指令所需的时间。不同机器指令周期不一样；即使对于相同的机器，不同的指令下其指令周期也不一样。一个指令周期含若干机器周期(单机周、双机周、四机周)。

3) 时序

MCS-51 系列单片机的指令按其长度可分为单字节指令、双字节指令和三字节指令。如图 1-11 所示，ALE 信号在一个机器周期内两次有效，第一次在 S1P2 和 S2P1 期间，第二次在 S4P2 和 S5P1 期间，ALE 信号的有效宽度为一个 S 状态。每出现一个 ALE 信号，CPU 就可进行一次取指操作。

图 1-11(a)与图 1-11(b)分别为单字节单周期和双字节单周期指令的时序。对于单周期指令，在把指令码读入指令寄存器时，从 S1P2 开始执行指令。如果它为双字节指令，则在

同一机器周期的 S4 读入第二字节；如果它为单字节指令，则在 S4 仍旧进行读操作，但读入的字节(它应是下一个指令码)被忽略，而且程序计数器值不加 1。任何情况下，在 S6P2 结束指令操作。图 1-11(c)为单字节双周期指令的时序，在两个机器周期内发生 4 次读操作码的操作，由于是单字节指令，后三次读操作都是无效的。图 1-11(d)为访问外部数据存储器的指令 MOVX 的时序，它是单字节双周期指令。在第一个机器周期 S5 开始时，送出外部数据存储器的地址，随后读或写数据，读写期间在 ALE 端不输出有效信号；在第二个机器周期，即外部数据存储器被寻址和选通后，也不产生取指操作。

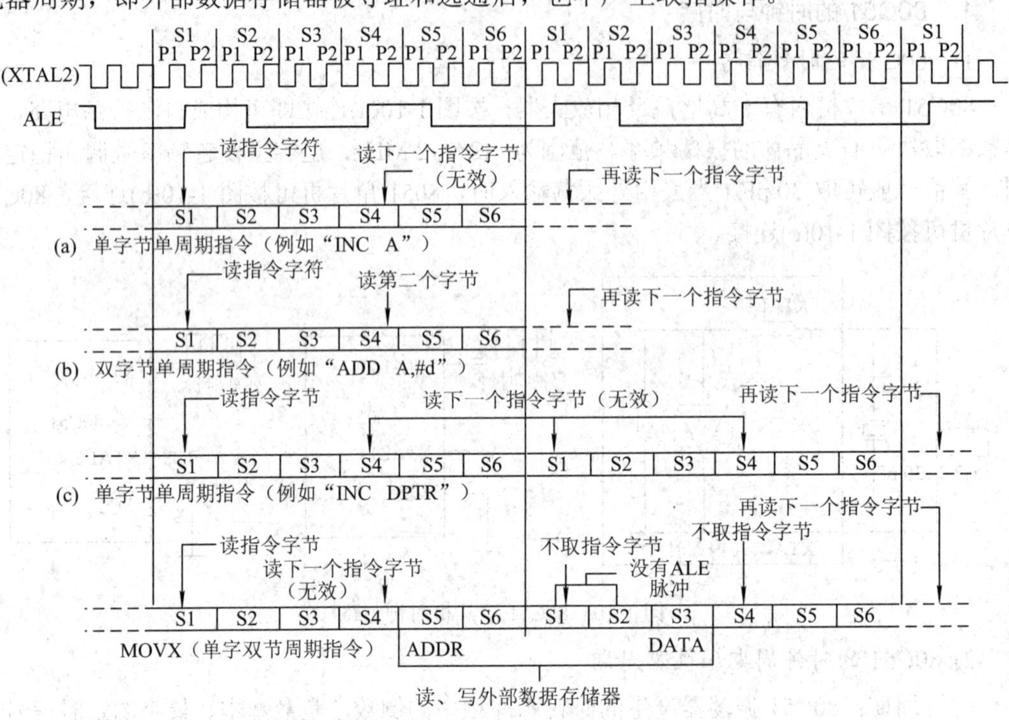

图 1-11　80C51 取指/执行时序

2. 80C51 单片机的复位

80C51 单片机共有 4 种工作状态：复位、程序执行、低功耗和片内 ROM 编程。复位是计算机一个重要的工作状态，单片机工作时，上电要复位，断电后也要复位，发生故障后还要复位。复位的目的是使单片机或系统中的其他部件处于某种确定的初始状态。

1) 复位条件

要想实现复位操作，必须是 RST 引脚(9 引脚)保持两个机器周期以上高电平。若时钟频率为 12 MHz，每机周为 1 μs，则需维持 2 μs 以上高电平；若时钟频率为 6 MHz，每机周为 2 μs，则需维持 4 μs 以上高电平。

2) 复位电路

常见的复位电路有上电复位和按键复位两种，如图 1-12 所示。

图 1-12(a)为上电复位电路。R、C 构成微分电路，在上电瞬间，产生一个微分脉冲，其宽度若大于 2 个机周，则 80C51 复位。为了保证其宽度大于 2 个机周，一般取 22 μF 电容、1 kΩ 电阻。

图 1-12(b)为按键复位电路。该电路除具有上电复位功能外，R1、C2 构成微分电路，使 RST 端产生一个微分脉冲复位信号，复位完毕后 C2 经 R2 放电，等待下一次按键复位。

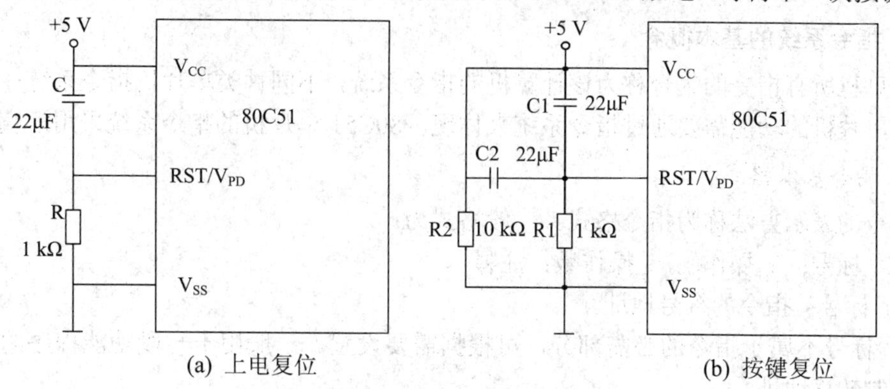

(a) 上电复位　　(b) 按键复位

图 1-12　80C51 复位电路

3) 单片机复位后 CPU 状态

80C51 单片机复位后片内各特殊状态寄存器的状态如表 1-7 所示。

表 1-7　80C51 复位后 SFR 的状态

SFR	复位后状态	SFR	复位后状态
PC	0000H	TMOD	00H
ACC	00H	TCON	00H
B	00H	TH0	00H
PSW	00H	TL0	00H
SP	07H	TH1	00H
DPTR	0000H	TL1	00H
P0～P3	FFH	SCON	00H
IP	xxx00000B	SBUF	不定
IE	0xx00000B	PCON	0xxx0000B

从表中可以看出：

① PC = 0000H，所以程序从 0000H 地址单元开始执行；

② 启动后，片内 RAM 为随机值，运行中的复位操作不改变片内 RAM 的内容；

③ 特殊功能寄存器复位后的状态是确定的；

④ P0～P3 = FFH，各口可用于输出，也可用于输入；

⑤ SP = 07H，第一个入栈内容将写入 08H 单元，这样就会占用工作寄存器的 08H～1FH 和 20H 以上的位寻址区，因此在汇编程序初始化中必须改变 SP 的值，一般可置 SP 为 50H 或 60H，堆栈深度相应为 48B 或 32B；

⑥ IP、IE 和 PCON 的有效位为 0，各中断源处于低优先级且均被关断、串行通信的波特率不加倍；

⑦ PSW = 00H，当前工作寄存器为 0 组。

1.3.6 指令系统

1. 指令系统的基本概念

计算机所有指令的集合称为该计算机的指令系统，不同种类单片机指令系统一般是不同的，单片机的功能需要通过指令系统来体现。80C51 单片机的指令系统采用汇编语言。

1) 指令基本格式

指令的表示方法称为指令格式。一般格式为：

　　标号：　操作码　操作数；注释

(1) 标号：指令的符号地址。

① 标号不属于指令的必需部分，可根据需要设置。一般用于一段功能程序的识别标记或控制转移地址。

② 指令前的标号代表该指令的地址，是用符号表示的地址。一般用英文字母和数字组成，但不能用指令助记符、伪指令、特殊功能寄存器名、位定义名和 80C51 在指令系统中用的符号“#”、“@”等，长度以 2～6 个字符为宜，第一个字符必须是英文字母。

③ 标号必须用冒号“:”与操作码分隔。

(2) 操作码：指令的操作功能。

① 操作码用助记符表示，它代表了指令的操作功能。

② 操作码是指令的必需部分，是指令的核心，不可缺少。

(3) 操作数：参加操作的数据或数据地址。

① 操作数可以是数据，也可以是数据的地址(包括数据所在的寄存器名)，还可以是数据地址的地址或操作数的其他信息。

② 操作数可分为目的操作数和源操作数，源操作数是参加操作的原始数据或数据地址，目的操作数是操作后结果数据的存放单元地址。目的操作数写在前面，源操作数写在后面。

③ 操作数可用二进制数、十进制数或十六进制数表示。

④ 操作数的个数可以是 0～3。

⑤ 操作数与操作码之间用空格分隔，操作数与操作数之间用逗号分隔。

(4) 注释：指令功能说明。

① 注释属于非必需项，可有可无，是为便于阅读，对指令功能所作的说明和注解。

② 注释必须以“；”开始。

2) 指令分类

80C51 单片机共有 111 条指令。

(1) 按指令长度分类，可分为 1 字节、2 字节和 3 字节指令。

(2) 按指令执行时间分类，可分为 1 机周、2 机周和 4 机周指令。

注意：指令执行时间和指令长度是两个完全不同的概念，前者表示执行一条指令所用的时间，后者表示一条指令在 ROM 中所占的存储空间，两者不能混淆。

(3) 按指令功能分类，可分为数据传送类、算术运算类、逻辑运算类、位操作类和控制转移类指令等五大类。

① 数据传送类指令，共 29 条，分为片内 RAM、片外 RAM、ROM 的传送指令，以及堆栈操作与数据交换指令。

② 算术运算类指令，共 24 条，分为加、减、乘、除及 BCD 码调整指令。

③ 逻辑运算与移位类指令，共 24 条，分为逻辑“与”、“或”、“异或”、清零、取反及移位指令。

④ 位操作类指令，共 17 条，分为位传送、位状态设置、位逻辑运算及位判跳指令。

⑤ 控制转移类指令，共 17 条，分为无条件转移、条件转移、子程序调用和返回指令。

3) 指令系统中的常用符号

@：间址寻址符；
#：立即数符；
#data：8 位立即数；
#data16：16 位立即数；
Direct：8 位直接地址，代表片内 RAM00H～7FH 及 SFR 的 80H～FFH；
addr11：11 位目的地址；
addr16：16 位目的地址；
rel：补码形式表示的 8 位地址偏移量，值在 −128～+127 范围内；
bit：片内 RAM 位地址、SFR 的位地址(可用符号名称表示)。

4) 寻址方式

寻址就是寻找操作数或指令地址的方式。80C51 的寻址方式有 7 种，即立即寻址、直接寻址、寄存器寻址、寄存器间接寻址、变址寻址、相对寻址和位寻址。

(1) 立即寻址。立即寻址是直接给出操作数，操作数前有立即数符号“#”。

例 1-20
```
MOV   A, #30H          ; 将立即数 30H 传送至 A 中
MOV   DPTR, #5678H     ; 将立即数 5678H 传送至 DPTR 中
```

(2) 直接寻址。直接寻址是给出操作数的直接地址。直接寻址范围为片内低 128 B RAM 和特殊功能寄存器。

例 1-21
```
MOV   A, 3AH           ; 将片内 RAM 3AH 单元中的数据传送至 A 中
MOV   A, P0            ; 将特殊寄存器 P0 口中的数据传送至 A 中
```

(3) 寄存器寻址。寄存器寻址的操作数在规定的寄存器中。规定的寄存器有：工作寄存器 R0～R7、累加器 A、双字节 AB、数据指针 DPTR 和位累加器 Cy。这些被寻址寄存器中的内容就是操作数。

例 1-22
```
MOV   A, R0            ; 将 R0 中的数据传送至 A 中
```

(4) 寄存器间接寻址。寄存器间接寻址是根据操作数的地址寻找操作数。间接寻址用间址符“@”作为前缀。80C51 指令系统中，可作为间接寻址的寄存器有 R0、R1、数据指针 DPTR 和堆栈指针 SP(堆栈操作时，不用间接寻址符“@”)。

例 1-23
```
MOV   A, @R0           ; 将 R0 中内容作为地址的存储单元中的数据送至 A 中
MOVX  A, @DPTR         ; 将片外 RAM DPTR 所指存储单元中的数据传送至 A 中
PUSH  PSW              ; 将 PSW 中内容送至堆栈指针 SP 所指的存储单元中
```

(5) 变址寻址。在变址寻址中，操作数地址 = 基址 + 变址。

基址存放在指定的基址寄存器(程序计数器 PC 或数据指针 DPTR)中，变址存放在累加器 A 中，相加后形成操作数的地址。这种方式用于读 ROM 数据操作。

例 1-24　MOVC　A, @A+DPTR　；将 A 的内容与 DPTR 的内容相加得到一个新地址，
　　　　　　　　　　　　　　　　；从该地址 ROM 中读取数据送入 A 中

(6) 相对寻址。相对寻址一般用于相对转移指令，程序转移目的地址 = 当前 PC 值 + 相对偏移量 rel。

例 1-25　2000H:SJMP 08H;

原 PC 值为 2000H，执行这条指令后的当前 PC 值为 2002H，rel 为 08H。2002H + 08H = 200AH，转移目的地址为 200AH，程序就跳转至 200AH 去执行了。

(7) 位寻址。位寻址是对片内 RAM 和特殊功能寄存器中的可寻址位进行操作的寻址方式。这种寻址方式属于直接寻址方式，因此与直接寻址方式执行过程基本相同，但参与操作的数据是 1 位而不是 8 位。

例 1-26　MOV　C, 07H　；将位地址 07H 中的数据传送至进位位 Cy。

80C51 寻址方式与相应的寻址范围如表 1-8 所示。

表 1-8　80C51 寻址方式与相应的寻址范围

寻址方式	寻 址 范 围
立即寻址	程序存储器 ROM
直接寻址	片内低 128 B RAM 和 SFR
寄存器寻址	工作寄存器 R0～R7、累加器 A、双字节 AB、数据指针 DPTR、位累加器 Cy
寄存器间接寻址	片内低 128 B RAM(@R0、@R1、SP)，片外 RAM(@R0、@R1、@DPTR)
变址寻址	程序存储器(@A+PC、@A+DPTR)
相对寻址	程序存储器当前 PC –128 B～+127 B 范围(PC+rel)
位寻址	片内 RAM 的 20H～2FH 字节地址中所有位和 SFR 中字节地址能被 8 整除的单元位

2. 指令系统

1) 数据传送类指令(29 条)

数据传送类指令占有较大的比重。数据传送是进行数据处理的最基本的操作，这类指令一般不影响寄存器 PSW 的状态。传送类指令可以分成两大类：一是采用 MOV 操作符，称为一般传送指令；二是采用非 MOV 操作符，称为特殊传送指令，如 MOVC、MOVX、PUSH、POP、XCH、XCHD 及 SWAP。

(1) 片内 RAM 数据传送指令。

片内 RAM 数据传送指令均使用 MOV 作为指令操作符，目的操作数可以是累加器 A、工作寄存器 Rn、直接地址 direct、寄存器间址@Ri 和数据指针 DPTR 等。

① 以 A 为目的操作数的数据传送指令举例如下：

```
MOV    A, Rn         ; A←Rn
MOV    A, direct     ; A←(direct)
MOV    A, @Ri        ; A←(Ri)
MOV    A, #data      ; A←data
```

这组指令的功能是把源字节送入累加器中。源字节的寻址方式分别为寄存器寻址、直接寻址、寄存器间接寻址和立即寻址四种基本寻址方式。

例 1-27　若 R0 = 40H，(30H) = 65H，(40H) = 50H，将分别执行以下指令后的结果写在注释区。

```
MOV   A, R0        ; 将工作寄存器 R0 中的数据 40H 传送至累加器 A 中，即 A = 40H
MOV   A, 30H       ; 将直接地址 30H 存储单元中的数据 65H 传送至累加器 A 中，即 A = 65H
MOV   A, @R0       ; 将以 R0 中内容 40H 为地址的存储单元中的数据 50H 传送至累加器
                   ; A 中，即 A = 50H
MOV   A, #30H      ; 将立即数 30H 传送至累加器 A 中，即 A = 30H
```

② 以 Rn 为目的操作数的数据传送指令举例如下：

```
MOV   Rn, A        ; Rn←A
MOV   Rn, direct   ; Rn←(direct)
MOV   Rn, #data    ; Rn←data
```

这组指令的功能是把源字节送入寄存器 Rn 中。源字节的寻址方式分别为寄存器寻址、直接寻址和立即寻址(由于目的字节为工作寄存器，所以源字节不能是工作寄存器及其间址寻址)。

例 1-28　若(50H) = 40H，A = 30H，试分别执行以下指令后将结果写在注释区。

```
MOV   R1, A        ; 将累加器 A 中的数据 30H 传送至 R1 中，即 R1 = 30H
MOV   R2, 50H      ; 将直接地址 50H 存储单元中的数据 40H 传送至 R2 中，即 R2 = 40H
MOV   R3, #50H     ; 将立即数 50H 传送至 R3 中，即 R3 = 50H
```

例 1-29　将 R1 中的数据传送到 R2 中。

```
MOV   A, R1
MOV   R2, A
```

注意：运用指令时，必须严格按照指令的格式书写，否则汇编软件不能识别，也就无法产生单片机能执行的机器码，程序就无法执行。例如初学者常写出错误的指令“MOV R2，R1”。

③ 以 direct 为目的操作数的数据传送指令举例如下：

```
MOV   direct, A          ; (direct)←A
MOV   direct, Rn         ; (direct)←(Rn)
MOV   direct, @Ri        ; (direct)←(Ri)
MOV   direct, direct2    ; (direct)←(direct2)
MOV   direct, #data      ; (direct)←data
```

这组指令的功能是把源字节送入 direct 中。源字节的寻址方式分别为寄存器寻址、寄存器间接寻址、直接寻址和立即寻址。

例 1-30　若 A = 40H，(R1) = 50H，(R2) = 30H，(50H) = 18H，(60H) = 70H，试分别执行以下指令后将结果写在注释区。

```
MOV   20H, A       ; 将累加器 A 中的数据 40H 传送至直接地址为 20H 的存储单元中，
                   ; 即(20H) = 40H
```

```
MOV    40H, R2          ; 将工作寄存器 R2 中的数据 30H 传送至直接地址为 40H 的
                        ; 存储单元中，即(40H) = 30H
MOV    30H, @R1         ; 将以 R1 中内容 50H 为地址的存储单元中的数据 18H 传送至
                        ; 直接地址为 30H 的存储单元中，即(30H) = 18H
MOV    34H, 60H         ; 将直接地址 60H 存储单元中的数据 70H 传送至直接地址为
                        ; 34H 的存储单元中，即(34H) = 70H
MOV    44H, #21H        ; 将立即数 21H 传送至直接地址为 44H 的存储单元中，
                        ; 即(44H) = 21H
```

④ 以@Ri 为目的操作数的数据传送指令如下：

```
MOV    @Ri, A           ; (Ri)←A
MOV    @Ri, direct      ; (Ri)←(direct)
MOV    @Ri, #data       ; (Ri)←data
```

这组指令的功能是把源字节送入 Ri 内容为地址的存储单元中，源字节寻址方式为寄存器寻址、直接寻址和立即寻址(因目的字节采用寄存器间接寻址，故源字节不能是寄存器及其间址寻址)。

例 1-31　若 A = 70H，R1 = 30H，(30H) = 60H，(40H) = 50H，试分别执行以下指令后将结果写在注释区。

```
MOV    @R1, A           ; 将累加器 A 中的数据 70H 传送至 R1 中内容 30H 为地址的存储
                        ; 单元中, 即(30H) = 70H
MOV    @R1, 40H         ; 将直接地址 40H 存储单元中的数据 50H 传送至 R1 中内容 30H
                        ; 为地址的存储单元中，即(30H) = 50H
MOV    @R1, #40H        ; 将立即数 40H 传送至 R1 中内容 30H 为地址的存储单元中，
                        ; 即(30H) = 40H
```

⑤ 16 位数据传送指令。

```
MOV    DPTR, #data16    ; DPTR←data16
```

这条指令的功能是将源操作数 data16 送入目的操作数 DPTR 中，是 80C51 单片机中唯一的一条 16 位数据传送指令。其中数据高 8 位传送到 DPH 中，数据低 8 位传送到 DPL 中。源操作数的寻址方式为立即寻址。

例 1-32　指令“MOV　DPTR，#1234H”执行后的结果是什么？

(DPH) = 12H，(DPL) = 34H。

该功能也可以用以下两条指令来实现：

```
MOV    DPH, #12H
MOV    DPL, #34H
```

(2) 片外 RAM 数据传送指令。

片外 RAM 数据传送指令 MOVX 作为指令操作符，采用间接寻址方式，且无论读还是写必须通过累加器 A。

① 读片外 RAM。

```
MOVX   A, @DPTR         ; A←(DPTR)
MOVX   A, @Ri           ; A←(Ri)
```

第一条指令以 16 位 DPTR 为间址寄存器读片外 RAM，可以对整个 64 KB 的片外 RAM 空间寻址。指令执行时，在 DPH 中的高 8 位地址由 P2 口输出，在 DPL 中的低 8 位地址由 P0 口分时输出，并由 ALE 信号锁存在地址锁存器中。

第二条指令以 R0 或 R1 为间址寄存器，也可以读整个 64 KB 的片外 RAM 空间。指令执行时，低 8 位地址在 R0 或 R1 中由 P0 口分时输出，ALE 信号将地址信息锁存在地址锁存器中(多于 256 字节的访问，高位地址由 P2 口提供)。

读片外 RAM 的 MOVX 操作，使 P3.7 引脚输出的信号选通片外 RAM 单元，相应单元的数据从 P0 口读入累加器中。

② 写片外 RAM。

```
MOVX    @DPTR, A        ; (DPTR)←A
MOVX    @Ri, A          ; (Ri)←A
```

第一条指令以 16 位 DPTR 为间址寄存器写片外 RAM，可以寻址整个 64 KB 的片外 RAM 空间。指令执行时，在 DPH 中高 8 位地址由 P2 口输出，在 DPL 中的低 8 位地址由 P0 口分时输出，并由 ALE 信号锁存在地址锁存器中。

第二条指令以 R0 或 R1 为间址寄存器，也可以写整个 64 KB 的片外 RAM 空间。指令执行时，低 8 位地址在 R0 或 R1 中由 P0 口分时输出，ALE 信号将地址信息锁存在地址锁存器中(多于 256 字节的访问，高位地址由 P2 口提供)。

写片外 RAM 的“MOVX”操作，使 P3.6 引脚的信号有效，累加器 A 的内容从 P0 口输出并写入选通的相应片外 RAM 单元。

例 1-33　按下列要求传送数据：

片内 RAM10H 单元数据送片外 RAM10H 单元　　；设片内 RAM(10H) = ABH。
片外 RAM30H 单元数据送片内 RAM30H 单元　　；设片外 RAM(30H) = 64H。
片外 RAM1000H 单元数据送片内 RAM20H 单元　；设片外 RAM(1000H) = 12H。
片外 RAM2010H 单元数据送片外 RAM2020H 单元　；设片外 RAM(2010H) = FFH。

片内 RAM10H 单元数据送片外 RAM10H 单元的指令为：

```
MOV     A, 10H
MOV     R0, #10H
MOVX    @R0, A
```

片外 RAM30 单元数据送片内 RAM30H 单元的指令为：

```
MOV     R0, #30H
MOVX    A, @R0
MOV     30H, A
```

片外 RAM1000H 单元数据送片内 RAM20H 单元的指令为：

```
MOV     DPTR, #1000H
MOVX    A, @DPTR
MOV     20H, A
```

片外 RAM2010H 单元数据送片外 RAM2020H 单元的指令为：

```
MOV     DPTR, #2010H
MOVX    A, @DPTR
```

```
MOV     DPTR, #2020H
MOVX    @DPTR, A
```

(3) 读 ROM 指令。

80C51 单片机的程序执行指令是按 PC 值依次自动读取并执行的，一般不需要人为去读。但程序中有时会涉及一些数据(或称为表格)，放在 ROM 中，需要去读，读 ROM 指令即属于这种情况。因此，读 ROM 指令也称为查表指令，使用 MOVC 作为操作符，有以下两种形式：

① DPTR 内容为基址。

```
MOVC    A, @A+DPTR    ; A←(A+DPTR)
```

该指令首先执行 16 位无符号数加法，将获得的基址与变址之和作为 16 位的程序存储器地址，然后将该地址单元的内容传送至累加器 A。指令执行后 DPTR 的内容不变。

② PC 内容为基址。

```
MOVC    A, @A+PC    ; A←(A+DPTR)
```

取出该单字节指令后 PC 的内容增 1，以增 1 后的当前值去执行 16 位无符号数加法，将获得的基址与变址之和作为 16 位的程序存储器地址，然后将该地址单元的内容传送到累加器 A。指令执行后 PC 的内容不变。

例 1-34 设 ROM(2000H) = ABH，试将其读入，并存入内 RAM10H 单元中。

```
MOV     DPTR, #2000H
MOV     A, #00H
MOVC    A, @A+DPTR
MOV     10H, A
```

小结：片内 RAM 数据传送用 MOV 指令；片外 RAM 数据传送用 MOVX 指令；ROM 数据传送用 MOVC 指令。虽然 3 个不同存储空间地址是重叠的，但由于指令采用的操作符不同，因此不会出错。

(4) 堆栈操作指令。

堆栈是在片内部 RAM 中按“后进先出”的规则组织的一片存储区。此区的一端固定，称为栈底；另一端是活动的，称为栈顶。栈顶的位置(地址)由栈指针 SP 指示(即 SP 的内容是栈顶的地址)。

在 80C51 中，堆栈的生长方向是向上的(地址增大)。

系统复位时，SP 的内容为 07H。通常用户应在系统初始化时对 SP 重新设置。SP 的值越小，堆栈的深度越大。

```
PUSH    direct    ; SP←(SP) + 1, (SP)←(direct)
POP     direct    ; direct←(SP)，SP←(SP)−1
```

PUSH 为入栈指令，是将其指定的直接寻址单元中的数据压入堆栈。由于 80C51 是向上生长型堆栈，所以入栈时堆栈指针先加 1，然后再将数据压入堆栈。例如，设堆栈初始状态如图 1-13(a)所示，SP = 0DH，(40H) = ABH。执行指令“PUSH 40H”。具体操作是：① 将堆栈指针 SP 的内容加 1，指向堆栈顶上的空单元，此时 SP = 0EH，如图 1-13(b)所示；② 将指令指定的直接寻址单元 40H 中的数据 ABH 送到该空单元中。执行后的结果是：(0EH) = ABH，SP = 0EH，如图 1-13(c)所示。

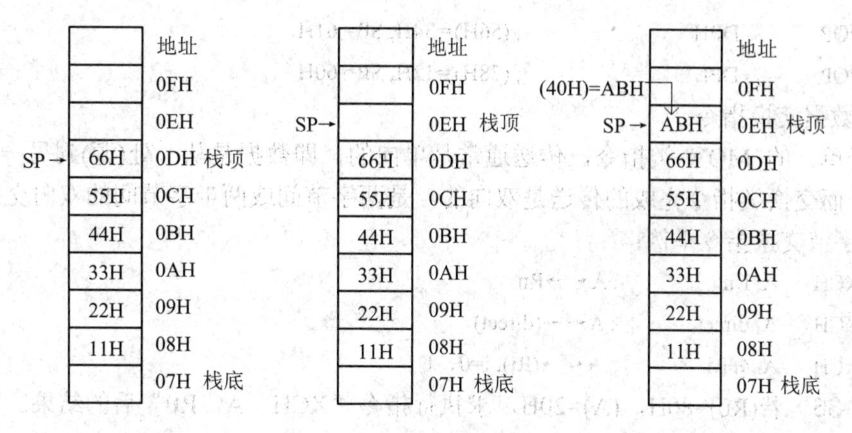

(a) SP 原始状态　(b) SP+1→SP，指向栈顶空单元　(c) 将 direct 中的数据压入堆栈

图 1-13　入栈操作

POP 为出栈指令，是将当前堆栈指针 SP 所指示单元中的数据弹出到指定的片内 RAM 单元，然后将 SP 减 1，SP 始终指向栈顶地址。例如，设堆栈初始状态如图 1-14(a)所示，SP = 0DH，(0DH) = 66H，执行指令“POP 40H”。具体操作是：① 将 SP 所指向单元 0DH(栈顶)中的数据 66H 弹出，送到指令指定的片内 RAM 单元 40H，(40H) = 66H，如图 1-14(b)所示；② SP−1→SP，SP = 0CH，SP 仍指向栈顶地址，0DH 中数据不变，但已经不是堆栈中的数据了，如图 1-14(c)所示。

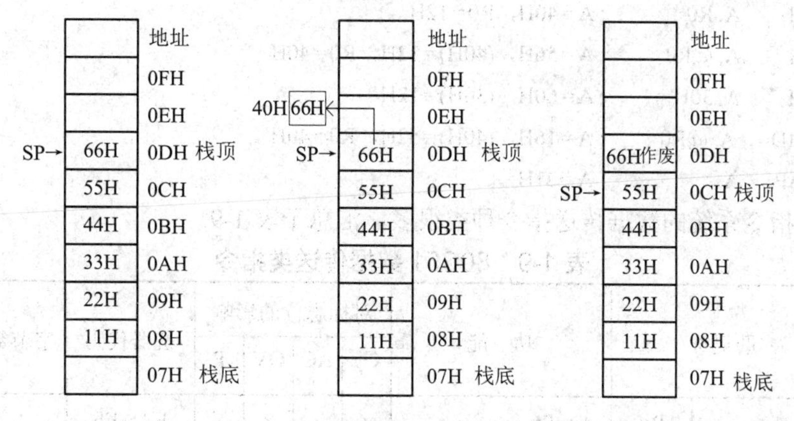

(a) SP 原始状态　(b) 栈顶单元内容→(direct)　(c) SP−1→SP，指向新的栈顶地址

图 1-14　出栈操作

小结：由于堆栈操作只能以直接寻址方式来取得操作数，故不能用累加器 A 和工作寄存器 Rn 作为操作对象。若要把 A 中的内容压入堆栈，应用指令“PUSH ACC”，这里 ACC 表示累加器 A 的直接地址 E0H，或者使用指令“PUSH E0H”，两种效果一样。

例 1-35　若 SP = 60H，试分别执行下列指令后将结果写在注释区。

```
MOV     DPTR, #1234H     ; DPTR=1234H, DPH=12H, DPL=34H
PUSH    DPH              ; SP=61H, (61H)=12H
PUSH    DPL              ; SP=62H, (62H)=34H
MOV     DPTR, #5678H     ; DPTR=5678H, DPH=56H, DPL=78H
```

```
POP     DPH          ; (56H)=34H, SP=61H
POP     DPL          ; (78H)=12H, SP=60H
```

(5) 数据交换指令。

对于单一的 MOV 类指令，传送通常是单向的，即数据是从一处(源)到另一处(目的)的拷贝。而交换类指令完成的传送是双向的，是两字节间或两半字节间的双向交换。

① 字节交换指令举例：

```
XCH    A, Rn         ; A←→Rn
XCH    A, direct     ; A←→(direct)
XCH    A, @Ri        ; A←→(Ri), i=0、1
```

例 1-36　若(R0)=80H，(A)=20H，求执行指令“XCH　A，R0”后的结果。

(A)=80H,　(R0)=20H

② 半字节交换指令举例：

XCHD　A, @Ri　　; $A_{3\sim0}$←→$(Ri)_{3\sim0}$

SWAP　A　　; $A_{3\sim0}$←→$A_{7\sim4}$

XCHD 指令的功能是间址操作数的低半字节与 A 的低半字节内容互换。

SWAP 指令的功能是累加器的高、低 4 位互换。

例 1-37　若 A＝12H，R0＝40H，(40H)＝56H，(30H)＝60H，试分别执行下列指令后将结果写在注释区。

```
XCH     A, R0       ; A=40H，R0=12H
XCH     A, @R0      ; A=56H，(40H)=12H，R0=40H
XCH     A, 30H      ; A=60H，(30H)=12H
XCHD    A, @R0      ; A=16H，(40H)=52H，R0=40H
SWAP    A           ; A=21H
```

80C51 指令系统的数据传送指令种类很多，汇总于表 1-9。

表 1-9　80C51 数据传送类指令

类型	助记符		功　能	对标志位的影响				机器代码	字节数	周期数
				Cy	AC	OV	P			
片内RAM数据传送指令	MOV　A,	Rn	A←Rn	×	×	×	√	E8～EF	1	1
		direct	A←(direct)	×	×	×	√	E5　dir	2	1
		@Ri	A←(Ri)	×	×	×	√	E6/E7	1	1
		#data	A←data	×	×	×	√	74 dat	2	1
	MOV　Rn,	A	Rn←A	×	×	×	×	F8～FF	1	1
		direct	Rn←(direct)	×	×	×	×	A8～AF dir	2	2
		#data	Rn←data	×	×	×	×	78～7F dat	2	1
	MOV direct,	A	(direct)←A	×	×	×	×	F5　dir	2	1
		Rn	(direct)←Rn	×	×	×	×	88～8F dir	2	2
		direct2	(direct)←(direct2)	×	×	×	×	85 dir2 dir	3	2

续表

类型	助记符		功　能	对标志位的影响				机器代码	字节数	周期数
				Cy	AC	OV	P			
片内RAM数据传送指令	MOV direct	@Ri	(direct)←(Ri)	×	×	×	×	86/87 dir	2	2
		#data	(direct)←data	×	×	×	×	75 dir dat	3	2
	MOV @Ri,	A	(Ri)←A	×	×	×	×	F6/F7	1	1
		direct	(Ri)←(direct)	×	×	×	×	A6/A7 dir	2	2
		#data	(Ri)←data	×	×	×	×	76/77 dat	2	1
	MOV　DPTR, #data16		DPTR←data16	×	×	×	×	90 datH datL	3	2
片外RAM数据传送指令	MOVX　A, @Ri		A←(Ri)	×	×	×	√	E2/E3	1	2
	MOVX　A, @DPTR		A←(DPTR)	×	×	×	√	E0	1	2
	MOVX　@Ri, A		(Ri)←A	×	×	×	×	F2/F3	1	2
	MOVX　@DPTR, A		(DPTR)←A	×	×	×	×	F0	1	2
读ROM指令	MOVC　A, @A+PC		PC←PC+1, A←(A+PC)	×	×	×	√	83	1	2
	MOVC A, @A+DPTR		A←(A+DPTR)	×	×	×	√	93	1	2
数据交换指令	XCH　A, Rn		A←→Rn	×	×	×	√	C8～CF	1	1
	XCH　A, @Ri		A←→(Ri)	×	×	×	√	C6/C7	1	1
	XCH　A, direct		A←→(direct)	×	×	×	√	C5 dir	2	1
	XCHD　A, @Ri		$A_{3\sim0}$←→$(Ri)_{3\sim0}$	×	×	×	√	D6/D7	1	1
	SWAP　A		$A_{3\sim0}$←→$A_{7\sim4}$	×	×	×	×	C4	1	1
堆栈操作指令	PUSH　direct		SP←(SP)+1, (SP)←(direct)	×	×	×	×	C0 dir	2	2
	POP　direct		direct←(SP), SP←(SP)−1	×	×	×	×	D0 dir	2	2

2) 算术运算类指令(24 条)

算术运算类指令可以完成加、减、乘、除等运算。这类指令多数以 A 为源操作数之一，同时又使 A 为目的操作数。这类指令涉及 A 时，会影响标志位。

加减法指令对 PSW 中状态标志位的影响如下：

Cy：若加法运算时最高位有进位，减法运算时最高位有借位，则 Cy = 1；否则 Cy = 0。

AC：若加法运算时 D3 位向 D4 位有进位，减法运算时 D3 位向 D4 位有借位，则 AC = 1；否则 AC = 0。

OV：若加减法运算时的 D7、D6 位只有一个有进位，则 OV = 1；否则 OV = 0。

溢出表示运算的结果超出了数值所允许的范围，主要用于带符号数运算。如：两个正数相加结果为负数或两个负数相加结果为正数时属于错误结果，此时 OV=1。

P：当运算结果 A 中各位的“1”的个数为奇数时，P = 1；为偶数时，则 P = 0。

(1) 加法指令。

① 不带进位的加法。

```
ADD    A, Rn          ; A←A+Rn
ADD    A, direct      ; A←A+(direct)
ADD    A, @Ri         ; A←A+(Ri)
ADD    A, #data       ; A←A+data
```

例 1-38　若 A = 82H，R0 = 40H，(40H) = 7DH，(30H) = ABH，Cy = 1，试分别执行下列指令后将结果写在注释区。

```
ADD    A, R0          ; A=C2H，Cy=0
ADD    A, 30H         ; A=2DH，Cy=1
ADD    A, @R0         ; A=FFH，Cy=0
ADD    A, #30H        ; A=B2H，Cy=0
```

② 带进位的加法。

```
ADDC   A, Rn          ; A←A+ Rn+Cy
ADDC   A, direct      ; A←A+(direct)+Cy
ADDC   A, @Ri         ; A←A+(Ri)+Cy
ADDC   A, #data       ; A←A+ data+Cy
```

这组指令的功能是把源操作数与累加器 A 的内容相加再与进位标志 Cy 的值相加，结果送入目的操作数 A 中。加的进位标志 Cy 的值是在该指令执行之前已经存在的进位标志的值，而不是执行该指令过程中产生的进位。

例 1-39　若 A = 82H，R0 = 40H，(40H) = 7DH，(30H) = ABH，Cy = 1，试分别执行下列指令后将结果写在注释区。

```
ADDC   A, R0          ; A=C3H，Cy=0
ADDC   A, 30H         ; A=2EH，Cy=1
ADDC   A, @R0         ; A=00H，Cy=1
ADDC   A, #30H        ; A=B3H，Cy=0
```

③ 加 1 指令。

```
INC    A              ; A←A+1
INC    Rn             ; Rn←Rn+1
INC    direct         ; (direct)←(direct)+1
INC    @Ri            ; (Ri)←(Ri)+1
INC    DPTR           ; DPTR←DPTR+1
```

加 1 指令的功能是将指定单元的数据加 1 后送回该单元。该类指令涉及 A 时会影响 P，但不影响其他标志位。

(2) 减法指令。

① 带借位的减法。

```
SUBB    A, Rn          ; A←A−Rn−Cy
SUBB    A, direct      ; A←A−(direct)−Cy
SUBB    A, @Ri         ; A←A−(Ri)−Cy
SUBB    A, #data       ; A←A−data−Cy
```

例 1-40　若 A = 82H，R0 = 40H，(40H) = 81H，(30H) = 82H，Cy = 1，试分别执行下列指令后将结果写在注释区。

```
SUBB    A, R0          ; A=41H，Cy=0
SUBB    A, 30H         ; A=FFH，Cy=1
SUBB    A, @R0         ; A=00H，Cy=0
SUBB    A, #30H        ; A=51H，Cy=0
```

② 减 1 指令。

```
DEC     A              ; A←A−1
DEC     Rn             ; Rn←Rn−1
DEC     direct         ; direct←(direct)−1
DEC     @Ri            ; (Ri)←(Ri)−1
```

这组指令的功能是把操作数的内容减 1，结果再送回原单元。

这组指令仅“DEC　A”影响 P 标志。其余指令都不影响标志位的状态。

(3) 乘法指令。

```
MUL     AB             ; BA←A×B
```

该指令的功能是将累加器 A 与寄存器 B 中的无符号 8 位二进制数相乘，乘积的低 8 位留在累加器 A 中，高 8 位存放在寄存器 B 中。当乘积大于 FFH 时，溢出标志位 OV=1。而标志 Cy 总是被清零。

例 1-41　若 A = 50H，B = A0H，求执行指令“MUL AB”的结果。

A=00H, B=32H, OV=1, Cy=0

(4) 除法指令。

```
DIV     AB             ; A←(A÷B)商, B←(A÷B)余数
```

该指令的功能是将累加器 A 中的无符号 8 位二进制数除以寄存器 B 中的无符号 8 位二进制数，商的整数部分存放在累加器 A 中，余数部分存放在寄存器 B 中。

当除数为 0 时，则结果的 A 和 B 的内容不定，且溢出标志位 OV = 1。而标志 Cy 总是被清零。

例 1-42　若 A = FBH，B = 12H，求执行指令“DIV AB”的结果。

A=0DH, B=11H, OV=0, Cy=0

(5) BCD 码调整指令。

```
DA      A
```

这条指令的功能是对加法运算结果进行 BCD 码调整，主要用于 BCD 码加法运算。

80C51 指令系统的算术运算类指令汇总于表 1-10。

表 1-10　80C51 算术运算类指令

类型		助记符		功　能	对标志位的影响				机器代码	字节数	周期数
					Cy	AC	OV	P			
加法	不带进位	ADD　A，	Rn	A←A+Rn	√	√	√	√	28～2F	1	1
			direct	A←A+(direct)	√	√	√	√	25 dir	2	1
			@Ri	A←A+(Ri)	√	√	√	√	26/27	1	1
			#data	A←A+data	√	√	√	√	24 dat	2	1
	带进位	ADDC A，	Rn	A←A+Rn+Cy	√	√	√	√	38～3F	1	1
			direct	A←(direct) +A +Cy	√	√	√	√	35 dir	2	1
			@Ri	A←A+(Ri)+Cy	√	√	√	√	36/37	1	1
			#data	A←A+data+Cy	√	√	√	√	34 dat	2	1
	加1	INC	A	A←A+1	×	×	×	√	04	1	1
			Rn	Rn←Rn+1	×	×	×	×	08～0F	1	1
			direct	(direct)←(direct)+1	×	×	×	×	05 dir	2	1
			@Ri	(Ri)←(Ri)+1	×	×	×	×	06/07	1	1
			DPTR	DPTR←DPTR+1	×	×	×	×	A3	1	2
减法	带借位	SUBB　A，	Rn	A←A−Rn−Cy	√	√	√	√	98～9F dir	1	1
			direct	A←A−(direct)−Cy	√	√	√	√	95 dir	2	1
			@Ri	A←A−(Ri)−Cy	√	√	√	√	96/97	1	1
			#data	A←A−data−Cy	√	√	√	√	94 dir	2	1
	减1	DEC	A	A←A−1	×	×	×	√	14	1	1
			Rn	Rn←Rn−1	×	×	×	×	18～1F	1	1
			direct	(direct)←(direct)−1	×	×	×	×	15 dir	2	1
			@Ri	(Ri)←(Ri)−1	×	×	×	×	16/17	1	1
乘法		MUL　AB		BA←A×B	0	×	√	√	A4	1	4
除法		DIV　AB		A←(A÷B)$_{商}$， B←(A÷B)$_{余数}$	0	×	√	√	84	1	4
BCD码调整		DA　A			√	√	×	√	D4	1	1

3) 逻辑运算与移位类指令(24 条)

逻辑运算指令可以完成与、或、异或、清零和取反操作，当以累加器 A 为目的操作数时，只对 P 标志有影响。

移位指令是对累加器 A 的循环移位操作，包括左、右方向以及带与不带进位等移位方式，移位操作时，带进位的循环移位对 Cy 和 P 标志有影响；累加器清零操作对 P 标志有影响。

(1) 逻辑与。

```
ANL    A, Rn              ;A←A∧Rn
```

```
ANL    A, @Ri           ; A←A∧(Ri)
ANL    A, #data         ; A←A∧data
ANL    A, direct        ; A←A∧(direct)
ANL    direct, A        ; (direct)←(direct)∧A
ANL    direct, #data    ; (direct)←(direct)∧data
```

前 4 条指令的功能是把源操作数与累加器 A 的内容相与，结果送入累加器 A 中。

后 2 条指令的功能是把源操作数与直接地址指示的单元内容相与，结果送入直接地址指示的单元。

例 1-43　若 A = 5BH，R0 = 46H，(46H) = 58H，(32H) = ABH，试分别执行下列指令后将结果写在注释区。

```
ANL    A, R0            ; A=42H
ANL    A, @R0           ; A=58H
ANL    A, #32H          ; A=12H
ANL    A, 32H           ; A=0BH
ANL    32H, A           ; (32H)=0BH
ANL    32H, #32H        ; (32H)=22H
```

(2) 逻辑或。

```
ORL    A, Rn            ; A←A∨Rn
ORL    A, @Ri           ; A←A∨(Ri)
ORL    A, #data         ; A←A∨data
ORL    A, direct        ; A←A∨(direct)
ORL    direct, A        ; (direct)←(direct)∨A
ORL    direct, #data    ; (direct)←(direct)∨data
```

前 4 条指令的功能是把源操作数与累加器 A 的内容相或，结果送入累加器 A 中。

后 2 条指令的功能是把源操作数与直接地址指示的单元内容相或，结果送入直接地址指示的单元。

例 1-44　若 A = 1BH，R0 = 46H，(46H) = 58H，(32H) = ABH，试分别执行下列指令后将结果写在注释区。

```
ORL    A, R0            ; A=A∨R0=1BH∨46H=5FH
ORL    A, @R0           ; A=A∨(R0)=1BH∨58H=5BH
ORL    A, #32H          ; A=A∨32H=1BH∨32H=3BH
ORL    A, 32H           ; A=A∨(32H)=1BH∨ABH=BBH
ORL    32H, A           ; (32H)=(32H)∨A=ABH∨1BH=BBH
ORL    32H, #32H        ; (32H)=(32H)∨32H=ABH∨32H=BBH
```

(3) 逻辑异或。

```
XRL    A, Rn            ; A←A⊕Rn
XRL    A, @Ri           ; A←A⊕(Ri)
XRL    A, #data         ; A←A⊕data
XRL    A, direct        ; A←A⊕(direct)
```

```
XRL     direct, A            ; (direct)←(direct) ⊕ A
XRL     direct, #data        ; (direct)←(direct) ⊕ data
```

前 4 条指令的功能是把源操作数与累加器 A 的内容异或，结果送入累加器 A 中。

后 2 条指令的功能是把源操作数与直接地址指示的单元内容异或，结果送入直接地址指示的单元。

例 1-45　若 A = 1BH，R0 = 46H，(46H) = 58H，(32H) = ABH，试分别执行下列指令后将结果写在注释区。

```
XRL     A, R0          ; A=A ⊕ R0=1BH ⊕ 46H=5DH
XRL     A, @R0         ; A=A ⊕ (R0)=1BH ⊕ 58H=43H
XRL     A, #32H        ; A=A ⊕ 32H=1BH ⊕ 32H=29H
XRL     A, 32H         ; A=A ⊕ (32H)=1BH ⊕ ABH=B0H
XRL     32H, A         ; (32H)=(32H) ⊕ A=ABH ⊕ 1BH=B0H
XRL     32H, #32H      ; (32H)=(32H) ⊕ 32H=ABH ⊕ 32H=99H
```

(4) 累加器清零和取反。

```
CLR     A              ; A←0
CPL     A              ; A←/A
```

这两条指令的功能分别是把累加器 A 的内容清零和取反，结果仍在累加器 A 中。

例 1-46　若(A) = 96H，试分别执行下列指令后将结果写在注释区。

```
CLR     A              ; A=0
CPL     A              ; A=69H
```

(5) 累加器循环移位。

循环左移	RL	A
带进位循环左移	RLC	A
循环右移	RR	A
带进位循环右移	RRC	A

带进位循环移位时将影响 Cy 值。累加器循环移位指令操作如图 1-15 所示。

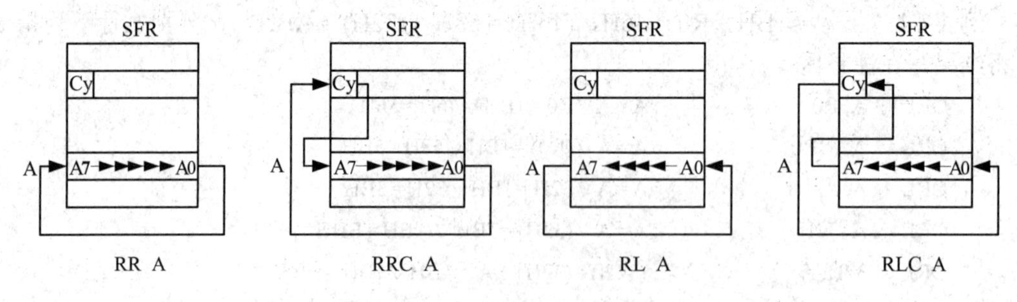

图 1-15　循环移位指令

例 1-47　若 A = 10010110B，Cy = 1，试分别执行下列指令后将结果写在注释区。

```
RL      A          ; A=00101101B, Cy=1(不变)
RLC     A          ; A=00101101B, Cy=1(刷新)
RR      A          ; A=01001011B, Cy=1(不变)
RRC     A          ; A=11001011B, Cy=0(刷新)
```

80C51 指令系统的逻辑运算与移位类指令汇总于表 1-11。

表 1-11　80C51 逻辑运算与移位类指令

类型	助记符		功　能	对标志位的影响				机器代码	字节数	周期数
				Cy	AC	OV	P			
与	ANL　A,	Rn	A←A∧Rn	×	×	×	√	58～5F	1	1
		@Ri	A←A∧(Ri)	×	×	×	√	56/57	1	1
		direct	A←A∧(direct)	×	×	×	√	55 dir	1	1
		#data	A←A∧data	×	×	×	√	54 dat	2	1
	ANL　direct,	A	(direct)←(direct)∧A	×	×	×	×	52 dir	2	1
		#data	(direct)←(direct)∧data	×	×	×	×	53 dir dat	3	2
或	ORL　A,	Rn	A←A∨Rn	×	×	×	√	48～4F	1	1
		@Ri	A←A∨(Ri)	×	×	×	√	46/47	1	1
		direct	A←A∨(direct)	×	×	×	√	45 dir	1	1
		#data	A←A∨data	×	×	×	√	44 dat	2	1
	ORL　direct,	A	(direct)←(direct)∨A	×	×	×	×	42 dir	2	1
		#data	(direct)←(direct)∨data	×	×	×	×	43 dir dat	3	2
异或	XRL　A,	Rn	A←A⊕Rn	×	×	×	√	68～6F	1	1
		@Ri	A←A⊕(Ri)	×	×	×	√	66/67	1	1
		direct	A←A⊕(direct)	×	×	×	√	65 dir	1	1
		#data	A←A⊕data	×	×	×	√	64 dat	2	1
	XRL　direct,	A	(direct)←(direct)⊕A	×	×	×	×	62 dir	2	1
		#data	(direct)←(direct)⊕data	×	×	×	×	63 dir dat	3	2
循环移位	RL　A			×	×	×	×	23	1	1
	RLC　A			√	×	×	√	33	1	1
	RR　A			×	×	×	×	03	1	1
	RRC　A			√	×	×	√	13	1	1
取反	CPL　A		$A \leftarrow \overline{A}$	×	×	×	×	F4	1	1
清零	CLR　A		A←0	×	×	×	√	E4	1	1

4) 控制转移类指令(17 条)

通常情况下，程序的执行是顺序进行的，但也可以根据需要改变程序的执行顺序，这种情况称作程序转移。

控制程序的转移要利用转移指令。80C51 的转移指令有无条件转移、条件转移及调用与返回等。

(1) 无条件转移指令。

无条件转移指令根据其转移范围可分为长转移、短转移、相对转移和间接转移 4 种指令。

① 长转移指令。

LJMP　addr16　; PC←addr16

这条指令第一字节为操作码，该指令执行时，将指令的第二、三字节地址码分别装入指令计数器 PC 的高 8 位和低 8 位中，程序无条件地转移到指定的目标地址去执行。LJMP 提供的是 16 位地址，因此程序可以转向 64 KB 的程序存储器地址空间的任何单元。如标号“NEWADD”表示转移目标地址 1234H。执行指令“LJMP　NEWADD”时，两字节的目标地址将装入 PC 中，使程序转向目标地址 1234H 处运行。

② 短转移指令。

AJMP　addr11　;　PC←PC+2, PC10～0←addr11

该指令执行时，先将 PC 加 2(这时 PC 指向的是 AJMP 的下一条指令)，然后把指令中 11 位地址码传送到 PC10～0，而 PC15～11 保持原内容不变。

在目标地址的 11 位中，前 3 位为页地址，后 8 位为页内地址(每页含 256 个单元)。当前 PC 的高 5 位(即下条指令的存储地址的高 5 位)可以确定 32 个 2 KB 段之一。所以，AJMP 指令的转移范围为包含 AJMP 下条指令在内的 2 KB 区间。

③ 相对转移指令。

SJMP　rel　; PC←PC+2, PC　←PC+rel

该指令第一字节为操作码，第二字节为相对偏移量 rel，rel 是一个带符号的偏移字节数(2 的补码)，取值范围为 +127～-128(00H～7FH 对应表示 0～+127，80H～FFH 对应表示 -128～-1)。负数表示反向转移，正数表示正向转移。

rel 可以是一个转移目标地址的标号，由汇编程序在汇编过程中自动计算偏移地址，并填入指令代码中。在手工汇编时，可用转移目标地址减转移指令所在的源地址，再减转移指令字节数 2 得到偏移字节数 rel。

如标号“NEWADD”表示转移目标地址 0123H，PC 的当前值为 0100H。执行指令“SJMP NEWADD”后，程序将转向 0123H 处执行(此时 rel = 0123H - (0100 + 2) = 21H)。

④ 间接转移。

JMP @A+DPTR　; PC←A+DPTR

该指令中，转移目标地址由累加器 A 的内容和数据指针 DPTR 内容之和来决定，两者都是无符号数。一般是以 DPTR 的内容为基址，而由 A 的值来决定具体的转移地址。这条指令的特点是转移地址可以在程序运行中加以改变。

(2) 条件转移指令。

① 累加器判零转移指令。

JZ　rel　; 若 A=0，则 PC←PC+rel；若 A≠0，则程序顺序执行

JNZ　rel　; 若 A≠0，则 PC←PC+rel；若 A=0，则程序顺序执行

指令的功能是对累加器 A 的内容为 0 和不为 0 进行检测并转移。当不满足各自的条件时，程序继续往下执行。当各自的条件满足时，程序转向指定的目标地址。目标地址的计算与 SJMP 指令情况相同。指令执行时对标志位无影响。

若累加器 A 原始内容为 00H，则：

```
JNZ   L1     ; 由于 A 的内容为 00H，所以程序顺序执行
INC   A      ;
JNZ   L2     ; 由于 A 的内容已不为 0，所以程序转向 L2 处执行
```

② 比较不相等转移指令。

```
CJNE    A, direct, rel        ; 若A≠(direct)，则PC←PC+rel
CJNE    A, #data, rel         ; 若A≠data，则PC←PC+rel
CJNE    Rn, #data, rel        ; 若Rn≠data，则PC←PC+rel
CJNE    @Ri, #data, rel       ; 若(Ri)≠data，则PC←PC+rel
```

这组指令的功能是对指定的目的字节和源字节进行比较，若它们的值不相等则转移，转移的目标地址为当前的PC值加3后再加指令的第三字节偏移量rel；若目的字节的内容大于源字节的内容，则进位标志清零；若目的字节的内容小于源字节的内容，则进位标志置1；若目的字节的内容等于源字节的内容，则程序继续往下执行。

③ 减1不为0转移指令。

```
DJNZ    Rn, rel       ; PC←PC+2，Rn←Rn−1，若Rn=0，则程序顺序执行；
                      ; 若Rn≠0，则PC←PC+rel，转移
DJNZ    direct, rel   ; PC←PC+3，(direct)←(direct)−1，若(direct)=0，则程序顺序执行；
                      ; 若(direct)≠0，则PC←PC+rel，转移
```

DJNZ指令常用于循环程序中控制循环次数。

这组指令每执行一次，便将目的操作数的循环控制单元的内容减1，并判断其是否为0。若不为0，则转移到目标地址继续循环；若为0，则结束循环，程序往下顺序执行。

(3) 调用与返回指令。

① 调用指令。

ACALL addr11 ; PC←PC+2, SP←SP+1, SP←$PC_{7\text{-}0}$, SP←SP+1, SP←$PC_{15\text{-}8}$, $PC_{10\text{-}0}$←addr11

LCALL addr11 ; PC←PC+3, SP←SP+1, SP←$PC_{7\text{-}0}$, SP←SP+1, SP←$PC_{15\text{-}8}$, PC←addr16

这两条指令可以实现子程序的短调用和长调用。目标地址的形成方式与AJMP和LJMP相似。这两条指令的执行不影响任何标志位。

ACALL指令执行时，被调用的子程序的首地址必须设在包含当前指令(即调用指令的下一条指令)的第一个字节在内的2 KB范围内的程序存储器中。

LCALL指令执行时，被调用的子程序的首地址可以设在64 KB范围内的程序存储器空间的任何位置。

若SP = 07H，标号“XADD”表示的实际地址为0345H，PC的当前值为0123H。执行指令“ACALL XADD”后，PC+2 = 0125H，其低8位的25H压入堆栈的08H单元，其高8位的01H压入堆栈的09H单元。PC = 0345H，程序转向目标地址0345H处执行。

② 返回指令。

子程序返回 RET

中断返回 RETI

RET指令的功能是从堆栈中弹出由调用指令压入堆栈保护的断点地址，并送入指令计数器PC，从而结束子程序的执行。程序返回到断点处继续执行。

RETI指令是专用于中断服务程序返回的指令，除正确返回中断断点处执行主程序以外，还有清除内部相应的中断状态寄存器(以保证正确的中断逻辑)的功能。

③ 空操作指令。

```
NOP         ; PC←PC+1
```

这条指令不产生任何控制操作，只是将程序计数器 PC 的内容加 1。该指令在执行时间上要消耗 1 个机器周期，在存储空间上可以占用一个字节。因此，常用来实现较短时间的延时。

5) 位操作类指令(17 条)

位操作又称布尔操作，它是以位为单位进行的各种操作。位操作指令中的位地址有 4 种表示形式：直接地址方式(如 0D5H)，点操作符方式(如 0D0H.5、PSW.5 等)，位名称方式(如 F0)和伪指令定义方式(如“MYFLAG　BIT　F0”)。以上几种形式表示的都是 PSW 中的位 5。

与字节操作指令中累加器用字符“A”表示类似的是，在位操作指令中，位累加器要用字符“C”表示(注：在位操作指令中 Cy 与具体的直接位地址 D7H 对应)。

(1) 位传送。

```
MOV   bit, C      ; (bit)←Cy
MOV   C, bit      ; Cy←(bit)
```

这两条指令可以实现指定位地址中的内容与位累加器 Cy 的内容的相互传送。

例 1-48　若 Cy = 1，P3 = 11000101B，P1 = 00110101B，顺序执行以下指令：

```
MOV   P1.3, C
MOV   C, P3.3
MOV   P1.2, C
```

结果为：Cy=0，P3 的内容未变，P1 的内容变为 00111001B。

(2) 位状态设置。

① 位清零。

```
CLR   C           ; Cy=0
CLR   bit         ; (bit)=0
```

这两条指令可以实现位地址内容和位累加器内容的清零。

若 P1 = 10011101B，执行指令“CLR　P1.3”后，结果为：P1=10010101B。

② 位置位。

```
SETB  C           ; Cy=1
SETB  bit         ; (bit)=1
```

这两条指令可以实现地址内容和位累加器内容的置位。

若 P1 = 10011100B，执行指令“SETB　P1.0”后，P1＝10011101B。

(3) 位逻辑运算。

① 位逻辑“与”。

ANL　C, bit　　　　; $Cy \leftarrow Cy \wedge (bit)$

ANL　C, /bit　　　　; $Cy \leftarrow Cy \wedge (\overline{bit})$

这两条指令可以实现位地址单元内容或取反后的值与位累加器的内容“与”操作，操作的结果送至位累加器 C。

若 P1 = 10011100B，Cy = 1，执行指令“ANL　C，P1.0”后，结果为：P1 内容不变，而 Cy = 0。

② 位逻辑“或”。

```
ORL   C, bit          ; Cy←Cy∨(bit)
ORL   C, /bit         ; Cy←Cy∨(/bit)
```

这两条指令可以实现位地址单元内容或取反后的值与位累加器的内容“或”操作，操作的结果送至位累加器 C。

③ 位取反。

```
CPL   C               ; Cy←/Cy
CPL   bit             ; bit←(/bit)
```

这两条指令可以实现位地址单元内容和位累加器内容的取反。

(4) 位判跳(条件转移)。

① 判 Cy 转移。

```
JC    rel      ; 若 Cy=1，则 PC←(PC)+2+rel；否则顺序执行
JNC   rel      ; 若 Cy=0，则 PC←(PC)+2+rel；否则顺序执行
```

这两条指令的功能是对进位标志位 Cy 进行检测，当 Cy = 1(第一条指令)或 Cy = 0(第二条指令)时，程序转向 PC 当前值与 rel 之和的目标地址去执行，否则程序将顺序执行。

② 判 bit 转移。

```
JB    bit, rel；若(bit)=1，则 PC←(PC)+3+rel；否则顺序执行
JBC   bit, rel   ；若(bit)=1，则 PC←(PC)+3+rel，并使(bit)=0；否则顺序执行
JNB   bit, rel   ；若(bit)=0，则 PC←(PC)+3+rel；否则顺序执行
```

这三条指令的功能是对指定位 bit 进行检测，当(bit) = 1(第一和第二条指令)或(bit) = 0(第三条指令)时，程序转向 PC 当前值与 rel 之和的目标地址去执行，否则程序将顺序执行。对于第二条指令，当条件满足时(指定位为 1)，还具有将该指定位清零的功能。

1.4 任务实施

1. 分组讨论、制订方案

首先填写任务计划单，如表 1-12 所示。

表 1-12　循环彩灯的控制任务计划单

<table>
<tr><td>姓　名</td><td>班　级</td><td>任务分工</td><td rowspan="5">完成任务所用设备、工具、仪器仪表</td><td>设备名称</td><td>设备功能</td></tr>
<tr><td></td><td></td><td></td><td></td><td></td></tr>
<tr><td></td><td></td><td></td><td></td><td></td></tr>
<tr><td></td><td></td><td></td><td></td><td></td></tr>
<tr><td></td><td></td><td></td><td></td><td></td></tr>
<tr><td colspan="6">查、借阅资料</td></tr>
<tr><td colspan="2">资 料 名 称</td><td colspan="2">资 料 类 别</td><td>签　名</td><td>日　期</td></tr>
<tr><td colspan="2"></td><td colspan="2"></td><td></td><td></td></tr>
<tr><td colspan="2"></td><td colspan="2"></td><td></td><td></td></tr>
</table>

续表

<table>
<tr><td colspan="4">项 目 调 试</td></tr>
<tr><td colspan="4">① 硬件电路设计

② 绘制流程图

③ 编制源程序

④ 任务实施工作总结</td></tr>
<tr><td>调试过程问题记录</td><td colspan="2"></td><td>记录人</td></tr>
<tr><td colspan="2">签名：</td><td>日期</td><td></td></tr>
</table>

2. 按要求设计电路并接线

根据图 1-16 使用 Protel99se 软件设计、绘制硬件电路图。

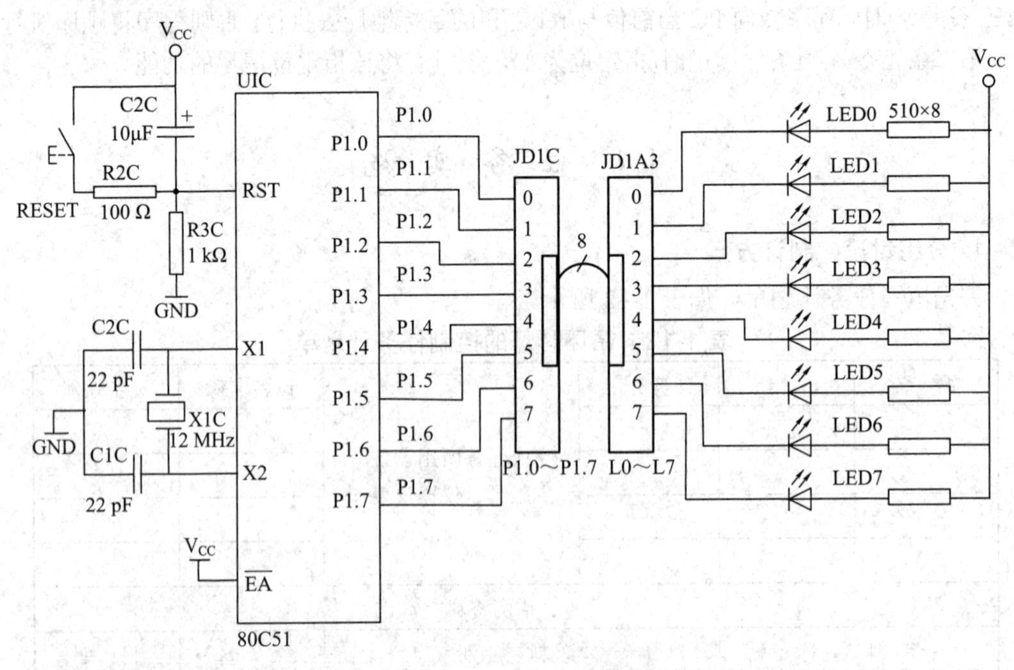

图 1-16　循环彩灯的控制硬件电路图

本项目需要用到 THMEMU-1 实训设备的单片机挂箱 D40 上的单片机最小应用系统和 8 位逻辑电平显示模块，具体操作步骤如下。

(1) 用8根ϕ2 mm × 100 mm导线将单片机最小应用系统的P1.0～P1.7端连接到8位逻辑电平显示模块的L0～L7端。

(2) 用2根ϕ2 mm × 100 mm导线分别接单片机最小应用系统的V_{CC}端和GND端。

(3) 检查各接线无误后，打开相关模块的电源开关。

3. 画流程图、编写源程序

1) 画流程图

根据任务要求，画出如图1-17所示流程图。

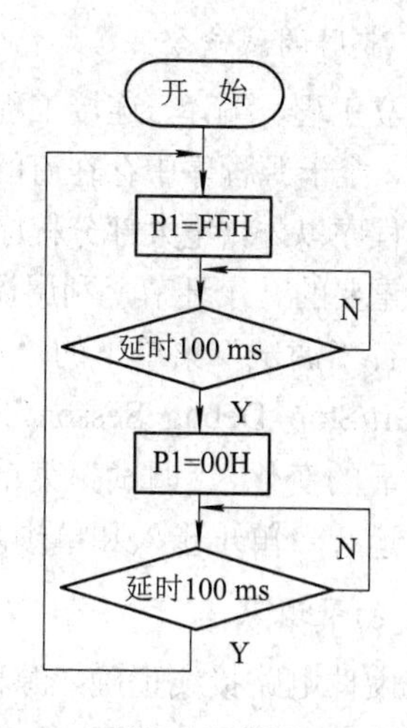

图1-17　循环彩灯的控制流程图

2) 编写源程序

汇编程序如下：

```
        ORG 0000H
        LJMP MAIN
        ORG 0100H
MAIN:   MOV   A, #0FFH
        MOV   P1, A
        MOV   R5, #200
DEL1:   MOV   R6, #250
DEL2:   DJNZ  R6, DEL2
        DJNZ  R5, DEL1
        MOV   A, #00H
        MOV   P1, A
        MOV   R5, #0FFH
DEL3:   MOV   R6, #0FFH
DEL4:   DJNZ  R6, DEL4
        DJNZ  R5, DEL3
        SJMP  MAIN
        END
```

4. 软件、硬件联调

1) 编译、连接

在设置好工程后，即可进行编译、连接。点击工程菜单，工程菜单下的编译命令有三种：

(1) 选择“工程/编译”命令，对当前工程进行连接，如果当前文件已修改，软件会先对该文件进行编译，然后再连接以产生目标代码。

(2) 选择“工程/编译全部文件”命令，将会对当前工程中的所有文件重新进行编译然后再连接，确保最终生产的目标代码是最新的。

(3) 选择“工程/翻译”命令，则仅对该文件进行编译，不进行连接。

以上操作也可以通过工具栏按钮直接进行。

编译结果将出现在屏幕左下角的“编译输出”页面中，如果源程序中有语法上的错误(如指令代码写错)，就会有错误报告出现，双击该错误行提示，可以将光标定位到源程序中出错的地方，经过对源程序反复修改之后，最终会出现“0 ERROR(s)，0 Warning(s)”的提示，表示没有错误，已将源程序编译成机器代码了。

另外还提示了名为“实验一.hex”的文件，该文件即可被编程器读入并写到芯片中，同时还产生了一些其他相关的文件，可被用于 Keil 的仿真与调试，这时可以进入下一步调试工作。

2) 常用调试命令

建立工程、编译、连接工程，并获得目标代码，但是做到这一步仅仅说明源程序没有语法错误，至于源程序中存在着的其他错误，必须通过调试才能发现并解决，事实上，除了极简单的程序以外，绝大部分程序都要通过反复调试才能得到正确的结果，因此，调试是软件开发中重要的一个环节，利用调试命令、在线汇编、设置断点进行程序调试为常用方法。

执行“调试”菜单下的“启动/停止仿真调试”或按常用工具栏上的“ ”按钮或点击“Start/Stop Debug Sesson”，即可进入调试状态。进入调试状态后，界面与编辑状态相比有明显的变化，“调试”菜单中原来不能用的命令现在均已可以使用了。调试程序的方法有：运行、单步步入和单步步过、运行到光标处、设置断点等。

3) 结果现象

在硬件电路接线正确，源程序编写并编译正确、无指令语法错误的前提下，最终任务实施现象是：LED_0～LED_7 8 个 LED 发光二极管同时亮 100 ms(延时时间可任意设置)，然后 8 个 LED 发光二极管同时灭 100 ms，上述两个过程反复循环。

4) 任务实施注意事项

(1) 编程时十六进制立即数遇到最高位为 A～F 时，最高位前必须加 0。

(2) 编程时操作数与操作数之间要用输入法英文状态下的逗号隔开，不要用中文状态下的逗号。

(3) 程序中最后必须要以“END”结束程序。

(4) 要理解记忆数据传送指令 MOV、长转移指令 LJMP、相对转移指令 SJMP、减 1 非 0 指令 DJNZ。

5. 写工作总结

略。

1.5　检 查 评 价

填写考核单，如表 1-13 所示。

表 1-13　任务考核单

任务名称：循环彩灯的控制	姓名		学号		组别	
项　目	评 分 标 准	评　分	同组评价得分	指导教师评价得分		
电路设计(30 分)	① 正确设计硬件电路(原理错误每处扣 2 分)	15 分				
	② 按原理图正确接线(带电接线、拆线每次扣 5 分，接错一处扣 2 分)	15 分				

续表

项　目	评 分 标 准	评　分	同组评价得分	指导教师评价得分
程序编写及调试(40分)	① 正确绘制程序流程图(每画错一处扣2分)	10分		
	② 正确使用KEIL编程软件建立项目工程及程序文件，并存储到指定盘符下的文件夹中(不能正确完成此项操作，每次扣5分)	5分		
	③ 根据KEIL编程软件编译提示修改程序错误 (调试过程中不会查找错误，每次扣5分)	5分		
	④ 灵活使用多种调试方法	10分		
	⑤ 调试结果正确并且编程方法简洁、灵活	10分		
团队协作(5分)	小组在接线、程序调试过程中，团结协作，分工明确，完成任务(有个别同学不动手，不协作，扣5分)	5分		
语言表达能力(5分)	答辩、汇报语言简洁、明了、清晰，能够将自己的想法表述清楚	5分		
拓展及创新能力(10分)	能够举一反三，采用多种编程方法和实现途径，编程简洁、灵活	10分		
安全文明操作(10分)	不遵守操作规程扣4分	4分		
	结束任务实施不清理现场扣4分	4分		
	任务实施期间语言行为不文明扣2分	2分		
总分100分				
综合评定得分(40%同组评分＋60%指导教师评分)				
备注：				

思考与练习

1. PC和单片机都是微型机，两者有什么区别？
2. 16位单片机性能优于8位单片机，为什么现阶段它不如8位单片机应用广泛？
3. 从应用的角度看，单片机如何分类？
4. 什么是总线型单片机和非总线型单片机？

5. 为什么 80C51 系列单片机能成为 8 位单片机应用主流？

6. 单片机有什么特点？

7. 举例说明单片机的主要应用领域。

8. 单片机系统的硬件主要由哪些功能部件组成？

9. 什么是总线？总线可分为哪几种？采用总线结构有什么好处？

10. 什么是 RAM？什么是 ROM？其主要的功能是什么？

11. 按写入方式，ROM 可以分为哪几种？各有什么优缺点？

12. 存储器主要由哪几部分组成？

13. 存储器为什么要有片选控制和带三态门的输入/输出电路？

14. 简述 CPU 读/写存储器的步骤过程。

15. 堆栈的功能是什么？有什么操作原则？栈顶地址如何指示？

16. 什么是汇编语言？有什么特点？

17. 二进制数、十进制数、十六进制数各用什么字母尾缀作为标识符？无标识符时表示什么进制数？

18. 写出 0～15 的二进制数和十六进制数。

19. 将下列十进制数转换为二进制数(小数取 8 位)。

(1) 93　　(2) 123　　(3) 0.48

(4) 0.93　　(5) 3.66　　(6) 101.4

20. 将下列二进制数转换为十进制数。

(1) 10110110B　　(2) 01101101B

(3) 0.10110110B　　(4) 0.11101110B

(5) 11011111.01101101B　　(6) 11101110.011011B

21. 将题 19 中十进制数直接转换为十六进制数(小数取 2 位)。

22. 将题 20 中二进制数转换为十六进制数。

23. 将下列十六进制数转换为十进制数。

(1) 2AH　　(2) 364H　　(3) 0.836H

(4) 0.FFH　　(5) 12.34H　　(6) B8.8BH

24. 将题 23 中十六进制数转换为二进制数。

25. 已知下列二进制数 X、Y，试求 $X+Y$、$X-Y$。

(1) X= 11011010B，Y= 10010101B

(2) X= 10101110B，Y= 10011010B

(3) X= 11100110B，Y= 01011001B

(4) X= 10110001B，Y= 01111110B

26. 已知下列二进制数 X、Y，试求 $X\times Y$、$X\div Y$。

(1) X= 11010011B，Y= 1110B

(2) X= 11001010B，Y= 1101B

27. 已知下列二进制数 X、Y，试求 $X\wedge Y$、$X\vee Y$、$X\oplus Y$。

(1) X= 11010011B，Y= 11100011B

(2) X= 11001010B，Y= 11011100B

28. 已知下列十六进制数 X、Y，试求 $X+Y$、$X-Y$、$X \wedge Y$、$X \vee Y$。

(1) X= ABH，Y= 78H　　(2) X= 36H，Y= CDH

(3) X= 29H，Y= 54H　　(4) X= F1H，Y= 0EH

29. 在8位计算机中，数的正负号如何表示？

30. 什么是机器数及其真值和原码？

31. 分别求下列各数的原码、反码和补码。

(1) +36　(2) −25　(3) +99　(4) −88

32. 如何理解补码的含义？8位二进制数的模是什么？8位补码表示的范围是多少？

33. 原码、反码和补码之间的关系是什么？

34. 什么是BCD码？为什么要采用BCD码？BCD码与二进制数有何区别？

35. 简述BCD码加减运算出错修正的条件和方法。

36. 将下列十进制数转换成BCD码。

(1) 34　(2) 100　(3) 78　(4) 29

37. 将下列二进制数转换成BCD码。

(1) 10110101B　(2) 11001011B

(3) 01111110B　(4) 11111010B

38. 已知BCD码 X、Y，求 $X+Y$、$X-Y$。

(1) $X = [00110100]_{BCD}$，$Y = [00100110]_{BCD}$

(2) $X = [10011000]_{BCD}$，$Y = [01000100]_{BCD}$

(3) $X = [00100111]_{BCD}$，$Y = [01101001]_{BCD}$

(4) $X = [01010001]_{BCD}$，$Y = [10000111]_{BCD}$

39. 什么是ASCII码？

40. 查表写出下列字符的ASCII码：

(1) B　(2) 8　(3) a　(4) @

(5) =　(6) ？　(7) 空格符　(8) 作废符

41. 80C51单片机内部结构包含哪些功能部件？

42. ALE信号频率与时钟频率有什么关系？

43. $\overline{EA}/V_{PP}$ 引脚有何功用？80C31的 $\overline{EA}$ 引脚应如何处理？为什么？

44. 80C51 ROM空间中，0000H～0023H有什么用途？用户应怎样合理安排？

45. 80C51扩展I/O口从哪一个存储空间扩展？理论上最多可扩展多少个8位I/O口？

46. 80C51如何确定和改变当前工作寄存器区？

47. 80C51有多少特殊功能寄存器？分布在何地址范围？若对片内84H读写，将产生什么结果？

48. 累加器的功能是什么？A与ACC有何区别？

49. 溢出与进(借)位有何区别？在什么条件下OV置1？

50. DPTR是什么寄存器？它是如何组成的？主要功能是什么？

51. 堆栈的作用是什么？在堆栈中存取数据时有什么原则？如何理解？SP是什么寄存器？SP中的内容表示什么？

52. PC是否属于特殊功能寄存器？它有什么作用？PC的基本工作方式有几种？

53. 80C51 单片机片外 RAM 和 ROM 使用相同的地址，是否会在总线上出现竞争(读错或写错对象)？为什么？

54. 80C51 初始化设置 SP 值时，应如何考虑？

55. 决定程序执行顺序的寄存器是哪一个？

56. 位地址 00H～7FH 和片内 RAM 字节地址 00H～7FH 编址相同，读写时会不会混淆？为什么？

57. 80C51 单片机在并行扩展外存储器后，P0 口、P1 口、P2 口、P3 口各担负何种职能？

58. P0 口作为输出口时，有什么要求？

59. P0～P3 口负载能力各是多少？

60. 画出 80C51 单片机时钟电路，并指出石英晶体和电容的取值范围。

61. 什么是指令周期？什么是指令字节？含义有什么不同？试分别说明 80C51 单片机按指令周期和指令字节如何分类？

62. 在读片外 ROM 时序和读写 RAM 时序中，ALE、$\overline{PSEN}$、$\overline{RD}$、$\overline{WR}$ 各有什么作用？

63. 80C51 单片机复位的条件是什么？怎样实现？画电路图说明其工作原理。

64. 简述 80C51 单片机复位后各寄存器的状态。

65. 80C51 单片机有几种工作方式？

66. 简述待机(休闲)方式下 80C51 片内状态以及进入和退出待机(休闲)状态的方法。

67. 简述掉电保护方式下 80C51 片内状态以及进入和退出掉电方式的方法。

68. AT89C51 系列单片机有什么特点？

69. 如何读写 AT89C52 单片机高 128 B 片内 RAM？与读写同一地址的特殊功能寄存器有什么区别？

70. AT89C2051 系列单片机有什么特点？

71. Rn 与 Ri 有何区别？n 与 i 的范围是多少？@Ri 又代表什么？

72. 30 H 与#30 H 的区别是什么？

73. 按要求写指令。

(1) 将 R2 中的数据传送到 40H 中。

(2) 将 R2 中的数据传送到 R3 中。

(3) 将 R2 中的数据传送到 B 中。

(4) 将 30 H 中的数据传送到 40H 中。

(5) 将 30 H 中的数据传送到 R7 中。

(6) 将 30 H 中的数据传送到 B 中。

(7) 将立即数 30 H 传送到 R7 中。

(8) 将立即数 30 H 传送到 40H 中。

(9) 将立即数 30 H 传送到以 R0 中内容为地址的存储单元中。

(10) 将 30 H 中的数据传送到以 R0 中内容为地址的存储单元中。

(11) 将 R1 中的数据传送到以 R0 中内容为地址的存储单元中。

(12) 将 R1 中的数据传送到以 R2 中内容为地址的存储单元中。

74. 已知 A = 11H，R0 = 33H，B = 44H，(11H) = 22H，(22H) = 66H，(33H) = 44H，试在注释区写出分别执行下列指令后的结果。

```
(1)  MOV   A, R0        ;            (2)  MOV   B, #55H       ;
(3)  MOV   40H, @R0     ;            (4)  MOV   11H, 22H      ;
(5)  MOV   R3, 11H      ;            (6)  MOV   @R0, 22H      ;
```

75. 已知(30H) = 11H，(11H) = 22H，(40H) = 33H，试在注释区写出分别执行下列指令后的结果。

```
(1)  MOV   50H, 30H     ;            (2)  MOV   R0, #40H      ;
(3)  MOV   A, 11H       ;            (4)  MOV   60H, @R0      ;
(5)  MOV   @R0, A       ;            (6)  MOV   30H, R0       ;
```

76. 已知片内 RAM(20H) = ABH，片外 RAM(4000H) = CDH，ROM(4000H) = EFH，试按下列要求传送数据。

(1) 片内 RAM 20H 单元数据送片外 RAM 20H 单元。

(2) 片内 RAM 20H 单元数据送片外 RAM 2020H 单元。

(3) 片外 RAM 4000H 单元数据送片内 RAM 20H 单元。

(4) 片外 RAM 4000H 单元数据送片外 RAM 1000H 单元。

(5) ROM 4000H 单元数据送片外 RAM 20H 单元。

(6) ROM 4000H 单元数据送片内 RAM 20H 单元。

77. 试在注释区写出下列指令执行的结果。

```
MOV    R0, #72H     ;
XCH    A, R0        ;
SWAP   A            ;
XCH    A, R0        ;
```

78. 给下面程序段加上注释，并说明运行结果。

```
MOV    A, #11H      ;
MOV    B, A         ;
ADD    A, B         ;
MOV    20H, A       ;
INC    A            ;
MOV    21H, A       ;
ADDC   A, 20H       ;
SUBB   A, B         ;
MOV    R0, 20H      ;
DEC    R0           ;
ADD    A, @R0       ;
```

79. 已知某二进制数(小于 20)存在片内 RAM 50H 单元中，阅读下列程序，说明其功能。

```
MOV    R0, #50H     ;
MOV    A, @R0       ;
RL     A            ;
```

```
MOV   R1, A     ;
RL    A         ;
RL    A         ;
ADD   A, R1     ;
MOV   @R0, A    ;
```

80. 已知 R0 = 24H，Cy = 1，(1FH) = 59H，(20H) = 24H，(24H) = B6H，试求下列程序依次运行后有关单元中的内容。

```
MOV   A, 1FH    ;
ADDC  A, 20H    ;
CLR   A         ;
ORL   A, @R0    ;
RL    A         ;
ANL   A, #39H   ;
RRC   A         ;
CPL   A         ;
```

81. 试求下列程序依次运行后有关单元中的内容。

```
MOV   24H, #BCH ;
CLR   24H       ;
SETB  C         ;
MOV   A, 24H    ;
CPL   A         ;
RRC   A         ;
ORL   C, 24H    ;
MOV   26H, C    ;
```

82. 已知 A = FFH，R0 = 00H，(00H) = FFH，DPTR = FFFFH，Cy = 0，位地址(00H) = 1，试分别执行下列指令后将结果写在注释区。

```
(1) DEC   A         ;        (2) DEC   R0        ;
(3) INC   @R0       ;        (4) INC   DPTR      ;
(5) CPL   00H       ;        (6) SETB  00H       ;
(7) ANL   C, /00H   ;        (8) ORL   C, 00H    ;
```

83. 已知 A = FFH，R0 = 40H，(40H) = FFH，(30H) = 00H，Cy = 0，位地址(30H) = 1，试分别执行下列指令后将结果写在注释区。

```
(1) INC   A         ;        (2) INC   R0        ;
(3) DEC   @R0       ;        (4) DEC   30H       ;
(5) CPL   C         ;        (6) SETB  C         ;
(7) ANL   C, 30H    ;        (8) ORL   C, /30H   ;
```

84. 试编程，将位存储单元 33H 中的内容与位存储单元 44H 中的内容互换。

85. 已知片内 RAM 20H = 11001010B，24H = 01010111B，试依次执行下列指令后将结果写在注释区。

```
LOOP:  JB      00H, LP1      ;
       JB      26H, LP2      ;
LP00:  SJMP    $             ;
LP1:   MOV     C, 24H        ;
       MOV     A, 24H        ;
       CPL     A             ;
       ADDC    A, 24H        ;
       JZ      LP3           ;
LP01:  SJMP    $             ;
LP2:   INC     20H           ;
       SJMP    LOOP          ;
LP3:   ANL     C, P          ;
       MOV     20H, C        ;
       JNC     LP4           ;
LP02:  SJMP    $             ;
LP4:   CPL     20H           ;
       JBC     20H, LP3      ;
       CLR     20H           ;
LP03:  SJMP    $             ;
```

86. 已知延时子程序，f_{osc} = 6 MHz(2 μs/机周)，试求运行该子程序的延时时间。

```
DELAY:  MOV     R3, #56H     ;
DY1:    MOV     R2, #ABH     ;
DY2:    NOP                  ;
        DJNZ    R2, DY2      ;
        DJNZ    R3, DY1      ;
        RET                  ;
```

87. 分别用一条指令实现下列功能。

(1) 若 Cy = 0，则转 PROM1 程序段执行。

(2) 若位寻址区 30H ≠ 0，则将 30H 清零，并使程序转至 PROM2。

(3) 若 A ≠ 200，则程序转至 PROM3。

(4) 若 A = 0，则程序转至 PROM4。

(5) 将 40H 中数据减 1，若 40H 中数据不等于 0，则程序转至 PROM5。

(6) 若以 R0 中的内容为地址的存储单元中的数据不等于 10，则程序转至 PROM6。

(7) 调用首地址为 1000H 的子程序。

(8) 使 PC = 3000 H。

任务2　汽车转向灯的控制

2.1　任务描述

模拟汽车转向，用实验箱面板上的 L1 作为左转向灯，L2 作为右转向灯，K1 作为左转向开关，K2 作为右转向开关。P1.6 接 K1，P1.7 接 K2，P1.0 接左转向灯 L1，P1.1 接右转向灯 L2。通过设计完成以下功能：

(1) 当 K1 = 0、K2 = 0 时，左、右转向灯全部熄灭；

(2) 当 K1 = 1、K2 = 0 时，左转向灯亮 0.5 s 灭 0.5 s，以 0.5 s 间隔闪烁，右转向灯熄灭；

(3) 当 K1 = 0、K2 = 1 时，左转向灯熄灭，右转向灯亮 0.5 s 灭 0.5 s，以 0.5 s 间隔闪烁；

(4) 当 K1 = 1、K2 = 1 时，左、右转向灯均以 0.5 s 间隔闪烁。

任务要求：

(1) 设计电路图并接线。

(2) 画流程图、编写控制程序。

(3) 经指导教师检查运行正确后，修改程序：当左转向时，左转向灯闪烁，当右转向时，右转向灯闪烁，其他条件不变。

(4) 完成工作总结。

2.2　任务目标

1. 能力目标

(1) 熟练使用单片机开发装置。

(2) 学会绘制流程图，能灵活采用多种程序结构编写控制程序。

(3) 学会将 P1 口用作输入/输出口的程序设计方法。

2. 知识目标

(1) 熟悉常用伪指令。

(2) 学会循环程序、查表程序、分支程序、子程序的设计方法。

(3) 学会 C51 数据与运算、基本句型及函数的使用。

2.3　相 关 知 识

2.3.1　伪指令

用汇编语言编写的程序称为汇编语言源程序。计算机不能直接识别源程序，必须把它翻译成目标程序，这个过程称为汇编。汇编时，需要提供有关汇编信息的指令。一些指令在汇编时起控制作用，自身并不产生机器码，不属于指令系统，而为汇编服务的指令称为伪指令。常用的伪指令有以下几种。

1. 起始伪指令 ORG(Origin)

格式：ORG　16 位地址

功能：规定 ORG 下面目标程序的起始地址。

例如：

```
        ORG     1000H
START:  MOV     A, #01H
```

“ORG　1000H”表示下面第一条指令的起始地址是 1000H。

2. 结束伪指令 END

格式：END

功能：汇编语言源程序的结束标志。在 END 后面的指令汇编程序不再处理。

例如：

```
MOV A, #30H
......
END
```

3. 等值伪指令 EQU(Equate)

格式：字符名称　EQU　数据或汇编符号

功能：将数据或汇编符号赋予规定的字符名称。

例如：

```
KU   EQU   A
MOV   KU, R1
```

KU 就等于 A，在以后的指令中，遇到 A 就可以用 KU 代替。

4. 数据地址赋值伪指令 DATA

格式：字符名称　DATA　表达式

功能：将数据地址或代码地址赋予规定的字符名称。

5. 定义字节伪指令 DB(Define Byte)

格式：DB　8 位二进制数表

功能：从指定的 ROM 地址单元开始，定义若干个 8 位二进制数据，数据与数据之间用“,”分割。

例如：

```
        ORG   1000H
TAB:    DB 12H, 34H, 2
```

以上指令经汇编后，将为从 1000H 开始的内存单元赋值，(1000H) = 12H、(1001H) = 34H、(1003H) = 02H。

6. 定义字伪指令 DW(Define Word)

格式：DW　16 位二进制数表

功能：从指定的地址单元开始，定义若干个 16 位数据。其功能和定义字节伪指令 DB 一样，不同的是 DW 定义 16 位，其存储地址不同。

例如：

```
      ORG   1000H
TAB: DW 12H, 34H, 2
```

以上指令经汇编后，将为从 1000H 开始的内存单元赋值，(1000H) = 00H、(1001H) = 12H、(1003H) = 00H、(1004H) = 34H、(1005H) = 00H、(1006H) = 02H。

7. 定义位地址伪指令 BIT

格式：字符名称　　BIT　　位地址

功能：将位地址赋予所规定的字符名称。

例如：

```
KU1   BIT   P0.2
KU2   BIT   22H
```

把 P0.2 的位地址赋给 KU1，把位地址 22H 赋给 KU2。在以后的编程中，KU1 当作 P0.2 用，KU2 当作位地址 22H 用。

2.3.2　程序设计的基本方法

单片机应用是硬件设计和软件编程的结合，只有硬件电路而没有软件编程，单片机就无法实现预期目的，同样的，只有软件编程而没有匹配的硬件电路，单片机也不能正常工作。单片机不同于其他集成芯片，关键在于其可编程性。单片机应用离不开程序设计，一个好的程序不仅可以完成规定的功能任务，而且还应该按以下步骤进行设计。

1. 分析问题并确定算法或解决方案

单片机的使用，其针对性一般都较强，目的也比较清楚，比如要对一个继电器进行控制，则会用单片机 I/O 口输出高低电平；又如要对加热器进行控制，则会用到 A/D 转换及相关的算法。因此，当遇到一个需要用单片机控制来解决的问题时，首先要对需要解决的问题进行分析，明确项目的任务及现有条件和目标要求，然后确定设计方法。对于同一个问题，一般有多种不同的解决方案，应通过实验的方法认真比较，从中挑选最佳方案。该步骤是单片机程序设计的基础。

2. 画程序流程图

程序流程图又称为程序框图，是流程图中的一种，在程序编程中使用，用于表示程序中操作的顺序。程序流程图由各种图形、符号和指向线等组成。将程序流程图中的各种图形、符号、指向线合理组合来说明程序的执行过程，能充分表达程序的设计思路，可帮助设计程序、阅读程序和查找程序中的错误。美国国家标准化协会规定了常用的流程图符号，并已被世界各国程序工作者普遍使用。程序流程图常用符号如表 2-1 所示。

表 2-1　程序流程图常用符号和说明

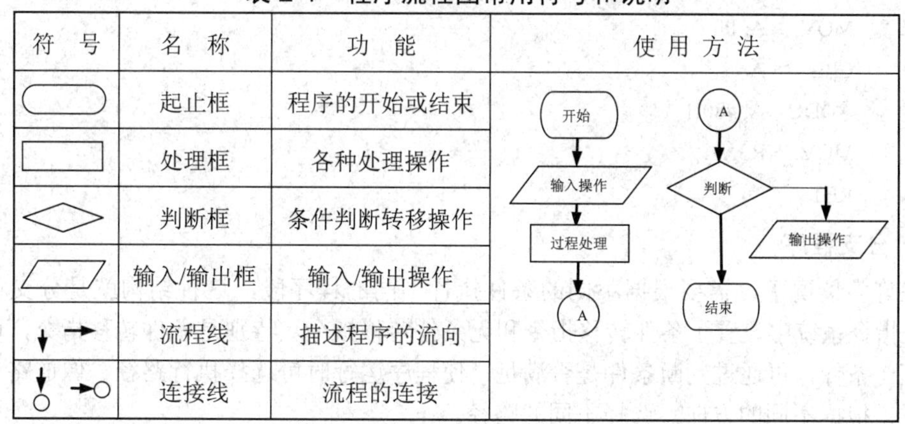

符　号	名　称	功　能	使 用 方 法
	起止框	程序的开始或结束	
	处理框	各种处理操作	
	判断框	条件判断转移操作	
	输入/输出框	输入/输出操作	
	流程线	描述程序的流向	
	连接线	流程的连接	

3. 编写源程序

源程序是未经编译的程序，源程序编写要依据编程语言的编程规则、指令格式以及程序流程图编写。根据流程图中各部分的功能，合理分配变量和数量的存储单元，按模块结构编写出具体程序。所编写的程序要求简单明了、层次清晰。

用汇编语言编写的源程序更接近单片机所用的机器语言，汇编语言直接对单片机的寄存器进行操作，因此在编写汇编源程序前必须分配好使用的存储单元。汇编语言属于计算机的低级语言，其属性为 ASM 的源程序，因此在建立汇编源程序文件时必须加“.asm”扩展名。

4. 汇编和调试

对已编好的源程序，先进行汇编。在汇编过程中，还可能会出现一些错误，需要对源程序进行修改。汇编工作完成后，就可上机调试运行。一般先输入给定的数据，运行程序，检查运行结果是否正确，若发现错误，则通过分析对源程序进行修改，再汇编、调试，直到获得正确的结果为止。

2.3.3　汇编程序设计举例

程序设计应根据程序的功能，采用最简便的方法编制。一个好的程序应达到占用内存少(字节数少)、执行速度快(机周数少)和条理清晰、阅读方便的要求。程序的设计一般有顺序、分支、循环、查表以及子程序等编制方法。

1. 顺序程序

顺序程序是按顺序依次执行的程序，这种程序结构比较简单，也称为简单程序或直线程序。顺序程序虽然在结构上简单，但它是构成复杂程序的基础。

例 2-1　已知 16 位二进制负数存在 R0、R1 中，求其补码，并将结果存在 R2、R3 中。

程序如下：

```
CONT: MOV   A, R0
      CPL   A
      ADD   A, #1
      MOV   R2, A
      MOV   A, R1
      CPL   A
      ADDC  A, #80H
      MOV   R3, A
      RET
```

2. 分支程序

在许多情况下，需要根据不同的条件执行不同的程序段，这种结构就是分支程序。80C51 指令系统中设置了条件转移指令和无条件转移指令，特别是条件转移指令，可以先设置某一条件，再通过判断条件是否满足，使程序运行时可选择执行路径，像道路上的岔路一样，根据不同的方向，选择不同的路径。

例 2-2　已知电路如图 2-1 所示，要求实现：

S0 单独按下，红灯亮，其余灯灭；

S1 单独按下，绿灯亮，其余灯灭；

其余情况黄灯亮。

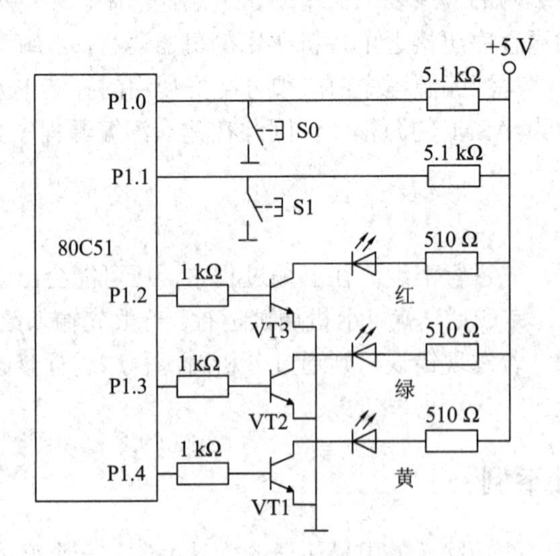

图 2-1　信号灯电路图

程序如下：

```
SGNL: ANL   P1, #11100011B    ; 红、绿、黄灯灭
      ORL   P1, #00000011B    ; 置P1.0、P1.1输入态，P1.5～P1.7状态不变
SL0:  JNB   P1.0, SL1         ; P1.0=0，S0未按下，跳转到SL1，判断S1是否按下
```

```
        JNB     P1.1, RED      ; P1.0=1，S0 按下；且 P1.1=0，S1 未按下，转红灯亮
YELW:   SETB    P1.4           ; 黄灯亮
        CLR     P1.2           ; 红灯灭
        CLR     P1.3           ; 绿灯灭
        SJMP    SL0            ; 转循环
SL1:    JNB     P1.1, YELW     ; P1.0=0，S0 未按下；P1.1=0，S1 未按下，转黄灯亮
GREN:   SETB    P1.3           ; 绿灯亮
        CLR     P1.2           ; 红灯灭
        CLR     P1.4           ; 黄灯灭
        SJMP    SL0            ; 转循环
RED:    SETB    P1.2           ; 红灯亮
        CLR     P1.3           ; 绿灯灭
        CLR     P1.4           ; 黄灯灭
        SJMP    SL0            ; 转循环
```

3. 循环程序

在许多情况下，需要反复执行相同的操作，而每次不同的是参与操作的操作数。这种结构就是循环程序。循环程序一般包括以下几个部分：

(1) 循环初值。在进入循环之前，需要对循环使用的寄存器、存储器赋予初值，如确定循环次数等。

(2) 循环体。循环体就是反复执行的那部分程序。

(3) 循环修改。每执行一次循环，就要对相关参数进行修改。

(4) 循环控制。循环控制是指控制循环是否结束。

例 2-3　使用如图 2-2 所示电路，编制一个循环闪烁灯的程序。设 80C51 单片机的 P1 口作为输出口接 8 只发光二极管，当输出位为“0”时，发光二极管点亮，输出位为“1”时熄灭。试编程实现：8 只彩灯每次亮 1 个，亮 1 s，暗 1 s，形成循环。要求：使用移位指令，采用循环结构设计程序(f_{osc} = 6 MHz)。

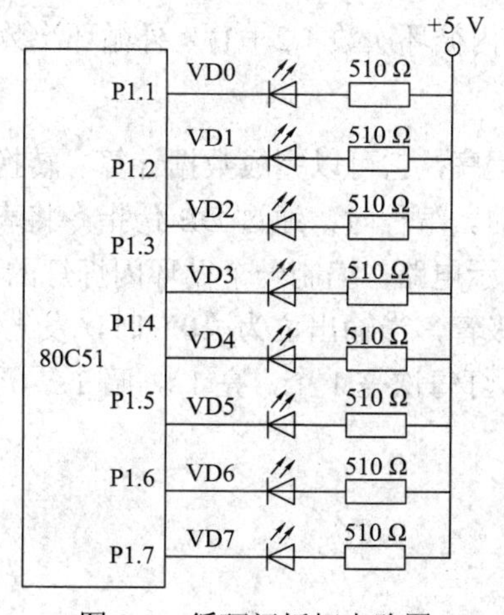

图 2-2　循环闪烁灯电路图

程序如下：

```
        ORG     0000H
        LJMP    MAIN
        ORG     4000H
MAIN:   MOV     R3, #8
        MOV     A, #0FEH
LIGHT:  MOV     P1, A
        LCALL   DLY1s
        MOV     P1, #00H
        LCALL   DLY1s
        RL      A
        DJNZ    R3, LIGHT
        SJMP    MAIN
DLY1s:  MOV     R5, #5
DYS0:   MOV     R6, #200
DYS1:   MOV     R7, #250
        DJNZ    R7, $
        DJNZ    R6, DYS1
        DJNZ    R5, DYS0
        RET
        END
```

从上例中可以看出，延时子程序使用了循环程序结构，该程序结构为三重循环，分别为内循环、中循环、外循环，通过设置各层循环指令执行的次数来实现延时功能。对于三重循环延时，其延时时间计算可采用如下公式进行：

$$\text{实际延时} = \{[(2 \times \text{内循环次数} + 2 + 1) \times \text{中循环次数} + 2 + 1] \times \text{外循环次数} + 1\} \times \text{机器周期}$$

如果是两重循环延时，则

$$\text{实际延时} = [(2 \times \text{内循环次数} + 2 + 1) \times \text{外循环次数} + 1] \times \text{机器周期}$$

4. 查表程序

查表程序是一种常用的程序，它可以完成数据计算、转换等功能。在 80C51 中，数据表格是存放在程序存储器中的。编程时，通过 DB 伪指令将表格数据存入程序存储器中。

例 2-4　使用如图 2-2 所示电路，编制一个循环闪烁灯的程序。设 80C51 单片机的 P1 口作为输出口接 8 只发光二极管，当输出位为“0”时，发光二极管点亮，输出位为“1”时熄灭。试编程实现：8 只彩灯每次亮 1 个，亮 1s，暗 1s，形成循环。要求：采用查表结构设计程序($f_{osc} = 6\,\text{MHz}$)。

程序如下：

```
        ORG     0000H
        LJMP    MAIN
        ORG     4000H
```

```
MAIN:   MOV    DPTR, #TAB
        CLR    A
        MOV    R3, #8
LIGHT:  MOVC   A, @A+DPTR
        MOV    P1, A
        LCALL  DLY1s
        MOV    P1, #00H
        LCALL  DLY1s
        INC    A
        DJNZ   R3, LIGHT
        SJMP   MAIN
DLY1s:  MOV    R5, #5
DYS0:   MOV    R6, #200
DYS1:   MOV    R7, #250
        DJNZ   R7, $
        DJNZ   R6,  DYS1
        DJNZ   R5,  DYS0
        RET
TAB:    BD 0FEH, 0FDH, 0FBH, 0F7H
        BD 0EFH, 0DFH, 0BFH, 7FH
        END
```

5. 子程序

在应用中经常会遇到一些通用性的问题，如数值转换、数值计算等在一个程序中可能多次用到，这时可以将其设计成子程序，需要时就调用。子程序调用时需要注意两点：一是现场的保护和恢复。调用前，要对一些通用单元，如工作寄存器、累加器等中的内容进行保护，即暂时存放到其他地方。等执行完子程序后，再将它们送回来即恢复。二是主程序与子程序的参数传递。调用前，主程序将参数传送到子程序；调用后，子程序将参数传送到主程序。

例 2-5　编写程序，实现 $c = a^2 + b^2$。设 a、b、c 分别存于内 RAM 30H、31H、32H 中。

程序如下：

```
START:  MOV    A, 30H
        ACALL  SQR
        MOV    R1, A
        MOV    A, 31H
        ACALL  SQR
        ADD    A, R1
        MOV    32H, A
        SJMP   $
```

```
SQR:    MOV     DPTR, #TAB
        MOVC    A, @A+DPTR
        RET
TAB:    DB  0, 1, 4, 9, 16, 25, 36, 49, 64, 81
```

2.3.4　C51 概述

汇编语言是一种直接面向处理器的程序设计语言，其操作对象不是数据而是寄存器或者存储器。在汇编语言中用助记符(Memoni)代替操作码，用地址符号(Symbol)或标号(Label)代替地址码，与机器语言相比程序可读性增强，执行速度快、占用内存少、编译效率高，同时具备机器语言全部优点而被程序员广泛使用。但由于汇编语言依赖于具体的处理器体系结构，通用性和可移植性较差，与其他高级语言相比编程复杂，指令数量较多，中大型程序开发周期长，特别是 16 位 MSP430 芯片、32 位 ARM 芯片以及其他可编程器件的出现，使得汇编语言不再是一种主流编程语言。除了汇编语言之外，80C51 系列单片机的编程语言还有几种高级语言支持编程，例如 PL/M、C 和 BASIC 等。其中，以 C 语言的应用最为广泛和便利。下面将介绍 80C51 系列单片机使用 C 语言编程的方法。

1. C 语言概述

C 语言最早源于英国剑桥大学 1963 年推出的 CPL(Combined Programming Language)语言；1972 年，贝尔实验室的 D. M. Ritchie 正式推出了 C 语言；后来几经改进，于 1983 年，美国国家标准化协会为 C 语言制定了一套 ANSI 标准，成为现行 C 语言标准，通常称为 ANSI C。

C 语言是一种结构化语言，简洁、紧凑、层次清晰，便于按模块化方式编写程序；有丰富的运算符和数据类型，能适应并实现各种复杂的数据处理；能实现位操作，生成目标代码效率较高，可移植性好，兼有高级语言和低级语言的优点。因此，C 语言应用范围越来越广泛。目前，各种操作系统和单片机都可以用 C 语言编程，C 语言是一种通用的程序设计语言，在大型、中型、小型和微型计算机上都得到了广泛应用。

需要说明的是，C 语言语法限制不太严格，程序设计自由度较大，但同时带来了 C 编译程序放宽语法检查、容易出错的副作用。因此，程序员应自己进行仔细检查，而不能过分依赖于 C 编译程序查错。

2. Keil C51 概述

用 C 语言编写的单片机应用程序，必须经 C 语言编译器编译转换成单片机可执行的代码程序，这种用于 80C51 系列单片机编程的 C 语言通常称为 C51。对于初学者而言，由于所讲单片机为 80C51，常常会误认为 C51 是 80C51 系列单片机的简称，对 C51 产生概念混淆。80C51 单片机中的“C51”指采用 CHMOS 制造工艺的 MCS-51 系列单片机的统称，而“C51 编程”中的“C51”则指 C 语言应用于 80C51 系列单片机编程，此“C51”非彼“C51”，二者之间有着概念上本质的不同。本书中 C51 专指 80C51 单片机 C 语言编程。

C51 实际上是一个编译系统，而能够实现 80C51 系列单片机 C 语言编译的系统种类很多，如 IAR Embedded Workbench for 8051、Tasking Crossview 51 和 Keil C51。其中，美国 Keil Software 公司出品的 51 系列兼容单片机 C 语言软件开发系统(Keil C51 软件)应用最为广泛而方便。

C51 与标准 C 语言相比，还存在一定差异。由于工作环境和存储资源的区别，C51 的数据类型、存储器类型、中断函数属性和库函数等都增加了一些新的概念。

3. C51 编程特点

C51 编程与 80C51 汇编语言编程相比，主要具有以下特点：

(1) 编程相对方便。

用汇编语言编程，几乎每一条指令操作都与具体的存储单元有关，80C51 单片机的片内存储空间容量有限，编程之初即需安排好片内存储单元的用途，且一般不能重复使用。当一些应用项目程序量较大时，片内存储单元有可能捉襟见肘，稍有不慎就将出错，编程相对复杂。而 C51 由编译系统自动完成对变量存储单元的分配和使用，且对函数内局部变量占用的存储单元，仅在调用时临时分配，使用完毕即释放，大大提高了 80C51 片内有限存储空间的利用效率。因此，使用者只需要专注于软件编程，不需过多关注涉及的具体存储单元及其操作指令，编程相对方便。

(2) 便于实现各种复杂的运算和程序。

C 语言具有丰富且功能强大的运算符，能以简单的语句方便地实现各种复杂的运算和程序。相比之下，汇编语言要实现较复杂的运算和程序就比较困难。例如，双字节的乘除法，汇编语言要用多条指令操作才能完成；而 C51 只需一条语句便能方便实现。又如循环、查表和散转等程序，C51 语句实现起来也相对简单方便。

(3) 可方便调用各已有程序模块。

已有程序模块包括 C51 编译器中丰富的库函数、用户自编的常用接口芯片功能函数和以前已开发项目中的功能函数。汇编语言调用时，涉及模块中具体的存储单元，这些存储单元很可能与主调用程序有重复，会引起冲突而出错。而 C51 程序函数中的变量一般为局部变量，主函数调用前不占用存储单元，仅在调用时由 C51 编译器根据存储区域空余情况临时分配，使用完毕即释放，一般不会发生冲突而出错。因此，C51 程序可方便地调用各已有程序模块，减少大量重复工作，大大提高编程效率。

(4) 可读性较好。

C 语言属于高级语言。一条 C51 语句会编译为多条汇编指令(例如算术运算和循环程序等)，相对汇编语言来说，C51 程序简洁而清晰，可读性较好。

(5) 实时性较差。

汇编语言指令每一条对应 1～3 字节机器码，每一步的执行动作都很清楚，程序大小和堆栈调用情况都容易控制，响应及时，实时性较好。而 C51 程序并不能被单片机直接执行，需编译转换为汇编语言指令。一条 C51 语句编译后，会转换成很多机器码，占用单片机内较多资源，可能出现 ROM、RAM 空间不足、堆栈溢出等问题，且执行步骤不很明确，有时还会反复执行无效指令，因而实时性较差，甚至会因时序配合不好而出错。但是，随着单片机芯片技术的发展，其运行速度和内存容量有了较大提高，这些都为 C51 的应用创造了有利条件。

完整的 C51 是一个庞大的体系，名词概念较多，语法较复杂多变，想在相对较短课时内完全熟悉和掌握 C51 是件比较困难的事情。为了能让初学者及早使用 C51 编程，建议重点熟悉和掌握 C51 中与实时控制有关的常用语句和编程方法，不要刻意追求全面、完整和严密。

4. C51 程序结构概述

为了较好地介绍 C51 编程，我们先通过一个简单的 C51 程序举例来说明 C51 程序组成结构。

例 2-6　从 80C51 的 P1.0 口交替输出一个时间间隔为 0.5 s 的高低电平信号，如控制端口连接一个 LED 发光二极管，LED 发光二极管呈现闪烁状态。

程序如下：

```
#include<reg51.h>               /*预处理命令。头文件：包含访问 sfr 库函数 reg51.h */
sbit P10 = P1^0;                /*全局变量说明。定义位变量 P10 为 P1.0*/
void delay(unsigned int i)      /*定义自定义函数 delay，类型 void，无符号整形参数 i */
{                               /*大括号以后是 delay 函数体部分*/
    unsigned char j;            /*定义无符号字符型变量 j */
    for(; i>0; i=i-1)           /*可执行语句，for 循环，若 i>0，则 i=i−1 */
        for(j=244; j>0; j=j-1)  /*可执行语句，for 循环，j 赋初值 244，若 j>0，则 j=j−1*/
        {;}                     /*空语句，属于第二个 for 循环体语句*/
}                               /*自定义函数 delay 结束*/
void main(viod)                 //主函数 main，函数类型 void
{                               //主函数 main 开始
    for(; ; )                   //无限循环执行以下循环体语句
    {                           //大括号以后是 for 循环体语句
        P10=~P10;               //P1.0 按位取反
        delay(1000);            //调用延时函数 delay，形参 i 赋值 1000，延时 0.5 s(12 MHz)
    }                           // for 循环结束
}                               //主函数结束
```

从上例中可以看出，C51 程序的结构主要包括：预处理命令、局部变量说明、可调用自定义函数和主函数 main。结合例 2-6 作如下简要说明：

(1) 预处理命令是应用#include 预处理命令将库函数(如例 2-6 中 reg51.h)写在用户文件中，称为头文件。

(2) 变量说明是对变量数据类型的说明。若该变量说明适用于整个程序，就称为全局变量说明(如例 2-6 中“sbit P10=P1^0”)；若该变量说明仅适用于某个函数，就称为局部变量说明(如例 2-6 中“unsigned char j”)。

(3) 函数是 C51 程序的主要组成部分，包括可调用函数和主函数。主函数即主程序，主函数(如例 2-6 中 main)有且只能有一个，是程序执行的起始点。可调用函数即子程序，允许有多个，可以是系统提供的库函数，或者是用户自定义的函数(如例 2-6 中 delay)。

(4) 每个函数都是以“{”开始，以“}”结束，必须是成对出现的，任意缺失一个，在编译时就会出错。在“{”和“}”之间的可执行语句是该函数的函数体，该函数所实现的功能由函数体语句完成。

(5) C51 语句末尾的“;”表示该条语句结束。语句可以是单条的(如例 2-6 中“P10=P1^0;”)，也可以由两条以上语句组成复合语句(如例 2-6 中“{P10=~P10; delay(1000); }”)。

(6) C51程序的格式书写时要层次分明，各函数体、循环体要各自对齐形成错落有致的层次，以便于阅读和查错，这也是一个程序员的基本编程素养的体现。

(7) 在各执行语句后可以加注释，注意方式有两种，一种是以“/*”开始，以“*/”结束，进行语句注释标注，在“/*”与“*/”之间为注释内容；另一种是用“//”进行语句注释标注，在“//”后面的本行内容为语句注释，如果换行则换行后的内容为无效注释。而“/*…*/”方式可以注释任意行，即一对“/*”与“*/”之间的内容均为有效注释。

2.3.5　C51 数据与运算

单片机在运行过程中，会根据书写的代码进行运算。因为代码中的数据在单片机的内存中需要占用一定的空间，而单片机的内存空间是有限的，因此，为了合理利用单片机的内存空间，在编程时需要设定合适的数据类型。在使用数据之前需要声明这个数据类型，目的是让单片机给数据分配合适的内存空间。

1. 数据与数据类型

具有某种特定格式的数字或字符称为数据。数据是计算机操作的对象，计算机能够直接识别的只有二进制数据。但作为编程语言，只要符合该语言规定的格式，并最终能用二进制编码表示，都可以作为该语言的数据。

1) 数据类型

数据的不同格式称为数据类型。C51的数据类型主要可分为：基本类型、构造类型、指针类型和空类型。其中，基本类型又可分为位型bit、字符型char、整型int、长整型long和浮点型(实型)float；构造类型又可分为数组array、结构体struct、共用体union和枚举enum等，C51主要数据类型分类如图2-3所示。数据类型决定该数据占用存储空间大小、表达形式、取值范围及可参与运算的种类。

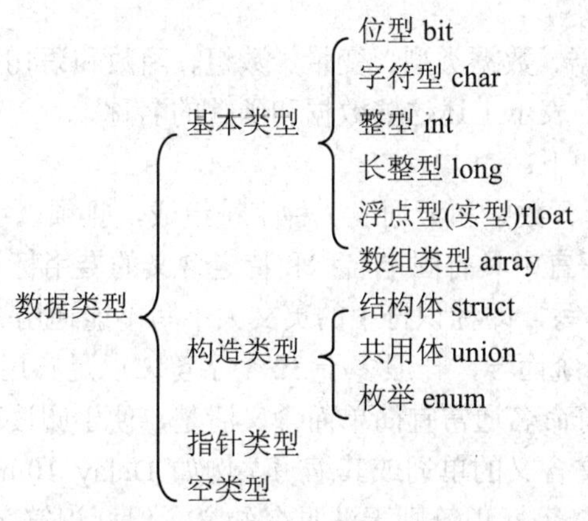

图2-3　C51的主要数据类型分类

2) 数据长度

数据长度即数据占用存储器空间的大小(一般用字节数表示)。不同的数据类型，其数据长度是不同的。其中，字符型char为单字节(8 bit)，整型int为双字节(16 bit)，长整型long和浮点型float均为4字节(32 bit)，位型bit数据长度只有1 bit。位型sbit和特殊功能寄存器 sfr 是 C51 针对 80C51 系列单片机扩展的特有数据类型。

数据存放在存储器中，其存储结构为数据的高位字节存放在存储器的低位字节地址中，而数据的低位字节存放在存储器的高位字节地址中，这种存储结构方式称为“大端对齐”。

根据有、无符号，字符型、整型和长整型又可分别分为有符号 signed 和无符号 unsigned，有符号时 signed 一般可省略不写；无符号时全部为正值。根据有符号数的表示方法，有符号时，其值域有正有负，最高位用于表示正负，“0”表示正数，“1”表示负数。因此，同类型数据有、无符号，其数据长度是相同的，但值域不同。C51 的数据长度和值域如表 2-2 所示。

表 2-2　C51 数据长度和值域

数据类型			长度	值域
ANSI C 标准	字符型	无符号 unsigned char	8 bit(单字节)	0～255
		有符号 char	8 bit(单字节)	−128～+127
	整型	无符号 unsigned int	16 bit(双字节)	0～65 535
		有符号 int	16 bit(双字节)	−32 768～+32 767
	长整形	无符号 unsigned long	32 bit(4 字节)	0～4 294 967 295
		有符号 long	32 bit(4 字节)	−2 147 483 648～+2 147 483 647
	浮点型(实型)	float	32 bit(4 字节)	$\pm1.175\,494\times10^{-38}$～±3.402 823
	指针型	*	1～3 字节	对象地址
C51 特有	位型	bit	1 bit	0 或 1
		sbit	1 bit	0 或 1
	特殊功能寄存器	sfr	8 bit(单字节)	0～255
		sfr16	16 bit(双字节)	0～65 535

3) 标识符

在 C 语言程序中，数据、数据类型、变量、数组、函数和语句等常用标识符表示，实际上标识符就是一个代号，表示上述这些数据和函数的名称。

语言标识符命名规则如下：

(1) 标识符只能由字母、数字和下划线 3 种字符组成，且须以字母或下划线开头。

(2) 标识符不能与 C 语言中具有固定名称和特定含义的专用标识符同名。

(3) 英文字母区分大小写，即标识符中的英文大小写不能通用。

(4) 有效长度随编译系统而异，一般多于 32 个字符，已足够用。

需要说明的是，标识符命名通常宜简单而含义清楚，便于阅读理解，最好能达到见名知义的效果，即选用有英文含义的单词或其缩写。例如 Delay_10ms 一看就知道其作用为延时 10 ms，而取 tt1、DD2 等标识符则无法见名知义。但标识符名也不宜过长，以 3～6 个字符为宜，标识符名过长，输入不便且易出错。

例 2-7　试判断下列标识符是否符合 C51 标识符命名规定，不符合的请指明原因。

numb、Numb、Yeah.net、12_months、int、Char、MCS-51、#33、_above

不合法的有：

Yeah.net、#33　　　　有不合法字符“.”、“#”

12_months　　数字不能开头

int　　ANSI C 专用标识符

MCS-51　　有不合法字符“-”，但若改为下划线“_”，则合法

注意：ANSI C 规定，英文字母区分大小写，因此，numb 与 Numb 是两个不同的标识符；Char 首字母为大写，因此不属于 ANSI C 专用标识符。

4) 常量

C 语言中的数据可分为常量和变量。程序运行过程中，其数值不能被改变的量为常量。按数据类型可分为位型常量、字符型常量、整型常量、浮点型常量、字符常量和字符串常量。

(1) 位型常量。位型常量是占用存储空间 1 bit 的常量，只有 0 和 1 两个值。

(2) 字符型常量。字符型常量不能单纯地理解为表示字符的数据常量，而应理解为一个 8 bit 的整型常数，数值小于 256。它可以代表数据，也可以代表用 8 bit 数据表示的 ASCII 字符。字符型常量有以下 3 种表达形式。

十进制整数：由数字 0～9 和正负号表示，例如 12、-34、0。

八进制整数：由数字 0 开头，后跟数字 0～7 表示，例如 012、034、077。

十六进制整数：由 0x(或 0X)开头，后跟数字 0～9 或字母 a～f(或 A～F)表示，例如 0x12、0x3A、0Xff。

需要注意的是在 C51 程序中，八进制数前必须加“0”，因此，如果使用十进制数，在其前加“0”要谨慎，否则 C51 编译器会将其误作为八进制数处理而出错。在汇编语言程序中编译器却要求字母开头的十六进制数前加“0”，两者不可混淆。实际在 C51 程序中所使用的字符型常量只有十进制数和十六进制数。

(3) 整型常量。整型常量分为 16 位整型和 32 位长整型，实际上字符型常量也属于整型(整数)，区别是数据长度不同。字符型常量为 8 位，其无符号最大值为 $2^8-1=255$；整型常量为 16 位，其无符号最大值为 $2^{16}-1=65\,535$；长整型常量为 32 位，其无符号最大值为 $2^{32}-1=4\,294\,967\,295$。

(4) 浮点型常量。浮点型又称实型，就是带小数点或用浮点指数表示的数。浮点型有以下两种表示形式。

十进制小数，例如 0.123、45.678。

指数形式，例如 1.23E4 表示 1.23×10^4，-1.23E4 表示 -1.23×10^4，1.23E-4 表示 1.23×10^{-4}。字母 E(e)之前必须有数字且 E(e)后面的指数必须是整数，否则是不合法的。

例 2-8　试判断下列常量中的表达式是否正确，并对正确的表达式指出数据类型(字符型、整型还是浮点型)以及各自所使用的数制。

1234，0321，0x3a，0398，-5.12，3.2e-10，0xeh，6f

正确表达式：1234(整型)，0321(八进制字符型)，0x3a(十六进制字符型)，-5.12(浮点型)，3.2e-10(浮点型)。

错误表达式：0398(以数字 0 开头的数是八进制数据，数据中不能出现 8 或 8 以上的数字)，0xeh(数字以 0x 开头的数是十六进制数据，数据只能出现 0～9、a～f，16 进制数中无 h)，6f(十六进制数据须以 0x 开头，十进制数无 f)。

(5) 字符常量。字符常量可以表示单个字符和控制字符。其长度为 8 bit，数值就是该

字符的ASCII代码值，用单引号括起来表示，例如‘a’、‘？’、‘m’。

ASCII码中，除了可显示的字母、标点符号和数字外，还有一些控制字符，这些控制字符也是用英文字母表示的，称为转义字符。为了避免混淆，使用时需在前面加反斜杠“\”表示，反斜杠后面跟该控制字符或该字符的ASCII代码值，例如‘\n’。

字符常量与字符型常量长度均为8 bit，数值范围均为0～255。从表达式形式上看，字符常量通常指用单引号括起来的字符(也可用数值表示)，字符型常量通常指用0～255数值表示的常量。一个8 bit的数据到底是代表一个字符常量还是一个字符型常量，要看是以字符形式输出还是以数字形式输出。从本质上看，字符常量是字符型常量的一种表达式形式，字符型常量的内涵更宽泛。

(6) 字符串常量。用双引号括起来的字符序列为字符串常量。字符串常量与字符常量不同：字符常量只能表示单个字符，用单引号括起来；字符串常量可同时表示多个字符，用双引号括起来；例如字符串“Hello”、“n”。

需要指出的是，每个字符串在末尾自动加一个‘\0’(空字符)作为字符串结束标志。因此，若字符串的字符数为*n*，则其存储空间字节数为*n*+1。例如“h”和‘h’，显示出来是相同的，但占用存储空间长度不同，“h”要比‘h’多占用内存一个字节。

(7) 符号常量。C51中，也可用标识符代表常量，称为符号常量。用标识符代替常量，可以提高程序的可读性和灵活性，便于检查和修改。为便于识别和防止误读误用，建议符号常量用大写字母书写。符号常量有以下定义方式。

第一种方式——宏定义符号常量。定义格式如下：

#define　宏名称标识符　常量值

例如：

```
#defined   PAI   3.1416
```

在以后的程序中，PAI就表示常量3.1416。

定义符号常量属于宏定义，不属于C语句，不需要在其末尾加分号“；”，否则C51将“；”和常量一起赋给标识符而出错。另外，宏定义是预处理命令，应该放到程序之初，即在C51程序正式编译前，就将预处理完成。

第二种方式——C语句定义符号常量。定义格式如下：

const　[数据类型]　标识符=常量；

例如：

```
const   float   PAI=3.1416;
```

常量定义必须以const开头(const的作用是指明常量，而不是变量)，且定义与赋值同时完成，句末加分号“；”(C语句均要加分号)。其中数据类型允许缺省，缺省时数据类型默认为int。因此，若上例改为“const　PAI = 3.1416；”，则编译器会将其默认为int，此时PAI = 3。

2. 变量及其定义方法

1) 变量概述

程序运行过程中，其值可以改变的量称为变量。变量有两个要素：变量名和变量值。变量名要求按标识符规则定义；变量值存储在存储器中。变量必须先定义，后使用。程序运行中，通过变量名引用变量值。

变量按数据类型可分为字符型变量、整型变量、实型变量、位变量和指针变量。

位变量只有两种取值：1(真)和0(假)。位变量是C51为80C51单片机硬件特性操作而设置的，它只能存储在80C51系列单片机片内RAM(数据存储器)位寻址区(字节地址：20 H～27 H)。

符号常量和符号变量均用字母标识符表示，在编程过程中为易于识别，习惯上符号常量用大写字母书写，符号变量用小写字母书写。

变量的数据长度如表2-2所示，在表中字符型、整型和长整型变量都存在有符号和无符号之分，C51默认的是有符号格式。80C51为8位的单片机，不支持有符号运算。若变量使用有符号格式，则C51编译器要进行符号位检测并需调用库函数，生成的代码比无符号时长得多，占用的存储空间会变大，程序运行速度会变慢，出错的机会也会增多。80C51单片机主要用于实时控制，变量一般为8位无符号格式，16位较少，有符号和有小数点的数值计算也很少。因此，在已知变量长度及变量为整数的情况下，应尽量采用8位无符号格式：unsigned char。

2) 变量的存储区域

C51程序中使用的常量和变量必须定位在80C51不同区域。有关存储区域的要素是存储器类型和编译模式。

(1) 存储器类型。C51编译器完全支持80C51单片机的硬件结构，可访问80C51硬件系统的所有存储单元。由于数据定位在80C51不同的存储区域中，其访问方式和速度也就不同。data、bdata和idata类型是访问80C51片内RAM，对应汇编语言中的MOV指令，是直接寻址和寄存器间接寻址，因而读写速度很快；pdata类型是访问80C51片外RAM某一页的256字节，只有低8位地址00H～FFH，对应汇编语言中的“MOVX @R_i”指令间接寻址，访问速度相对于data和idata要慢；xdata类型是访问片外RAM 64 KB，有16位地址0000H～FFFFH，对应汇编语言中的“MOVX @DPTR”指令；code类型是访问ROM，对应汇编语言中的MOVC指令，访问速度要慢很多。

因此，由于80C51片内RAM空间有限，不同性质的数据应区别对待。位变量只能定位在片内RAM位寻址区，使用bdata存储器类型；常用的数据应定位在片内RAM中，使用data和idata存储器类型；不太常用的数据可定位在片外RAM中，使用pdata和xdata存储器类型；常量可采用code存储器类型。C51存储器类型与80C51存储空间的对应关系如表2-3所示。

表2-3　C51存储器类型与80C51存储空间的对应关系

存储器类型	地址长度	地址值域范围	与80C51存储空间的对应关系
data	8 bit(1字节)	0～127	片内RAM 00H～7FH，直接寻址(对应MOV指令)
bdata	8 bit(1字节)	32～47	片内RAM 20H～2FH，直接寻址，允许位和字节访问
idata	8 bit(1字节)	0～255	片内RAM 00H～FFH，间接寻址(对应“MOV @R_i”指令)
pdata	8 bit(1字节)	0～255	片外RAM 00H～FFH，分页间接访问(对应“MOVX @R_i”指令)
xdata	16 bit(2字节)	0～65 535	片外RAM 0000H～FFFFH，间接访问(对应“MOVX @DPTR”指令)
code	16 bit(2字节)	0～65 535	ROM 0000H～FFFFH，间接寻址(对应MOVC指令)

(2) 编译模式。若用户不对变量的存储器类型作出定义，则系统将采用由源程序、函

数或 C51 编译器设置的编译模式默认存储器类型。C51 编译模式选项有小模式(Small)、紧凑模式(Compact)和大模式(Large)3 种，缺省时，系统默认模式为小模式，可对变量的存储器类型和编译后的代码规模作出选择。

小模式默认的存储器类型是 data，堆栈放在片内 RAM 中，因而访问速度很快，但由于片内 RAM 容量有限，堆栈容易溢出，故适用于小型应用程序。

紧凑模式默认的存储器类型是 pdata，堆栈也放在片内 RAM 中，因而访问速度比小模式慢，但比大模式快。

大模式默认的存储器类型是 xdata，访问空间是片外 RAM 64 KB，编译为机器代码时效率很低，访问速度很慢，但存储空间很大。C51 存储器编译模式及其变量存储器类型的作用如表 2-4 所示。

表 2-4　C51 存储器编译模式

存储器编译模式	默认存储器类型	可访问存储空间
小模式	data	直接访问片内 RAM，堆栈在片内 RAM 中
紧凑模式	pdata	用 R0、R1 间址访问片外分页 RAM，堆栈在片内 RAM 中
大模式	xdata	用 DPTR 间址访问片外 RAM 64 KB

因此，只要有可能，应尽量选择小模式。而且，不论源程序和函数选择哪一种模式，用户仍可以用关键字(data、bdata、idata、pdata、xdata 和 code)分别定义源程序和函数中各变量的存储器类型，或用关键字(Small、Compact 和 Large)分别设置程序中某个函数的存储器编译模式。

3) *局部变量和全局变量*

变量按使用范围可分为局部变量和全局变量。

(1) 局部变量。局部变量是某个函数内部定义的变量，其使用范围仅限于该函数内部。C51 程序在一个函数开始运行时才对该函数的局部变量分配存储单元，函数运行结束，即释放该存储单元。这正是 C 语言的优点，大大提高了内存单元的利用率。在使用局部变量时，需要注意如下问题：

① 不同函数中可以使用相同的局部变量名，但其含义可以不同，不会相互干扰；

② 主函数中的局部变量只允许在主函数中使用，不能在整个程序或源文件中使用，主函数也不能使用其他函数中定义的局部变量；

③ 在复合语句中定义的局部变量只在该复合语句中有效。

(2) 全局变量。全局变量是定义在函数外部，在整个文件或源程序中有效，可供各函数共用。使用全局变量可以增加各函数间的联系，当一个函数中改变了某个全局变量的值，就能影响到使用该变量的其他函数。全局变量一经定义，系统就给其分配一个固定的存储单元，在整个文件或源程序的执行过程中始终有效。因此，全局变量的定义应放在所有函数之外，也包括主函数在内。在使用全局变量时，需要注意如下问题：

① 全局变量始终占用一个固定的存储单元，故降低了内部存储单元的利用率；

② 全局变量的使用降低了函数的通用性，当函数涉及某一全局变量时，若将该函数移植到其他文件时，需同时将所有变量一起移植，否则将无法使用；

③ 过多使用全局变量，将降低程序的清晰度，不易清晰判断程序执行过程中全局变

量的变化状态。因此，在编程过程中，应尽量减少全局变量的使用。

变量的存储种类与函数的全局变量和局部变量有着相关联系，全局变量和局部变量概念是从变量的作用域来区分的；而存储种类是从变量值的存在时间来区分的。

C51 中变量的存储种类有 4 种：自动(auto)、外部(extern)、静态(static)和寄存器(register)，默认的变量存储种类为自动(auto)。自动(auto)变量主要对应于局部变量；寄存器变量是需要高速处理的，一般使用片内 RAM 中寄存器的变量；外部变量属于全局变量；静态变量的存储单元是不被释放的，按作用范围分为内部静态变量和外部静态变量；外部变量和静态变量主要用于大型多模块程序之间变量的数据传递。中、小型程序一般可采用默认的存储种类 auto。

变量的存储种类与变量的存储器类型、存储器编译模式是完全不同的概念。

4) 变量的定义方式

C51 要求所有的变量均应先定义，后使用。定义时，除定义变量名外，一般还应包括变量的数据类型、存储器类型和存储种类等。其格式如下：

[存储种类]　数据类型　[存储器类型]　变量名

该四项组成要素已在前面介绍，其中带“[ ]”部分为非必需项，可以有也可以缺省，当缺省时，由 C51 编译器默认；而其余部分为必需项，不得缺省。

变量定义应集中放在函数的开头，可单个变量独立定义，也可多个变量一起定义。当多个变量一起定义时，这些变量必须为同一数据类型，并以“，”隔开。定义时，可赋值也可不赋值。变量定义语句必须以“;”结束。例如：

```
unsigned int   a;                    //定义无符号整型变量 a
char   b=100, c;                     //定义字符型变量 b 和 c，其中变量 b 赋值 100
char   data   var;                   //定义字符型变量 var, 存储器类型为 data
float   idata   x, y, z              //定义 3 个浮点数变量 x、y、z，存储器类型为 idata
unsigned int   pdata   sum;          //定义无符号整型变量 sum，存储器类型为 pdata
char   code   text[] = "China";      //定义字符型数组 text[], 赋值 China，存储器类型为 code
unsigned char   xdata   *ap;         //定义无符号字符型指针变量 ap，存储器类型为 xdata
```

在上面举例中，虽然在一条语句中可多个变量同时定义(例如第 2、4 条语句)；也可以在变量定义时赋值(例如第 2、6 条语句)，但不能在一条变量定义语句中给几个具有相同初值的变量用连等号赋值，例如：

```
int   u=v=w=0;
```

这样的变量定义方法是错误的，正确的变量定义方法应该是：

```
int   u=0, v=0, w=0;
```

或变量定义为：

```
int   u, v, w;
u=v=w=0;
```

在编写 C51 程序时，有些用户感觉 unsigned char 和 unsigned int 等数据类型字符冗长，常用简化形式定义变量的无符号数据类型，方法是必须在源程序开头使用#define 语句自定义简化的类型标识符。例如：

```
#define   uchar   unsigned char      //用 uchar 表示 unsigned char
#define   uint   unsigned int        //用 uint 表示 unsigned int
```

这样，在编程中，就可以用 uchar 代替 unsigned char，用 uint 代替 unsigned int。

5) 80C51 特殊功能寄存器定义方式

80C51 内部有 21 个特殊功能寄存器，在 C51 的文件夹中有一个名为 reg51.h 的库函数文件，对 80C51 片内 21 个特殊功能寄存器按 MCS-51 中取的名字(必须大写)全部作了定义，并赋予了既定的字节地址。因此，该 21 个特殊功能寄存器已不需要重复定义，只需在程序开头的头文件部分写一条预处理命令“#include <reg51.h>”，表示程序可以调用该库函数 reg51.h(若为 52 系列单片机则应用“#include <reg52.h>”)。但对于不符合 MCS-51 中特殊功能寄存器名的标识符，或未在头文件中写入上述预处理命令的，则应重新定义，否则出错。

Keil C51 编译器扩充了关键词 sfr 和 sfr16，用于对特殊功能寄存器定义。其格式如下：

```
sfr     特殊功能寄存器名=地址常数
sfr16   特殊功能寄存器名=地址常数(低 8 位地址)
```

其中，sfr 用于定义 80C51 片内 8 位的特殊功能寄存器，sfr16 用于定义与 80C51 兼容的增强型单片机片内 16 位特殊功能寄存器，例如 80C52 的定时/计数器 T2。

重新定义的特殊功能寄存器名可以按 C51 标识符要求任取，地址常数必须是该特殊功能寄存器既定的真实地址。例如：

```
sfr   APSW = 0xd0;     //定义 APSW 地址为 D0H，即程序状态字寄存器 PSW 地址
sfr   BP1 = 0x90;      //定义 BP1 地址为 90H，即 P1 口地址
sfr16   CT2 = 0xcc;    //定义 CT2 地址为 CCH，即 52 系列单片机定时/计数器 T2 地址
```

在使用 C51 编程时需要注意如下问题：一是特殊功能寄存器定义应放在函数外(即作为全局变量使用)；二是虽然 C51 允许用关键词 sfr 和 sfr16 定义特殊功能寄存器，但一般情况下不需要用户自行定义，直接使用预处理命令即可，这样做既省事又不易出错。

6) 位变量定义方式

在 80C51 片内 RAM 中有 16 个字节 128 位的可寻址位(字节地址：20H～2FH，位地址：00H～7FH)，还有 11 个特殊功能寄存器是可位寻址的，C51 编译器扩充了关键词 bit 和 sbit，用于定义这些可寻址位。位变量也需要先定义，后使用。

(1) 定义 128 个可寻址位的位变量。128 个可寻址位的位变量定义时，要使用关键词 bit，其格式如下：

```
bit  位变量名
```

例如：

```
bit u, v;        //定义位变量 u、v
```

C51 编译器将自动为其在位寻址区安排一个位地址。

对于已经按存储器类型 bdata 定位的字节，其每一可寻址位可按如下方法定义：

```
unsigned char   bdata   flag         //定义字符型变量 flag，存储器类型 bdata
bit   f0=flag^0;                     //定义位标志符 f0，为 flag 的第 0 位
bit   f1=flag^1;                     //定义位标志符 f1，为 flag 的第 1 位
```

上述第 1 条语句先定义了一个字符变量 flag，存储器类型为 bdata，C51 编译器将自动为其在片内 RAM 位寻址区(20H～27H)安排一个字节，第 2、3 条语句则分别定义 f0、f1 为该字节第 0、1 位的位标识符。其中“^”不是位异或运算符，仅指明其位置，相当于汇

编语言中的“.”。

(2) 定义 11 个特殊功能寄存器可寻址位的位变量。11 个可寻址位的特殊功能寄存器中，有 6 个特殊功能寄存器(PSW、TCON、SCON、IE、IP 和 P3)，每一个可寻址位定义名称，C51 库函数 reg51.h 也已对其按 MCS-51 中取的位定义名称(必须大写)全部作了定义，并赋予了既定的位地址。只要在头文件中声明包含库函数 reg51.h，就可按位定义名称直接引用。但是，还有 5 个特殊功能寄存器(ACC、B、P0、P1 和 P2)，可寻址位没有专用的位定义名称，只有位编号，但这些位编号不符合 ANSI C 标识符要求，例如 ACC.0、P1.0 等(C51 标识符规定不可用小数点)，需重新定义，重新定义的格式如下：

sbit　位变量名=位地址常数

其中，位地址常数必须是该位变量既定的真实地址。例如：

```
sbit    P10 = 0x90;           //定义位标识符 P10，位地址为 90H(P1.0)
sbit    P10 = 0x90^0;         //定义位标识符 P10，为 90H(P1 口)第 0 位
sbit    P10 = P1^0;           //定义位标识符 P10，为 P1 口第 0 位
```

上述第 1 条语句是直接用 P1.0 位地址，第 2 条语句是用 P1 口的字节地址加位编号，第 3 条语句是用 P1 口特殊功能寄存器名加位编号。

若用户不按既定的位定义名称引用 6 个 SFR 中的可寻址位，另起位变量名，则也须对其重新定义。虽然 C51 允许用关键词 sbit 定义这些位变量，体现了 C51 编译功能的多样性和完整性，但编者还是建议读者不要重新定义 6 个 SFR 中的可寻址位，而直接使用预处理命令。

需要指出的是，使用 sbit 定义 11 个特殊功能寄存器可寻址位的位变量，因其有不变的真实地址，属于全局变量，应放在主函数之前。

7) 绝对地址变量定义方式

单片机应用系统的硬件电路设计定型以后，片外扩展 I/O 口变量的地址也就固定了。而在 C51 程序中通常不固定变量的储存单元地址，由编译系统自动完成地址的分配和使用。因此，在需要指定变量的存储单位地址(如片外扩展 I/O 口)时，就需要该绝对地址变量定义。绝对地址变量定义一般有两种方法：

(1) 应用关键词。应用关键词“_at_”就可以将变量存放到指定的绝对存储单元。其格式如下：

数据类型　[存储器类型]　变量名_at_绝对地址

存储器类型允许缺省，缺省时使用存储器编译模式默认的存储器类型。例如：

```
unsigned char xdata    PA_at_0x7fff;
```

上述语句表示，无符号字符型变量 PA 的绝对地址固定在片外 RAM 7FFFH 存储单元中。

(2) 应用绝对地址访问。应用绝对地址访问，需引用 C51 库函数 absacc.h。

需要说明的是，定义绝对地址应放在头文件中。绝对地址属于全局变量，在整个项目程序系统中有效，常用于各函数间传递参数。

3. 运算符和表达式

表示各种运算的符号为运算符。C 语言与汇编语言相比的一个突出优点，是 C 语言具有丰富且功能强大的运算符，能以简单的语句实现各种复杂的运算和操作。

C51 的运算符按运算类型主要可分为赋值运算符、算术运算符、关系运算符、逻辑运

算符、位逻辑运算符、复合赋值运算符、逗号运算符和条件运算符。按参与运算对象的个数可分为单目运算符、双目运算符和三目运算符。

由运算符和运算对象(常量、变量和函数等)组成的具有特定含义的运算式称为表达式。

1) 赋值运算符

赋值运算符即“=”号。由赋值运算符组成的表达式称为赋值表达式，其一般格式为：

变量 = 表达式

有关赋值表达式，需要作如下说明：

(1) 赋值运算的含义是将赋值运算符右边表达式的值赋给左边的变量，即将赋值存放在左边变量名所标识的存储单元中。

(2) 赋值运算符的左边必须是变量，右边既可以是常量、变量，也可以是函数调用或由常量、变量和函数调用组成的表达式，例如“x=y+10”、“z=sum()”。其中 sum()是被调用的自定义函数返回值。

(3) 赋值运算符“=”不同于数学的等号，它没有相等的含义。例如“y=y+1”，在 C51 中是合法的，但该式在数学中是不合法的。

(4) 赋值表达式的运算过程是：先计算赋值运算符右边“表达式”的值，然后将运算结果赋值给左边的变量。两边数据类型不同时，系统将自动把右边表达式的数据类型转换为左边变量的数据类型。

2) 算术运算符

C51 运算符包括“+”、“-”、“*”、“/”、“++”、“--”和“%”7 个运算符。“+”为加法运算或取正，“-”为减法运算或取负值，“*”为乘法运算，“/”为除法运算，“++”为自加 1 运算，“--”为自减 1 运算，“%”为求余运算。C51 算术运算符及功能如表 2-5 所示。

表 2-5　C51 算术运算符及功能

算术运算符	功　能	算术运算符	功　能
+	加法或取正	++	自加 1
-	减法或取负值	--	自减 1
*	乘法	%	求余
/	除法		

对于 C51 算术运算符，需要作如下说明：

(1) 自加 1 和自减 1 有两种写法，一种是双加(双减)号写在变量前面，例如“++i”、“--i”。此时，变量先加(减)1，后使用；另一种双加(双减)号写在变量后面，例如“i++”、“i--”。此时，变量先使用，后加(减)1。

例 2-9　设 i = 10，计算“w = ++i”，“x = --i”，“y = i++”，“z = i--”。

w = 11，先执行“i = i+1”，i 变为 11，然后执行“w = i = 11”；

x = 9，先执行“i = i-1”，i 变为 9，然后执行“x = i = 9”；

y = 10，先执行“y = i = 10”，然后执行“i = i+1”；

z = 10，先执行“z = i = 10”，然后执行“i = i-1”。

(2) 自加和自减运算符只能用于变量，而不能用于常量或表达式。例如“2++”和

“(a+b)++”都是不合法的。

(3) 除法运算结果与参与运算数据的类型有关。若两个数据都是浮点数，则运算结果也为浮点数。若两个数据都是整数，则运算结果也是整数，即使有余数，也只取整数，舍去小数，例如“7/3”的运算结果为 2。

(4) 求余运算时，“%”符左侧为被除数，右侧为除数。且要求参与运算的数据都是整型，运算结果为两数相除的余数，例如“7%3”的运算结果为 1。

(5) 算术运算符是双目运算符，即参与运算的对象必须有两个。但“+”、“-”用于取正、取负值运算时属于单目运算符，即参与运算的对象只需一个。

3) 关系运算符

关系运算符用于两个数据之间进行比较判断，用关系运算符连接起来的运算式称为关系表达式，关系表达式运算的结果只能有两种：条件满足，运算结果为真或为 1；条件不满足，运算结果为假或为 0。C51 关系运算符如表 2-6 所示。

表 2-6　C51 关系运算符

关系运算符	功　能	关系运算符	功　能
>	大于	<	小于
>=	大于等于	<=	小于等于
==	等于	!=	不等于

例 2-10　已知 i = 3，j = 5，试求下列表达式的运算结果。

k = (i>j)　　结果：k = 0；

k = (i<j)　　结果：k = 1；

k = (i!=j)　　结果：k = 1；

k = (i==j) 结果：k=0。

需要注意的是，不要混淆关系运算符“==”与赋值运算符“=”的区别，“=”用于给定变量赋值；而“==”用于判断是否相等，其结果是一个逻辑值：1(真)或 0(假)。

4) 逻辑运算符

逻辑运算符用于求条件表达式整体之间逻辑关系的值。条件表达式的值只有两种：1(真)或 0(假)；运算结果也只有两种：1(真)或 0(假)。C51 逻辑运算符如表 2-7 所示。

表 2-7　C51 逻辑运算符

逻辑运算符	功　能
&&	逻辑与
‖	逻辑或
!	逻辑非

逻辑运算表达式的一般格式如下。

逻辑与：条件表达式 1&&条件表达式 2

逻辑或：条件表达式 1 ‖ 条件表达式 2

逻辑非：！条件表达式

在数字电路中，两个逻辑变量之间逻辑运算的口诀是：两数相与，有 0 出 0，全 1 出 1；两数相或，有 1 出 1，全 0 出 0。因此，C51 表达式整体之间求逻辑与时，只要两个条件表达式中有一个为 0，则运算结果就为 0；求逻辑或时，只要两个条件表达式中有一个为 1，则运算结果就为 1。

例 2-11　已知下列 C51 程序段，试求运算结果。

```
unsigned char   x, y, z;                  //定义无符号字符型变量 x、y、z
unsigned char   a=2, b=4, c=3;            //定义无符号字符型变量 a、b、c 并赋值
x=(a>b)&&(b>c);
y=(a<b) || (b<c);
z=!(a>c);
```

运行结果：

```
x=0; y=1; z=1
```

5) 位逻辑运算符

C51 逻辑运算是两个条件表达式(表达式值有两种：1 或 0)整体之间的逻辑运算，而位逻辑运算是变量数据本身化为二进制数，然后按位进行逻辑与、或、非、异或和左移、右移的逻辑运算，C51 位逻辑运算符如表 2-8 所示。

表 2-8　C51 位逻辑运算符表

位逻辑运算符	功　能	位逻辑运算符	功　能
&	按位逻辑与	~	按位取反
|	按位逻辑或	>>	右移位
^	按位逻辑异或	<<	左移位

按位逻辑与、或运算方法可参照二进制数逻辑与、或运算方法，例如 a = 211(11010011B)，b = 185(10111001B)，则 a&b 的结果为 145(10010001B)，但 a&&b 的结果为 1，因为 a = 211(非 0)，b = 185(非 0)，所以两个非 0 的表达式进行逻辑与运算结果为 1。

位左移时，低位移进 0，移出位作废。位右移时，无符号数和正数高位移进 0，负数补码移进 1，移出位作废。有符号数无论位左移还是右移，符号位均不参与移位。

例 2-12　已知下列 C51 程序段，试求运行结果。

```
unsigned char   a=100, x, y;      //定义无符号字符型变量 a、x、y，赋值 a=100=01100100B
char   b=-100, u, v;              //定义无符号字符型变量 b、u、v，赋值 b=-100=10011100B
x=a>>2;                           // a 右移 2 位后赋值给 x，x=00011001B=0x19
y=a<<4;                           // a 左移 4 位后赋值给 y，y=01000000B=0x40
u=b>>3;                           // b 右移 3 位后赋值给 u，u=11110011B=0xf3
v=b<<3;                           // b 左移 3 位后赋值给 v，v=11100000B=0xe0
```

运算结果：

```
x=0x19, y=0x40, u=0xf3, v=0xe0
```

6) 复合赋值运算符

复合赋值运算符由运算符和赋值运算符叠加组合，如表 2-9 所示。

表 2-9　C51 复合赋值运算符

复合赋值运算符	功能	复合赋值运算符	功能	复合赋值运算符	功能
+=	加法赋值	&=	逻辑与赋值	<<=	左移赋值
-=	减法赋值	|=	逻辑或赋值	>>=	右移赋值
*=	乘法赋值	~=	逻辑非赋值	%=	求余赋值
/=	除法赋值	^=	逻辑异或赋值		

复合赋值运算符是先进行运算符所要求的运算，再把运算结果赋值给复合赋值运算符左侧的变量。例如，“x+=y”等同于“x=x+y”；“x/=y+10”等同于“x=x/(y+10)”。复合赋值运算符可以简化程序编译代码，提高效率，但会降低程序的可读性。对于初学者，更应注重程序清晰可读。

7) 逗号运算符

逗号运算符是将两个或多个表达式用逗号连接起来，组成一个表达式。一般形式为：

表达式 1，表达式 2，…，表达式 n

用逗号运算符连接组成的表达式在程序运行时，从左到右计算各表达式的值，而最后一个表达式的值就是逗号运算符连接组成的整个表达式的值。例如：

```
x=(a=5, b=10, a++, b--, a+b);          // x=15
```

需要说明的是，并不是所有程序中的逗号都是逗号运算符，函数中常用逗号作为分隔符。例如：

```
printf("%bu, %bu, %bu\n", (c, b, a), b, c);          //输出 a、b、c 值
```

上面语句中“(c, b, a)”是个逗号运算符组成的表达式，值为“a”；而其余逗号都是分隔符。

8) 条件运算符

条件运算符属于 C51 中唯一的三目运算符，要求有三个运算对象。其一般形式如下：

表达式 1？表达式 2：表达式 3;

语句首先计算表达式 1 的值，若为非 0(真)，则将表达式 2 的值作为整个条件表达式的值；若为 0(假)，则将表达式 3 的值作为整个条件表达式的值。其效果与 if-else 语句相同，且代码相对少。例如：

```
max=(x>y)? x:y;          //若 x>y，则“max=x”；否则“max=y”
```

除上述 8 类运算符外，尚有强制类型转换运算符、数组下标运算符、指针和地址运算符等，将分别在后续知识点中介绍。

需要特别注意的是，在输入上述各类运算符时，必须在英文状态下以半角字符键入，否则 Keil C51 编译器不认可，将显示出错。

4. 数据类型转换和运算顺序的优先级、结合性

C51 在对程序编译时，对数据和表达式的赋值、运算等有一定的处理规则，主要是数据类型转换和运算顺序的优先级、结合性。

1) 数据类型转换

C51 语言的数据，不但有不同的类型，而且还有不同的长度。两个不同类型、不同长

度的数据之间进行运算时，其类型和长度必须一致。若不一致，则须转换一致再进行运算。转换的方法有两种。

(1) 自动转换。

自动转换也称为隐式转换，是由 C51 在对程序编译时自动完成的。自动转换的规则在算术运算或赋值运算时是不同的。

两个不同类型、不同长度的数据之间进行算术运算时自动转换的主要原则是：

长度短的向长度长的转换。

无符号 unsigned 型向有符号 signed 型转换。

长整型 long 向实数型 float 转换。

例如，若 x 是 char 型，y 是 int 型，两者进行算术运算时，x 自动转换为 int；若 x 是 unsigned 型，y 是 signed 型，x 自动转换为 signed 型；若 x 是 long 型，y 是 float 型，虽然数据长度相同，但 x 会自动转换为 float 型。

赋值运算“=”号两边的数据类型不同时，C51 将“=”号右侧的数据类型自动转换为左侧变量的数据类型。具体规则如下：

float 型数据赋给 int 型变量时，舍去小数部分；int 型数据赋给 float 型变量时，数值不变，但以 float 型形式存储在变量中。

例如，若 a 为 int 型变量，执行“a = 2.34”后，a 的值为 2，小数部分舍去。而若 a 为 float 变量，执行“a = 23”后，存储在变量 a 中的值为 23.00000。

长度不同的数据类型相互赋值时，若赋值数据长度大于被赋值变量的数据长度时，高位截断作废；若赋值数据长度小于被赋值变量的数据长度时，赋值数据占据被赋值变量的低位字节，高位补 0(负数补码高位补“1”)。

例如，下列程序段：

```
unsigned int    a=54321;        //定义无符号整型变量 a 并赋值
unsigned char   b;              //定义无符号字符型变量 b
unsigned char   c=100;          //定义无符号字符型变量 c 并赋值
unsigned char   d;              //定义无符号整型变量 d
b=a;                            //给 b 赋值
d=c;                            //给 d 赋值
```

执行程序结果：a = 54321 = 0xd431，b = 0x31 = 49，c = 100 = 0x64，d = 0x0064 = 100，执行过程如图 2-4 所示。

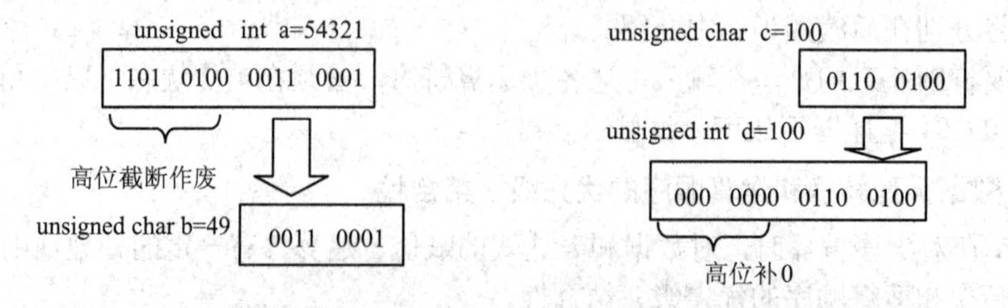

(a) 被赋值变量数据长度小于赋值数据长度　(b) 被赋值变量数据长度大于赋值数据长度

图 2-4　无符号数或有符号数赋值于数据长度不同变量时的示意图(一)

又例如，下列程序段：

```
signed int   u=-11215;          //定义有符号整型变量u并赋值
unsigned char   v;              //定义无符号字符型变量v
signed char   x=-100;           //定义有符号字符型变量x并赋值
unsigned int   y;               //定义无符号整型变量y
v=u;                            //给v赋值
y=x;                            //给y赋值
```

执行程序结果：u = −11215 = 0xd431，v = 0x31 = 49，x = −100 = 0x9c，y = 0xff9c = 65436，执行过程如图2-5所示。

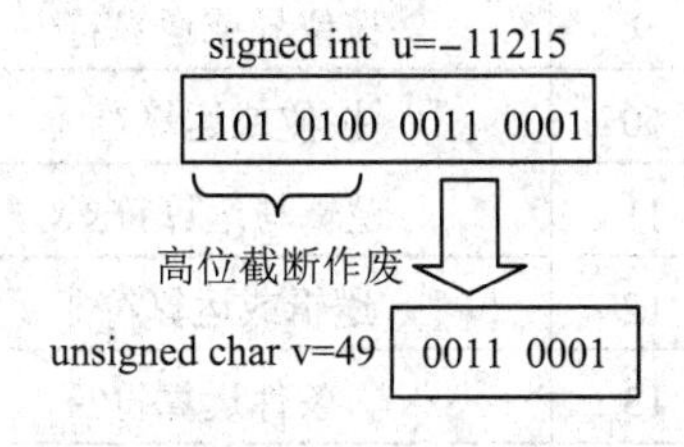

(a) 被赋值变量数据长度小于赋值数据长度

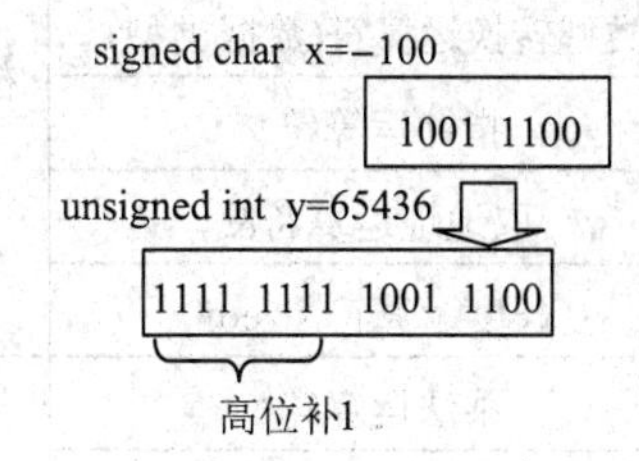

(b) 被赋值变量数据长度大于赋值数据长度

图2-5　无符号数或有符号数赋值于数据长度不同变量时的示意图(二)

从上述举例中可以看到，C51语言程序中，不同类型数据间赋值时，常会出现意想不到的结果。而编译系统并不提示错误，这就需要程序员凭借经验查找问题，对出现问题的原因要有所了解，并能迅速排除程序故障。

(2) 强制转换。

在C51语言中，只有基本数据类型(即char、int、long和float)能进行自动转换，其余类型数据则不能。例如，不能把整型数利用自动转换赋值给指针变量，此时就需要利用强制转换。强制转换的一般格式为：

(转换后的数据类型)(表达式)

其功能是表达式的运算结果被强制转换成格式中规定的类型。

(int)x：将x转换为int型数据。

(long)x+y：将x转换为long型数据后与y相加。

(long)(x+y)：将“(x+y)”表达式转换为long型数据。

(long)x+(long)y：将x、y分别转换为long型数据后再相加。

从上面几个表达式中可以看到，若被转换的是单一变量，则该变量可不加圆括号。

2) 运算符的优先级与结合性

在数学中，运算顺序是先乘除、后加减，先括号内、后括号外。在C51中，同样存在运算顺序问题。

当运算对象的两侧都有运算符时，执行运算的先后顺序称为运算优先级，即运算对象按运算符优先级别的高低顺序执行运算。

当运算对象两侧的运算符优先级相同时的运算顺序称为运算结合性，结合性有左结合(自左向右)和右结合(自右向左)两种。

C51 运算符的优先级和结合性如表 2-10 所示。

表 2-10　C51 运算符的优先级和结合性

<table>
<tr><th colspan="2">优先级</th><th>运 算 符</th><th>结合性</th><th>优先级</th><th>运 算 符</th><th>结合性</th></tr>
<tr><td colspan="2" rowspan="3">1</td><td>圆括号( )</td><td rowspan="3">左结合</td><td>5</td><td>左移、右移运算符<<、>></td><td>左结合</td></tr>
<tr><td>下标运算符[ ]</td><td>6</td><td>关系运算符>、>=、<、<=</td><td>左结合</td></tr>
<tr><td>结构体成员运算符->和.</td><td rowspan="2">7</td><td>等于运算符==</td><td rowspan="2">左结合</td></tr>
<tr><td rowspan="6">2</td><td rowspan="6">单目运算符</td><td>逻辑非运算符!、按位取反运算符~</td><td rowspan="6">右结合</td><td>不等于运算符!=</td></tr>
<tr><td>自加、自减运算符 ++、--</td><td>8</td><td>按位与运算符&</td><td>左结合</td></tr>
<tr><td>类型转换运算符(数据类型)</td><td>9</td><td>按位异或运算符^</td><td>左结合</td></tr>
<tr><td>指针运算符*</td><td>10</td><td>按位或运算符 |</td><td>左结合</td></tr>
<tr><td>取地址运算符&</td><td>11</td><td>逻辑与运算符&&</td><td>左结合</td></tr>
<tr><td>长度运算符 sizeof</td><td>12</td><td>逻辑或运算符 ||</td><td>左结合</td></tr>
<tr><td colspan="2" rowspan="3">3</td><td>乘法运算符*</td><td rowspan="3">左结合</td><td>13</td><td>条件运算符?</td><td>右结合</td></tr>
<tr><td>除法运算符/</td><td rowspan="4">14</td><td>赋值运算符=、+=、-=、*=、/=</td><td rowspan="4">右结合</td></tr>
<tr><td>求余运算符%</td><td>赋值运算符<<=、>>=、%=</td></tr>
<tr><td colspan="2" rowspan="2">4</td><td>加法运算符+</td><td rowspan="2">左结合</td><td>赋值运算符&=、|=、^=、~=</td></tr>
<tr><td>减法运算符-</td><td>15</td><td>逗号运算符,</td><td>左结合</td></tr>
</table>

例如“4*3/2”，乘、除运算符属于同一优先级，结合方式为左结合。因此，先乘后除，结果值为 6。又如，运算符“~”与“++”属同一优先级，结合方式为右结合。因此，“~i++”就相当于“~(i++)”，先运算(i++)，后按位取反。

2.3.6　C51 基础语句

C 语言是一种结构化的程序设计语言，提供了相当丰富的程序控制语句，这些语句是组成程序的基础。因此，学习和掌握这些语句的用法是 C51 编程的基础。

语句是用来向计算机系统发出的操作指令，一条 C51 语句编译后会产生若干条机器操作码。严格来讲，能产生机器操作码、完成操作任务的，才能称为语句。从这个意义上说，前面涉及的变量定义(例如“int a;”)还不应称为语句。

C51 基础语句主要有表达式语句、复合语句、选择语句和循环语句等。

1. 表达式语句

表达式语句是 C51 基础语句，在表达式后面加上“;”就构成表达式语句。例如：

```
a = b+c;
x = i++;
```

需要注意的是，编写语句时，不能忽略语句的有效组成部分“;”，一条语句，应以“;”结束。有时为了使程序阅读清晰，由 {;} 组成空语句，此时“;”应与其他语句有效组成部分的“;”相区别。

2. 复合语句

由若干条单语句组合而成的语句称为复合语句，复合语句又称为“语句块”。其基础格式为：

{[局部变量定义；]语句 1；语句 2；…；语句 n；}

需要说明的是，C51 中，单一语句，可不用花括号“{}”括起；复合语句，必须用花括号括起，且每个单语句后须有“；”。花括号的功能是把复合语句中若干单语句组成一条语句，C51 将复合语句视为一条“单”语句。复合语句中定义的局部变量(允许缺省)仅在复合语句内部有效。复合语句中的单语句可以分行书写，也可以写在一行内。复合语句还允许嵌套，即在复合语句中引入另一条复合语句。例如，下列形式的复合语句都是合法的。

```
{a=b+c; i++; x=a+i; }                      // 3 条单语句“a=b+c”、“i++”和“x=a+i”组成一条复合语句
{a=b+c; i++; x=a+i; {u=v-w; y--; y=u+j; }}  //复合语句嵌套，复合语句中引入另一条复合语句
```

注意：花括号内是一条完整的复合语句，花括号外就不需要再加“；”。

3. 选择语句

选择语句是根据给定的条件是否成立进行判断，从而选择相应的操作。选择语句具有一定的逻辑分析能力和选择决策能力，按结构可分为单支选择结构和多分支选择结构，主要有 if 语句和 switch 语句。

1) if 语句

C51 中的 if 语句的形式如下。

(1) 条件成立就选择，否则就不选择。其格式为：

if(条件表达式)内嵌语句；

上述语句中的条件表达式可以是符合 C 语言语法规则的任一表达式，例如算术表达式、关系表达式、逻辑表达式等。语句首先计算并判断条件表达式是否成立，若成立(值为非 0)，则执行内嵌语句；若不成立(值为 0)，则跳过内嵌语句，执行 if 语句外的后续其他语句，如图 2-6(a)所示。例如：

```
if(x>y)max=x;                //若 x>y，最大值 max=x
max=y;                       //最大值 max=y
```

需要说明的是，内嵌语句若只有一条单语句，则可以不用花括号括起；若多于一条语句，应该用花括号括起来，以复合语句形式出现。否则，if 语句的范围到该内嵌语句的第一个“；”结束。因此。上例中，“max = x”为内嵌语句；“max = y”不是内嵌语句，不属于 if 语句，而是 if 语句外的后续语句。

(2) 不论条件成立与否，总要选择一个。其格式为：

if(条件表达式)内嵌语句 1；

else 内嵌语句 2；

该语句首先计算并判断条件是否成立，若成立(值为非 0)，则执行内嵌语句 1；若不成立(值为 0)，则执行内嵌语句 2，如图 2-6(b)所示。例如：

```
if(x>y)max=x                 //若 x>y，最大值 max=x
else   max=y;                //最大值 max=y
```

上例中的 max=x 为内嵌语句 1，max=y 为内嵌语句 2。需要说明的是，else 子句不能

作为语句单独使用，它必须是整个 if 语句的一部分，与 if 配对使用。

(3) 串行分支结构。其格式为：

if(条件表达式 1)内嵌语句 1；

else if(条件表达式 2)内嵌语句 2；

⋮

else if(条件表达式 n)内嵌语句 n；

else 内嵌语句(n+1)；

这类语句运行时，如图 2-6(c)所示，依次计算并判断条件表达式，若成立(值为非 0)，则执行相应的内嵌语句；若不成立(值为 0)，计算并判断下一条条件表达式，直至整个 if 语句结束。

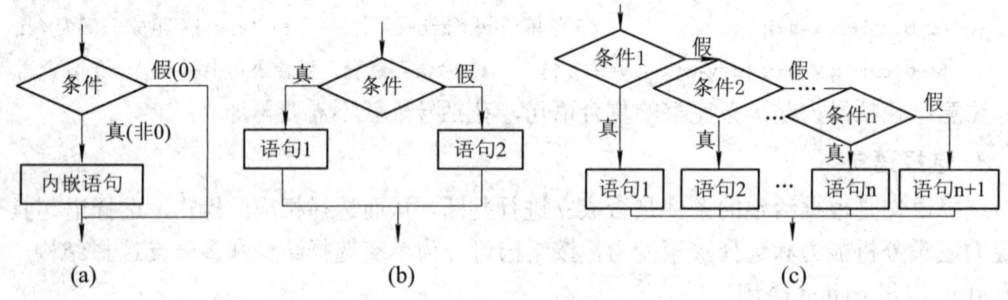

图 2-6　if 语句流程图

需要注意的是，if 与 else 应配对使用，缺少一个会语法出错，而且 else 总是与其前面最近的 if 相配对。

例 2-13　已知电路图如图 2-7 所示，要求实现：

S0、S1 均未按下，VD0 亮，其余灯灭；

S0 单独按下，VD1 亮，其余灯灭；

S1 单独按下，VD2 亮，其余灯灭；

S0、S1 均按下，VD3 亮，其余灯灭。

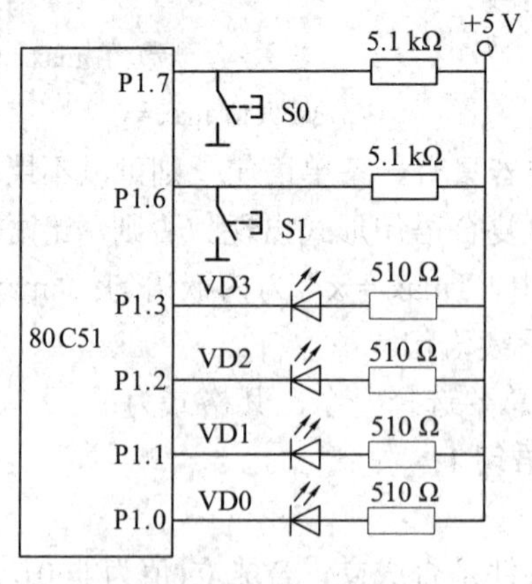

图 2-7　信号灯电路图

C51 程序如下：

```
#include<reg51.h>                    //头文件包含访问 sfr 库函数 reg51.h
sbit  VD0 = P1^0;                    //定义位标识符 VD0 为 P1.0
```

```
sbit  VD1 = P1^1;                      //定义位标识符 VD1 为 P1.1
sbit  VD2 = P1^2;                      //定义位标识符 VD2 为 P1.2
sbit  VD3 = P1^3;                      //定义位标识符 VD3 为 P1.3
sbit  s0 = P1^7;                       //定义位标识符 s0 为 P1.7
sbit  s1 = P1^6;                       //定义位标识符 s1 为 P1.6
void  main( )                          //无类型主函数
{loop: if((s0!=0)&&(s1!=0))            // s0、s1 均未按下
{VD0=0; VD1=VD2=VD3=1; }               // VD0 亮，其余不亮
else if((s0!=1)&&(s1!=0))              // s0 单独按下
{VD1=0; VD0=VD2=VD3=1; }               // VD1 亮，其余不亮
else if((s0!=0)&&(s1!=1))              // s1 单独按下
{VD2=0; VD0=VD1=VD3=1; }               //VD2 亮，其余不亮
else {VD3=0; VD0=VD1=VD2=1; }          // s0、s1 均按下，VD3 亮，其余不亮
goto loop}                             //转 loop 循环
```

(4) if 语句嵌套。在 if 语句中又包括一个或多个 if 语句，称为 if 语句嵌套。其一般形式如下：

```
if(条件表达式 0)
    if(条件表达式 1)  内嵌语句 11;
    else   内嵌语句 12;
else
    if(条件表达式 2)  内嵌语句 21;
    else   内嵌语句 22;
```

从上述嵌套形式看出，if 语句嵌套实际上是用另一个 if-else 语句替代原 if 语句中的普通内嵌语句。请注意嵌套语句中 if 与 else 的配对关系，与串行多分支 if 语句中是完全不同的。

例 2-14　电路和要求同例 2-13，试用 if 语句嵌套编程实现。

C51 程序如下：

```
#include<reg51.h>
sbit  VD0=P1^0;                              //定义位标识符 VD0 为 P1.0
sbit  VD1=P1^1;                              //定义位标识符 VD1 为 P1.1
sbit  VD2=P1^2;                              //定义位标识符 VD2 为 P1.2
sbit  VD3=P1^3;                              //定义位标识符 VD3 为 P1.3
sbit  s0=P1^7;                               //定义位标识符 s0 为 P1.7
sbit  s1=P1^6;                               //定义位标识符 s1 为 P1.6
void  main( )                                //无类型主函数
{ loop:
   if(s0!=1)                                 //若 s0 按下
      if(s1!=1){VD3=0; VD0=VD1=VD2=1; }      // s0、s1 均按下，VD3 亮，其余不亮
      else{VD1=0; VD0=VD2=VD3=1; }           // s0 按下、s1 未按下，VD1 亮，其余不亮
   else                                      //若 s0 未按下
```

```
        if(s1!=1){VD2=0; VD0=VD1=VD3=1; }      // s0 未按下、s1 按下，VD2 亮，其余不亮
        else{VD0=0; VD1=VD2=VD3=1; }           // s0、s1 均未按下，VD0 亮，其余不亮
    goto loop;                                 //转 loop 循环
}
```

2) switch 语句

switch 语句是一种并行多分支选择语句，与嵌套的 if 语句相比，更直接，层次更清晰，特别适用于分支较多时。其基本格式如下：

switch(表达式)
{　case 常量表达式 1：语句 1；break;
**　case 常量表达式 2：语句 2；break;**
⋮
**　case 常量表达式 n：语句 n；break;**
default：语句(n+1)；}

switch 语句的运行过程是首先计算表达式(可以是任何类型)的值，然后判断其值是否等于后续常量表达式的值。若相等(真)，就执行相应的语句，执行完后终止(break)整个 switch 语句；若不相等(假)，就继续与后续常量表达式比较。全部比较完毕，若没有与各常量表达式相等的选项，则执行 default 后的语句，其语句流程如图 2-8 所示。

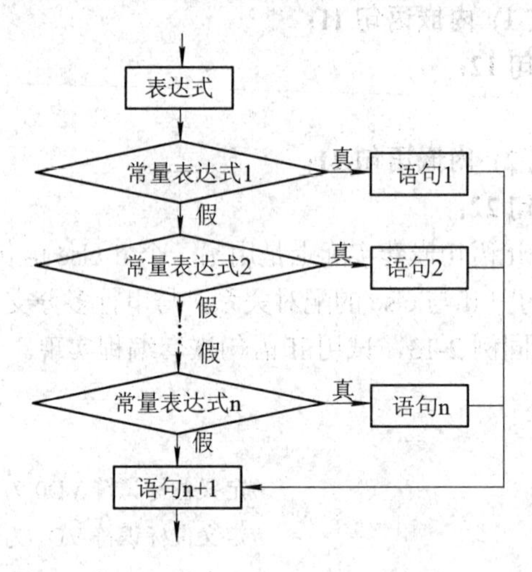

图 2-8　switch 语句流程图

例 2-15　电路和要求同例 2-13，试用 switch 语句编程实现。

C51 程序如下：

```
#include<reg51.h>                   //头文件包含访问 sfr 库函数 reg51.h
void  main( )                       //无类型主函数
{  unsigned char K;                 //定义无符号字符型变量 K
   P1=P1 | 0xcf;                    //置 P1.7、P1.6 输入态，4 灯灭
   loop:K=P1&0xc0;                  //读 P1.7、P1.6 状态
   switch(K)                        // switch 语句开头，根据表达式 P 的值判断
```

```
{   case0: P1=P1&0xf0 | 0xc7; break;        // s0、s1 均按下，VD3 亮，其余灯灭
    case 0x80: P1=P1&0xf0 | 0xcb; break;    // s1 单独按下，VD2 亮，其余灯灭
    case 0x40: P1=P1&0xf0 | 0xcd; break;    // s0 单独按下，VD1 亮，其余灯灭
    default: P1=P1&0xf0 | 0xce; }           // s0、s1 均未按下，VD0 亮，其余灯灭
goto loop}                                  //转 loop 循环
```

switch 语句在使用时需要注意如下问题：

首先，case 后的各常量表达式值不能相同，否则会引起混乱，导致同一值有多种不同响应。

其次，每个分支行后面允许不写 break 语句，此时，执行完相应语句后，不跳出整个 switch 语句，而是继续执行后续 case 语句。

再次，多个 case 语句可共用一组执行语句。

最后，default 后可不加执行语句，表示没有符合条件时就不做任何处理。

4. 循环语句

对于 C51 语言来说，有专用于循环程序的循环语句。循环语句有多种形式，包括无条件循环 goto 语句、有条件循环 while 语句和 for 语句等，其中 C51 中应用广泛的是有条件循环 while 语句和 for 语句。

1) while 循环语句

while 循环根据判断语句在流程中执行的先后可分为 while 循环(也称为当型)和 do-while 循环(也称为直到型)。

(1) while 循环。while 循环语句格式如下：

while(条件表达式)循环体语句；

while 循环语句运行过程是先判断“条件表达式”是否成立，如果条件不成立(为假或为 0)，则跳出 while 循环；如果条件成立(为真或为 1)，则执行 while 循环体语句，执行完毕后再返回判断“条件表达式”，其语句流程如图 2-9(a)所示。

while 循环体语句可由 0 条或若干 C51 语句组成。如果循环体由 0 条语句组成，则循环体中没有任何的语句，但是不能什么都不写，应以“；”表示 while 循环体语句的结束；如果循环体语句由一个以上语句组成，则需要用“{ }”将循环体语句括起来，否则 while 循环语句的范围到 while 后面第一个“；”结束。

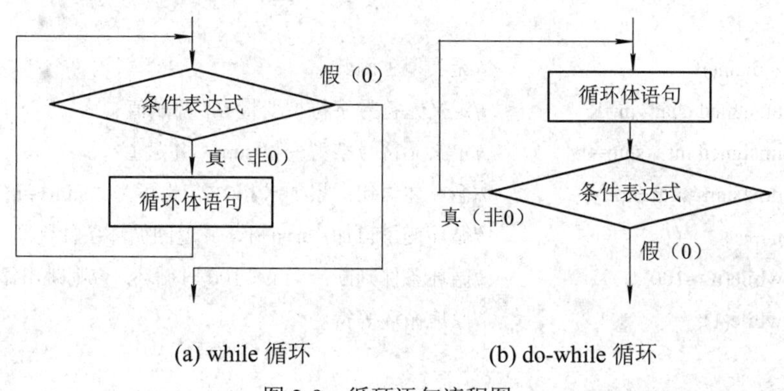

图 2-9　循环语句流程图

例 2-16　试用 while 循环语句编程，求 $sum=\sum_{n=1}^{100} n=1+2+\ldots+100$。

C51 编程如下：

```
void  main()                  //无类型主函数
{  unsigned char  n=1;        //定义无符号字符型变量 n，并赋值
   unsigned int  sum=0;       //定义无符号整型变量 sum，并赋值
   while(n<=100)              //循环条件判断：当 n≤100 时循环，否则跳出循环
   {  sum=sum+n;              //循环体语句：累加求和(本句也可为"sum+=n;")
      n++;                    //循环变量自加，"n=n+1"，并返回循环条件判断
   }
   while(1);                  //原地循环等待
}
```

从上例可以看到“while(n<=100)”后两条语句“sum=sum+n；n++;”为 while 循环体用“{ }”括起，而程序末尾有“while(1)”循环，其循环体有 0 条语句，用“;”结束循环体。

需要注意的是，while(1)语句中括号内的值为 1，表示条件始终为真。因此，该语句无限循环。若 while(1)后面有循环体语句，则反复无限执行循环体语句；若 while(1)后面无实体循环语句，则表示程序原地等待。while(1)是 C51 编程中常用的一种无限循环形式。

在本例中，while(1)并非程序中必需语句。为了程序调试的方便，加入 while(1)后程序将一直运行，此时局部变量存储单元未被释放，可以读到并显示 n 和 sum 的值。否则，程序运行停止，局部变量存储单元被释放，系统无法读到 n 和 sum 存储单元，因而无法显示。

(2) do-while 循环。do-while 循环语句格式如下：

do　循环体语句;

while(条件表达式);

do-while 循环的运行过程是先执行循环体语句，后判断“条件表达式”是否成立。若条件不成立(为假或为 0)，则跳出 do-while 循环；若条件成立(为真或为 1)，则再返回执行循环体语句，其语句流程如图 2-9(b)所示。

例 2-17　试用 do-while 循环语句编程，求 $sum=\sum_{n=1}^{100} n=1+2+\ldots+100$。

```
void  main()                  //无类型主函数
{   unsigned char  n=1;       //定义无符号字符型变量 n，并赋值
    unsigned int  sum=0;      //定义无符号整型变量 sum，并赋值
    do {sum=sum+n;            //循环体语句：累加求和(本句也可为"sum+=n;")
    n++; }                    //循环变量自加，n=n+1，并返回循环条件判断
    while(n<=100);            //循环条件判断：当 n≤100 时循环，否则跳出循环
    while(1);                 //原地循环等待
}
```

while 循环(当型)与 do-while 循环(直到型)的区别是，先判断后执行还是先执行后判断。

当第一次判断为真时，两者的执行结果是完全相同的。但若第一次为假，两者的执行结果是不同的：while 循环一次也没有被执行，而 do-while 循环被执行一次。

2) for 循环语句

for 循环是循环结构中语句最简洁、功能最强大的一种，其一般格式为：

for(表达式 1; 表达式 2; 表达式 3)　循环体语句;

在 for 循环语句的格式中，表达式 1 为循环变量初值设定表达式，表达式 2 为终值条件判断表达式，表达式 3 为循环变量更新表达式。for 循环语句的循环流程如图 2-10 所示，具体运行过程为：

第一步，对循环变量赋初值，即对表达式 1 赋值；

第二步，判断表达式 2 是否满足给定的循环条件，若满足循环条件(值为 1 或为真)，则执行循环体语句，若不满足循环条件(值为 0 或为假)，则结束循环；

第三步，在满足循环条件的前提下，执行循环体语句；

第四步，计算表达式 3，更新循环变量；

第五步，返回判断表达式 2，重复第二步及以下操作，直到跳出 for 循环语句。

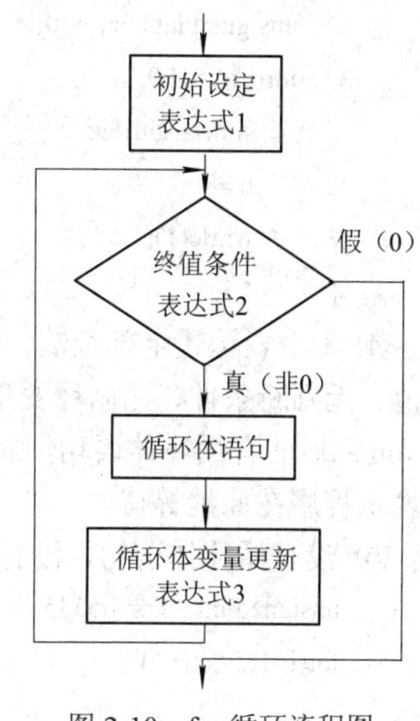

图 2-10　for 循环流程图

例 2-18　试用 for 循环语句编程，求 $sum = \sum_{n=1}^{100} n = 1+2+\cdots+100$。

```
void main()                         //无类型主函数
{  unsigned char  n=1;              //定义无符号字符型变量 n，并赋值
   unsigned int   sum=0;            //定义无符号整型变量 sum，并赋值
   for(; n<=100; n++)               //初值 n=1，循环条件 n<=100，变量更新 n++
       sum=sum+n;                   //循环体语句：累加求和(或写成"sum+=n; ")
       while(1);                    //原地等待
}
```

for 循环语句括号内有 3 个表达式，每个表达式之间必须用分号“;”隔开。3 个表达式中允许有一个或多个空缺，因此，会出现如下情况：

① 表达式 1 空缺。表达式 1 空缺表示在 for 循环语句体内未设定初值。此时有两种情况会出现，一种是在 for 语句之前未赋初值，则 C51 默认初值为 0；另一种是在 for 语句之前已经赋值，如例 2-18 中在 for 循环语句外先将 n 赋值 1，虽然 for 循环语句中表达式 1 空缺但是其初值为 1。

② 表达式 2 空缺。表达式 2 空缺表示不判断循环条件，认为表达式始终为真，循环将无限进行下去。

③ 表达式 1、3 空缺。这种情况通常是循环初值在 for 循环语句外设定，循环变量更新则放在循环体内执行，如例 2-18 中可将程序做如下修改：

```
void main()                       //无类型主函数
{   unsigned char   n=1;          //定义无符号字符型变量 n，在 for 语句外设定循环初值
    unsigned int   sum=0;         //定义无符号整型变量 sum，并赋值
    for(; n<=100; )               // for 语句表达式 1、3 空缺，只有循环条件判断
        sum = sum+n;              //循环体语句：累加求和(或写成"sum+ = n;")
        n++;                      //循环体语句：循环变量更新
        while(1);                 //原地等待
}
```

④ 3 个表达式全部空缺。3 个表达式全部空缺时 for 循环语句书写为 for(;;)，表示无初值、无判断条件、无循环变量更新，此时将导致一个无限循环，其作用等同于 while(1)。若 for(;;)后面有循环体语句，则反复无限执行循环体语句；若 for(;;)后面无实体循环语句，则表示程序在原地等待。

⑤ 没有循环体语句。没有循环体的 for 语句通常用作延时程序。例如：

```
unsigned int   i, s=65535;        //定义无符号整型变量 i、s，并对 s 赋值
for(i=1; i<s, i++)                // for 语句：括号内依次为初值、循环条件和变量更新
{; }                              //空语句
```

上述程序的功能是："i = i+1"不断循环操作，直至 i = 65535，起到延时作用。

需要注意的是，当 for 语句后没有"{;}"空语句，则需要在 for 语句后加分号"；"，表示 for 语句结束。因此，上述程序可改为：

```
unsigned int   i, s=65535;        //定义无符号整型变量 i、s，并对 s 赋值
for(i=1; i<s, i++);               // for 语句：括号内依次为初值、循环条件和变量更新
```

3) *循环嵌套*

在编写循环程序时，在一个循环体内包含另一个循环，这种编程结构称为循环嵌套。C51 中的循环嵌套与汇编语言中多层循环功能相同，汇编语言的循环结构常用于指令延时，因此 C51 语言中的循环嵌套也可用于延时。

例 2-19　已知如图 2-11 所示，80C51 单片机 P1.0 端口接发光二极管，控制该发光二极管闪烁，闪烁频率约为 1 s，即亮 0.5 s 灭 0.5 s。

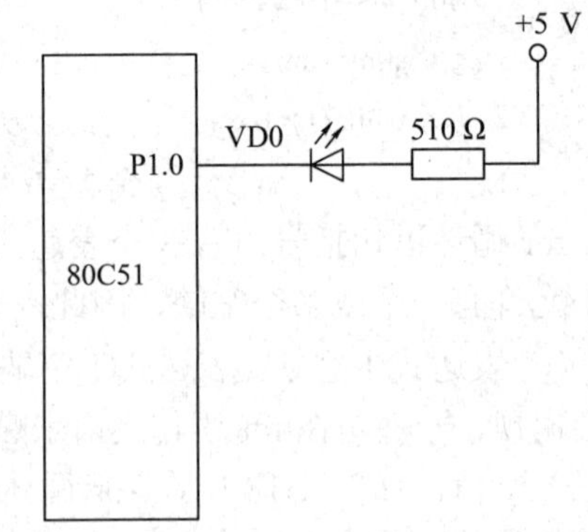

图 2-11　80C51 控制发光二极管闪烁电路

根据题目要求，需要编制一个延时 0.5 s 的子函数。对于一个单循环而言，其循环延时时间较短，要延时较长时间必须使用多个循环组合，即循环嵌套。本题可使用两个 for 循环，其中一个嵌套在另一个循环体中，来编制一个 0.5 s 的子函数，然后在主函数中调用，控制 P1.0 交替输出高低电平信号。C51 编程如下：

```
#include<reg51.h>
sbit   P10=P1^0;                  //定义 P10 为 P1 口第 0 位
void delay(unsigned int   i)      //定义无类型延时函数 delay，无符号整型形式参数 i
```

```
{
    unsigned char   j;                  //定义无符号字符型变量 j
    for(; i>0; i--)                     // for 循环，若 i > 0，则 i = i+1
        for(j = 244; j>0; j--);         // for 循环，j 初值 244，若 j > 0，则 j=j+1，延时函数结束
}
void main( )                            //主函数 main
{
    for(; ; )                           //无限循环执行以下循环体语句
    {  P10=!P10;                        // P1.0 取反
       delay(1000); }                   //调用延时函数 delay，形参 I = 1000，约延时 0.5 s(12 MHz)
}
```

上述程序中 delay( )延时函数是一个完整的子程序，其中第 2 个 for 语句循环一次大约 0.5 ms，主函数 main( )调用时，给“delay(i)”函数中的形参 i 赋值 1000，即第 1 个 for 语句循环 1000 次。因此，最后的延时时间大约为 0.5 ms × 1000 = 500 ms = 0.5 s。若改变形参 i 的值，则延时时间改变，这是在 for 循环体内不设置循环初值，而在循环体外或调用循环函数时赋循环初值的优点，增加了循环子函数应用的灵活性。

通过上述程序举例，需要说明的是，汇编语言延时函数的延时时间可以计算，而 C51 延时函数因需要编译，其延时时间与变量的存储类型有关，与具体的编译软件有关，很难计算，且误差较大。若需精确的延时时间可采用定时/计数器。

4) break 和 continue 语句

C51 循环语句除了 while 语句、do-while 语句、for 语句和 for 循环嵌套语句以外，还有 break 语句和 continue 语句等两种循环语句，虽然这两种语句使用频率不如 while 语句和 for 语句高，但它们的作用是不可忽略的。

(1) break 语句。break 语句常与 switch 选择语句配合使用，所以在介绍 switch 语句时也对 break 语句进行了介绍。而在 for 循环语句中，break 语句可以用于终止循环，转去执行循环体外的其他语句。

例 2-20　试编写程序，计算并输出半径 r = 1～10 时的圆面积 a，但要求圆面积大于 200 时就停止计算和输出。

C51 编程如下：

```
#define  PAI  3.1416          //定义常量 PAI=3.1416
void  main( )                 //无类型主函数
{
   unsigned char  r;          //定义无符号字符型变量 r
   float  a;                  //定义浮点型变量 a
   for(r = 1; r< = 10; r++)   // for 循环语句
   {   a=PAI*r*r;             //循环体语句：计算圆面积
       if(a>200) break;       //选择语句：判断圆面积大于 200 跳出计算
       while(1);              //原地等待
   }
```

从上例可以看到，循环程序不仅可以通过循环语句中的循环条件来控制循环结束，而且可用 break 语句强行退出循环结构。

需要说明的是，break 语句不能用于循环语句和 switch 语句之外的任何其他语句。

(2) continue 语句。continue 语句的主要作用是在循环程序中停止本轮循环，转去执行下一轮循环。

例 2-21　试编写程序，计算 100～200 之间能被 3 整除的数。

C51 编程如下：

```
void  main()                          //无类型主函数
{
  unsigned char  i, a;                //定义无符号字符型变量 i、a
  for(i = 100; i< = 200; i++)         //循环初值 i=100；条件 i<=200；变量更新 i=i+1
  { if((i%3)! = 0)  continue;         //选择语句：若 i 不能被 3 整除，则判断下一个
      a = i; }                        //循环体语句：将 i 的值赋予 a
  while(1);                           //原地等待
}
```

上例中 continue 语句的作用是，当条件满足(i 不能被 3 整除)时，立即进入下一轮循环；而条件不满足时，执行循环体语句“a = i”。

2.3.7　C51 构造类型数据

在 C 语言中除基本数据类型外，还提供了扩展的数据类型，称为构造类型数据，主要有数组、指针、结构、公用体和枚举等。而对于 C51 来说，主要编程对象为单片机，除基本数据类型外，比较常用的类型为数组和指针。下面将重点介绍数组和指针的相关知识和使用方法。

1. 数组

数组是一组具有相同类型数据的有序集合。每一数组用一个标识符表示，称为数组名，数组名同时代表数组的首地址；数组内数据有序排列的序号称为数组下标，放在方括号内，根据数组下标可访问组成数组的每一个数组元素。

数组根据下标的个数可分为一维数组和多维数组，一般 C51 中常用的是一维数组和二维数组。

1) 一维数组

一维数组是最简单的数组，其逻辑结构是线性表。要使用一维数组，需经过定义、赋值和引用。

(1) 数组定义。一维数组的定义格式如下：

数据类型　[存储器类型]　数组名[元素个数]

数据类型是指数组中数据的数据类型，数组内每一元素的数据类型应一致；存储器类型是指数组的存储区域，决定了访问数组速度的快慢。存储器类型允许缺省，缺省时由存储器编译模式默认。例如：

```
unsigned int  code  a[10];
```

上面语句表示，该数组名为 a，数组内的数据类型为 unsigned int(无符号整型)，存储

器类型为 code，数组元素个数(也称为数组长度，即数组内数据个数)为 10。

(2) 数组赋值。数组赋值就是对所定义的数组进行初始化，给予数组中每一个元素一个具体有效的数值。一般在数组初始化时(即数组定义时)对数组元素赋值。例如：

```
unsigned char  a[10] = {10, 11, 22, 33, 44, 55, 66, 77, 88, 99};
```

初始化赋值后，上述数组的数组元素值分别为：a[0] = 10，a[1] = 11，a[2] = 22，a[3] = 33，a[4] = 44，a[5] = 55，a[6] = 66，a[7] = 77，a[8] = 88，a[9] = 99。

初始化赋值时，若赋值数据个数与方括号内的元素个数相同，则数组定义方括号内的元素个数可以省略，即用赋值数据个数指明元素个数。因此，上述举例可表达为：

```
unsigned char  a[] = {10, 11, 22, 33, 44, 55, 66, 77, 88, 99};
```

在数组初始化时，也可以只给一部分数组元素赋值。例如：

```
int  a[10] = {10, 11, 22, 33, 44}
```

此时，该数组前 5 个数组元素被赋值，其后的数组元素均为 0。即若赋值个数少于数组元素个数时，只将有效数值赋给最前一部分数组元素，其后的数组元素均赋值 0。

若未在数组初始化时赋值，则数组定义后只能单个赋值，一般用循环语句。例如：

```
unsigned int  s[100];           //定义无符号整型数组 s，数组元素 100 个
unsigned char  i;               //定义无符号字符型变量 i
for(i=0; i<100; i++)            // for 循环，循环初值 0, 循环条件 0～99，变量更新 i=i+1
    s[i] = i*i;                 // for 循环体，给数组元素赋值：s[i] = i²
```

(3) 数组引用。引用数组即引用数组的元素，数组元素的表达式为：

数组名[下标]

例如，数组 a[10]中的 10 个元素可分别表示为：a[0]、a[1]、a[2]、…、a[9]。其中 0～9 称为数组下标，下标是从 0 开始编号的，可以是整型常量或整型表达式。例如：

s=a[6]; 或 s=a[2×3];

需要注意的是，数组引用的格式和数组定义的格式极其相似，均为数组名加一个方括号，方括号内为正整数。但是数组定义时方括号内的数为元素个数，是定值；而数组引用时方括号内的数为下标，是变量。例如，a[6]既可理解为定义数组，即有 6 个元素的数组，又可理解为引用数组，即编号为 6 的数组元素；关键是看其出现在什么地方。因此，应注意两者的区别。引用数组时，C 语言规定：第一，数组必须先定义后使用；第二，数组元素不能整体引用，只能单个引用。

在单片机应用中，数组的重要功能是查表。一般来说，实时控制系统没有必要按繁琐复杂的控制公式进行精确的计算，而只需要预先将计算或检测结果形成表格，使用时对应查表即可，特别是对于一些传感器的非线性转换，既方便又快捷。

例 2-22　已知 0～9 摄氏—华氏温度非线性转换表，试用查表法将某点摄氏温度转换为华氏温度。

编制 C51 程序如下：

```
#include<reg51.h>                    //头文件包含访问 sfr 库函数 reg51.h
#include<stdio.h>                    //头文件包含 I/O 库函数 stdio.h
#define uchar  unsigned char         //用 uchar 表示 unsigned char
uchar  c_f(uchar c)                  //定义摄氏换华氏查表子函数 c_f，形参 c
```

```
{  uchar code t[10] = {32, 34, 36, 37, 39, 41, 43, 45, 46, 48}; //定义0～9摄氏度对应的华氏度
   return t[c]; }                                      //返回对应的华氏温度值
void   main( )                                         //无类型主函数
{  uchar c, f;                                         //定义华氏温度变量f和摄氏温度变量c
   {TMOD=0x20; TH1=TL1=0xe6; SCON=0x52; TCON=0x40; }   //串口初始化
   scanf("%bu", &c);                                   //串口输入摄氏温度c值(无符号字符型十进制整数)
   f=c_f(c);                                           //查表后对应的华氏温度f
   printf("c=%buC, f=%buF\n", c, f);                   //串口输出对应的华氏温度值
   while(1);                                           //原地等待
}
```

前面介绍了例2-20和例2-21两个例题，如果按例题进行编程后，运行程序，就不知道结果如何，也不知道结果正确与否。原因是程序虽然运行了，但是运行结果看不到，这样就给程序调试带来了困难。为了程序调试方便可行，常常会用到“scanf()”和“printf()”两个函数，这两个函数包含在头文件“stdio.h”中，在后面讲解到标准库函数时，还会介绍到。那么这里需要强调的是，在使用“scanf()”和“printf()”两个函数时常常要借助80C51的串行口来实现，这就要求在使用串行通信前必须要对串口初始化。上例中“{TMOD = 0x20; TH1 = TL1 = 0xe6; SCON = 0x52; TCON = 0x40; }”就是对串口初始化的指令语句，其中“TMOD = 0x20;”设置T1方式2作为波特率发生器；“TH1 = TL1 = 0xe6;”设置波特率为1200 bit/s；“SCON = 0x52”设置串行口工作方式1，允许接收，同时发送中断标志位TI置1(TI置1是非常重要的，否则显示设备不能接收数据)；“TCON=0x40;”将T1运行控制位置为1，启动定时器1。

对于上述例子可以使用串行调试工具(如串口调试助手)输入相应数据，即可看到运行结果，这样使程序编程方便而可行。

例2-23　试将16个单字节无符号数从大到小排列。

编制C51程序如下：

```
#include<reg51.h>                              //加载头文件reg51.h
#define   uchar   unsigned char                //用uchar表示unsigned char
void main( )                                   //声明无类型主函数
{  uchar i, j, k, m;                           //定义字符型变量i、j、k(最大值序号)、m
   uchar a[15]={11, 99, 66, 22, 111, 55, 0, 222, 44, 155, 77, 133, 100, 88, 33}//定义数组a[15]
   for(i=0; i<14; i++)                         // for循环，选择法排序
   {  k=I;                                     //为最大值序号k赋值，设最大值为首个元素
      for(j=i; j<15; j++)                      // for循环，选出最大值
         If(a[k]<a[j]) k=j;                    //条件满足，最大值序号改变
            m=a[k]; a[k]=a[i]; a[i] =m;   }    //交换位置
   while (1) ;                                 //原地等待
}
```

2) 二维数组

二维数组其本质是以数组为元素的数组，即数组的数组。相对于一维数组，二维数组

有两个下标，分别为行下标和列下标，因此多数情况下二维数组常与矩阵概念相联系。

(1) 数组定义。二维数组的定义格式如下：

数据类型 数组名[行数][列数]

例如：

```
int a[3][4];
```

上面语句表示，该数组名为a，数组内数据的类型为int，元素个数为3行4列共12个元素，其结构和下标号如下：

```
a[0][0]  a[0][1]  a[0][2]  a[0][3]
a[1][0]  a[1][1]  a[1][2]  a[1][3]
a[2][0]  a[2][1]  a[2][2]  a[2][3]
```

(2) 数组赋值。二维数组赋值与一维数组类似，既可以在初始化时赋值，也可在程序运行期间单个赋值。

在初始化赋值时，每一行的数组元素值放在一个花括号内，中间用逗号“，”分隔，此时将按行赋值。例如：

```
unsigned char  x[3][4] = {{1, 2, 3, 4}, {5, 6, 7, 8}, {9, 10, 11, 12}};
```

上式赋值后每一个数组元素的值如下：

```
x[0][0] = 1    x[0][1] = 2     x[0][2] = 3     x[0][3] = 4
x[1][0] = 5    x[1][1] = 6     x[1][2] = 7     x[1][3] = 8
x[2][0] = 9    x[2][1] = 10    x[2][2] = 11    x[2][3] = 12
```

数组初始化赋值时，也可以把所有元素值放在一个花括号内，此时将按序赋值。例如：

```
unsigned char  x[3][4]={1, 2, 3, 4, 5, 6, 7, 8, 9, 10, 11, 12};
```

上式赋值后每一个数组元素的值如下：

```
x[0][0] = 1    x[0][1] = 2     x[0][2] = 3     x[0][3] = 4
x[1][0] = 5    x[1][1] = 6     x[1][2] = 7     x[1][3] = 8
x[2][0] = 9    x[2][1] = 10    x[2][2] = 11    x[2][3] = 12
```

从上述两种二维数组赋值可以发现，按行赋值和按序赋值，每个二维数组中元素值的结果是相同的。

若赋值行内个数小于列数，不足的数组元素值为0；行数不足时也用0补足。例如：

```
unsigned char  y[3][4] = {{1, 2, 3}, {5, 6, 7}, {9, 10, 11}};
```

此时，每行前面的数组元素被相应赋值，但是后面的数组元素值为0，上式赋值后每一个数组元素的值如下：

```
y[0][0] = 1    y[0][1] = 2     y[0][2] = 3     y[0][3] = 0
y[1][0] = 5    y[1][1] = 6     y[1][2] = 7     y[1][3] = 0
y[2][0] = 9    y[2][1] = 10    y[2][2] = 11    y[2][3] = 0
```

3) 字符数组

除了上述数值数组外，C51还有字符数组，其定义和引用格式与数值数组类似，只不过用字符代替了数值。例如：

```
unsigned char  welcom[7] = {'W', 'e', 'l', 'c', 'o', 'm', 'e'};
```

上面语句的含义是将“Welcome”7个英文字母赋给字符数组welcom，数值元素值为相应字母的ASCII码值。C51还允许用字符串直接给字符数组赋值，例如：

unsigned char　welcom[8]={"Welcome"}; 或 unsigned char welcom[8]="Welcome";

需要注意的是，用单引号括起来的是字符，用双引号括起来的是字符串，两者含义不同。而且，用双引号括起来的字符串直接给字符组赋值时，所占的数组长度(方括号内是8)比用单引号括起来的字符赋值时的长度(方括号内是7)要多占一个位置，即增加了一个‘\0’(空字符)作为结束标志。

2. 指针

在计算机科学中，指针是编程语言中的一个对象，利用地址，它的值直接指向存在电脑存储器中另一个地方的值。由于通过地址能找到所需的变量单元，可以说，地址指向该变量单元。因此，将地址形象化地称为“指针”。在汇编语言中，介绍过多种指针，如数据指针DPTR、堆栈指针SP、地址指针PC等。C语言中指针是一个重要概念，也是C语言的重要特色。

指针可以有效而方便地表示和使用各种数据结构，能动态地分配存储空间，能像汇编语言那样直接处理存储单元地址，在调用函数时能输入或返回多于一个的变量值，使程序更简洁而高效。

1) 指针和指针变量

在C51中，可以这样理解：指针就是地址；变量的指针就是变量的地址；存放指针(地址)的变量称为指针变量，而且指针变量也只允许存放地址。

例如，若有一个字符型变量a，其值为111，存在地址为0x1000的存储单元中；而又有一个指针变量ap，存在0x2000中；ap中存放了变量a的地址(指针)，因此，ap称为a的指针变量，或称为指针变量ap指向了变量a；指针变量ap中的值为1000H，即变量a的地址(指针)；而指针变量ap本身的地址(指针)为2000H，如图2-12所示。

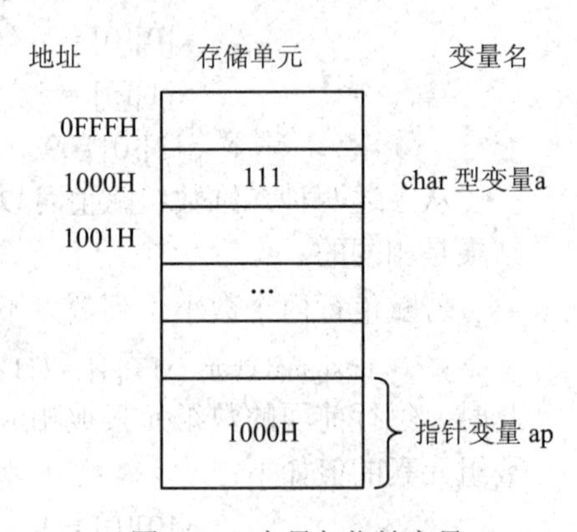

图2-12　变量与指针变量

这里，有几个概念必须分辨清楚：

变量a的变量名；

变量a存储单元的地址(指针)；

变量a的值，即变量a存储单元中存放的数据；

指针变量ap的变量名是ap；

指针变量ap指向哪一个变量，即存放哪一个变量的地址(指针)；

指针变量ap存储单元中的值，即指针变量ap所指向某一个变量的地址(指针)；

指针变量ap本身存储单元的地址(指针变量ap的指针)。

2) 指针变量定义方式

为了区别于其他变量，定义指针变量时用类型说明符“*”标记。定义格式如下：

数据类型　[数据存储器类型]　*[指针存储器类型]　指针变量名

对上述指针变量定义格式中的名称概念说明如下：

(1) 数据类型。指针变量定义格式中数据类型为指针所指向变量的数据类型，而不是指针本身的数据类型，指针本身就是一种数据类型。指针所指向的变量的数据类型是数据的基本类型，可以是char、int、long和float。

数据类型和指针运算有关，例如指针变量ap+1，并不是简单的加1运算，而是根据数据类型的字节长度增加一个字节长度单位，指向下一个同类型的数据。因此，char类型增加1个字节，int类型增加2个字节，long和float类型增加4个字节。

(2) 数据存储器类型。数据存储器类型是指针变量所指向的变量数据的存储器类型，允许缺省。C51编译器支持两类指针：基于存储器的指针和通用指针(也称一般指针)。

① 基于存储器的指针。基于存储器的指针是C51根据80C51单片机增加的类型。其中，data和idata类型是直接寻址片内RAM，pdata类型是间接寻址片外RAM某一页(256 B)。data、idata和pdata地址均为8 bit(1 B)，即指针长度为1 B。xdata类型是访问片外RAM 64 KB，code类型是访问ROM64 KB，xdata和code地址均为16 bit(2 B)，即指针长度为2 B。

② 通用指针。用户未指定(缺省)数据存储器类型时，被默认为通用指针，可访问任何存储空间。其具体类型由存储器编译模式默认。因此，通用指针的指针长度有3 B，其中1 B表达存储器类型编码，2 B表达指针偏移量，如表2-11所示。存储器类型编码能自动生成，有4种：0x00代表idata、data、bdata；0x01代表xdata；0xfe代表pdata；0xff代表code，如表2-12所示。

表2-11　通用指针3字节内容

地　址	指针首地址	首地址+1	首地址+2
内　容	存储器类型	偏移量高位	偏移量低位

表2-12　存储器类型编码

存储器类型	data/bdata/idata	xdata	pdata	code
编码值	0x00	0x01	0xfe	0xff

需要说明的是，数据存储器类型涉及指针概念的两个问题：一是指针长度，即指针占用存储空间的大小。基于存储器的指针是1 B或2 B，通用指针是3 B。二是指针运算速度，影响到程序运行的速度。基于存储器的指针运行速度较快，但不够灵活；通用指针运算速度较慢，但应用灵活；用户可根据需要选择。

(3) 指针存储器类型。指针存储器类型是指针变量本身的存储器类型，即指针变量本身存储在什么区域。与一般变量的存储器类型相同，有data、idata、pdata、xdata和code类型。允许缺省，缺省时由存储器编译模式默认。在片内时，访问速度较快；在片外时，访问速度较慢。

指针存储器类型符也可放在整个指针变量定义最前面，此时的格式为：

[指针存储器类型]　数据类型　[数据存储器类型]　*指针变量名

(4) 指针变量名。指针变量名须符合C51标识符要求，可任意取名。为防止与普通变量误读误用，建议初学者在给指针变量取名时，在指针变量名末尾加字母p，以示区别，例如：ap、bp、a_p、b_p等。当然，在指针变量使用较熟练时，可忽略以上建议。

指针变量定义格式举例如下：

```
unsigned char   *ap;                  /*定义指针变量 ap，ap 指向变量的数据类型为无符号字符型，
                                        变量和指针变量存储器类型均由存储器编译模式确定*/
unsigned int   data   *bp;            /*定义指针变量 bp，bp 指向变量的数据类型为无符号整型，
                                        变量存储在片内 RAM 区，指针变量存储器类型由存储器
                                        编译模式确定*/
unsigned long   idata   *pdata   cp;  /*定义指针变量 cp,cp 指向变量的数据类型为无符号长整型，
                                        变量存储器在片内 RAM 寄存器间接寻址区，指针变量存储
                                        在片外分页寻址 RAM 区*/
pdata   signed long   xdata   *dp;    /*定义指针变量 dp，dp 指向变量的数据类型为有符号长整
                                        型，变量存储在片外 RAM 区，指针变量存储在片外分页寻
                                        址 RAM 区*/
```

对于以上举例需要说明的是，初学者往往会将“*ap”“*bp”等“*+变量名”误认为是指针变量，而实际真正的指针变量名是“ap”“bp”等不带“*”号的。在指针定义时加“*”号是为了区别于普通变量，若在使用时加了“*”号，含义就发生变化，变成了读取该指针变量所指向的变量的值(变量存储地址单元里的内容)。

3) 取地址运算符和指针运算符

在前面已经介绍了 C51 的各种运算符，但还有两个与指针有关的运算符分别为

&：取地址运算符；

*：指针运算符(或称为间接访问运算符、取指针内容运算符)。

例如：若变量 a 的地址为 30H，值为 50H，指针变量 ap 指向变量 a，则下列语句含义为：

```
w=ap;      //指针变量 ap 指向变量 a，变量 a 的地址即为指针变量 ap 的值，w=30H
x=a;  //将变量 a 的值赋给变量 x，x=50H
y=&a;      //取出变量 a 的地址赋给变量 y，y=30H
z=*ap;     //取出指针变量 ap 所指向的变量 a 的值赋给变量 z，z=50H
```

根据这两个运算符的特性和上述设定，可以得出如下结论：

*ap 与 a 是等价的，即 *ap 就是 a;

由于 *ap 与 a 等价，因此，&*ap 与&a 也是等价的。

由于 ap=&a，因此，*ap 与 *&a 等价，*&a 与 a 等价。

例 2-24　已知下列程序，试指出程序中“*”和“&”的含义。

```
#include<stdio.h>                //头文件包含 I/O 库函数 stdio.h
void   main( )                   //主函数
{unsigned int   a=100, x;        //定义 a、x 为无符号字符型变量，并给 a 赋值
 unsigned int   *b;              //定义无符号整型指针变量 b
 b=&a;                           //将变量 a 的地址赋值给指针变量 b
 x=*b;                           //将以指针变量 b 为地址的存储单元中的内容赋值给 x
 printf("x=%u\n", *b); }         //输出 x = *b
```

上述第 4 行语句是定义指针变量 b，其中“*”用于表示紧跟的变量 b 为指针变量。

第 5 行语句中的符号“&”为取地址运算符，&a 表示取出变量 a 的地址，赋值给指针变量 b，即指针变量 b 指向变量 a。需要强调的是，给指针变量赋值时必须是地址。第 6 行语句表示取出以指针变量 b 为地址的存储单元中的内容赋值给 x，结果 x=100。其中“*”是指针运算符(取指针内容运算符)。第 7 行语句是输出第 6 行语句的结果，其中符号“*”为指针运算符(取指针内容运算符)。

需要注意的是，第 4 行语句中与第 6、7 行语句中“*”的含义是不同的。前者为指针变量类型说明符，后者为取指针内容运算符。一般来讲，可以这样来区分“*”的含义：指针变量说明(定义)中，“*”是指针变量类型说明符；在表达式中，“*”是取指针内容运算符。取指针内容运算符“*”后面跟着的必须是指针变量(地址)，而不是其他类型的变量。

4) 数组的指针变量

在 C51 中指针和指针变量常用于数组，数组的指针就是数组的起始地址。

(1) 数组的存储形式。数组中的数据在存储空间中是顺序存放的，每个数组元素按数组数据类型在存储空间中占用若干存储单元。例如，若有 3 个一维数组：char a[10]、int b[10] 和 long c[10]，其中 10 个数组元素均为{10，11，22，33，44，55，66，77，88，99}，分别存在首地址为 1000H、3000H、5000H 的存储单元中，指针变量 ap、bp 和 cp 分别指向数组 a、b 和 c，指针变量本身的存储单元分别为 2000H、4000H 和 6000H，则其在存储空间中的存储形式分别如图 2-13(a)、图 2-13(b)、图 2-13(c)所示。

地址	存储内容	数组	指针变量
1000H	10	a[0]	ap
1001H	11	a[1]	ap+1
1002H	22	a[2]	ap+2
1003H	33	a[3]	ap+3
1004H	44	a[4]	ap+4
1005H	55	a[5]	ap+5
1006H	66	a[6]	ap+6
1007H	77	a[7]	ap+7
1FFFH			
2000H	10H	指针变量 ap	
2001H	00H		

(a) 字符型

地址	存储内容	数组	指针变量
3000H	00	b[0]	bp
3001H	10		
3002H	00	b[1]	bp+1
3003H	11		
3004H	00	b[2]	bp+2
3005H	22		
3006H	00	b[3]	bp+3
3007H	33		
3FFFH			
4000H	30H	指针变量 bp	
4001H	00H		

(b) 整型

地址	存储内容	数组	指针变量
5000H	00	c[0]	cp
5001H	00		
5002H	00		
5003H	10		
5004H	00	c[1]	cp+1
5005H	00		
5006H	00		
5007H	11		
5FFFH			
6000H	50H	指针变量 cp	
6001H	00H		

(c) 长整型

图 2-13　数组的存储形式

从图中可以看到：数组元素是按数组数据类型在存储空间中占用规定的存储单元。字符型 char 占 1 个字节，整型 int 占 2 个字节，长整型 long 和浮点数(实数型)float 占 4 个字节。

指针变量加 1 是指向下一个数组元素，即按数组数据类型增加一个长度单位，字符型增加 1 B，整型增加 2 B，长整型和浮点型增加 4 B。

数组第一个元素(序号为 0)的存储地址就是整个数组的首地址。

若数组元素的数据长度大于 8 bit(位)，则存储形式是数据高位存放在地址低位字节，数据低位存放在地址高位字节。

数组占用存储空间量很大。特别是当数组元素多、字节长度长或多维数组时，大多数数组元素未被有效利用，而 80C51 系列单片机内存空间资源有限，更不能被不必要地占用。因此，编程开发时应仔细安排，根据需要恰当合理地选择数组的大小。

(2) 数组指针变量的赋值。设某数组 a[ ]和指向该数组的指针变量 ap，给指针变量 ap 赋值时，下列两种方式均为合法语句：

```
ap=a;          //数组名 a 同时代表数组 a 的首地址，直接赋值给指针变量 ap
ap=&a[0];      // a[0]为数组 a 的第一个元素，取它的地址赋值给指针变量 ap
```

指针变量赋值也可以在指针变量定义时一并完成。例如：

```
int *ap=a;     //定义指针变量 *ap 并赋值，数组名 a 代表数组 a 的首地址
int *ap=a[0];  //定义指针变量 *ap 并赋值，数组 a 第一个元素 a[0]地址为数组首地址
```

(3) 数组指针变量加减运算。应用数组时，常需要对数组的指针变量值修正：加 1、减 1 或减某一数值。例如，若有某指针变量*ap，则 ap+n、ap−n、ap++、ap−−、++ap 和 −−ap 均为合法。

需要说明的是，指针变量的加减运算只能对数组的指针变量进行运算，其他类型的指针变量加减运算无意义。

(4) 数组指针引用数组元素。之前在介绍数组时，介绍了用下标法引用数组元素，即用 a[i]表示数组中第 i 个元素。除此之外，还可以用指针法引用数组元素，且与下标法相比，指针法引用数组元素时目标程序代码效率更高(占用内存少，运行速度快)。设某数组为 a[ ]，指向该数组的指针变量为 ap，则有：

a+i 与 ap+i 等价。由于数组名 a 同时代表数组的首地址，而指针变量 ap 指向数组的首地址，因此，a+i 和 ap+i 均为数组元素 a[i]的地址&a[i]，或者说它们均指向数组 a[ ]的第 i 个元素(注意，不能将 a+i 看成数组元素加 i)。

(a+i)、(ap+i)与 a[i]等价。既然(a+i)、(ap+i)均指向数组 a[ ]的第 i 个元素，则加上取指针内容运算符“*”后，就表示(a+i)或(ap+i)所指向的数组元素，即 a[i]。

指向数组的指针变量可以带下标，即 ap[i]与*(ap+i)等价。

例 2-25　已知指针变量 ap 指向数组 a[ ]的首地址 0x1010，a[0] = 0x11，a[1] = 0x22，试指出下列语句的含义及相互间区别，并求该语句执行后 ap、a[0]、a[1]的值。

ap++；(*ap)++；*ap++；*++ap；*(ap++)；*(++ap)；a++。

“ap++;”的含义是：ap = ap+1=0x1011，此时 ap 将指向数组元素 a[1]。

“(*ap)++;”的含义是：*ap = *ap+1，即取指针变量 ap 所指存储单元中的值，加 1 后再存回原存储单元中。a[0] = a[0]+1=0x12，ap 本身不变，ap = 0x1010。需要注意这里是元素值加 1，而不是指针变量加 1。

“*ap++;”：由于取指针内容运算符“*”与自加 1 运算符“++”的优先级相同，而结合性为右结合，然而又由于双加号在 ap 右侧，是先使用后加 1。因此其含义是：先取指针变量 ap 所指存储单元中的值 a[0] = 0x11 使用，后 ap 加 1，ap = 0x1011，指向下一个数组元素 a[1]，a[0]本身并未加 1。

“*++ap;”与“*ap++;”的相同之处都是右结合；不同之处是先加 1 后使用。因此，其含义是：ap 先加 1，ap = 0x1011；然后取出指针变量 ap 所指存储单元中的值 a[1] = 0x22。

“*(ap++);”与“*ap++;”相同。

“*(++ap);”与“*++ap;”相同。

由于 ap 指向 a，ap 与 a 均代表数组 a 的首地址，因此，“a++”与“*ap++”相同。

从上例中可以看到，将“++”和“--”运算符用于指针变量十分有效，可以使指针变量自动向前或向后移动，指向下一个或上一个数组元素，而使访问数组元素变得方便。

例 2-26　已知一维数组 a[10]，试将其按顺序输出。

该题目有 3 种编程方法，C51 程序如下：

方法一：利用数组下标，找出数组元素。

```
#include<reg51.h>                              //头文件包含访问 sfr 库函数 reg51.h
#include<stdio.h>                              //头文件包含 I/O 库函数 stdio.h
void main( )                                   //主函数
{
    char   a[10] = {1, 2, 3, 4, 5, 6, 7, 8, 9, 10};  //定义数组 a 并赋值
    unsigned char   i;                         //定义无符号字符型变量 i
    for(i=0; i<10; i++)                        // for 循环：数组下标从 0 到 9
        printf("%bu, ", a[i]);                 //输出：根据数组下标 i 找出数组元素
    while(1);                                  //原地等待
}
```

方法二：利用指针运算符，取出数组元素。

由于 a[i]与*(a+i)等价，因此，将上述程序倒数第 2 行中的 a[i]替换为*(a+i)。

```
#include<reg51.h>                              //头文件包含访问 sfr 库函数 reg51.h
#include<stdio.h>                              //头文件包含 I/O 库函数 stdio.h
void main()                                    //主函数
{
    char a[10]={1, 2, 3, 4, 5, 6, 7, 8, 9, 10};    //定义数组 a 并赋值
    unsigned char i;                           //定义无符号字符型变量 i
    for(i=0; i<10; i++)                        // for 循环：数组下标从 0 到 9
        printf("%bu, ", *(a+i));               //输出：根据数组元素地址(a+i)，取出数组元素
    while(1);                                  //原地等待
}
```

方法三：利用指针变量，指向数组元素。

将上述第一个程序第 5、6、7 行进行修改，修改后程序如下：

```
#include<reg51.h>                              //头文件包含访问 sfr 库函数 reg51.h
#include<stdio.h>                              //头文件包含 I/O 库函数 stdio.h
void main()                                    //主函数
{
    char a[10]={1, 2, 3, 4, 5, 6, 7, 8, 9, 10};    //定义数组 a 并赋值
```

```
    unsigned char *ap=a;                    //定义无符号字符型变量 i
    for(; ap<a+10; ap++)                    // for 循环：数组下标从 0 到 9
        printf("%bu, ", *ap);               //输出：根据数组下标 i 找出数组元素
    while(1);                               //原地等待
}
```

2.3.8 C51 函数

函数是 C 程序的基本单位，即 C51 程序主要是由函数构成。

1. 函数概述

1) 函数的分类

从 C51 程序的结构上分，C51 函数可分为主函数 main( )和普通函数两种。主函数就是主程序，一个 C51 源程序必须有且只能有一个 main 函数，而且是整个程序执行的起始点。普通函数是被主函数调用的子函数，与汇编语言程序中的子程序类似。从用户使用的角度上分，普通函数又可分为标准库函数和自定义函数。

(1) 标准库函数。标准库函数是由 C51 编译系统的函数库提供的。编译系统的设计者将常用的、具有独立功能的程序模块编成公用函数，集中存放在编译的函数库中，供用户使用。

C51 编译系统具有功能强大、资源丰富的标准函数库。因此，用户在程序设计时，应该善于充分利用这些函数资源，以提高效率，节省时间。

(2) 用户自定义函数。用户自定义函数就是用户根据自己的需要编写的函数。

2) 函数的定义方式

函数的定义方式是指书写一个函数应有的完整结构或格式，一般为：

返回值类型 函数名 ([形式参数列表]) [编译属性][中断属性][寄存器组属性]
{
局部变量说明
函数体语句
}

对函数定义格式作如下说明：

返回值类型是指本函数返回值的数据类型，若无返回值，则成为无类型(或称空类型)，用 void 表示；若该项要素缺省(或不写明)，则 C51 编译系统默认为 int 类型。

函数名除了 main 函数有固定名称外，其他函数由用户按标识符的规则自行命名。

形式参数用变量名(标识符)表示，没有具体数值；可以是一个或多个(中间用逗号“，”分隔)，或没有形式参数，但圆括号不可少。同时，在列举形式参数变量名时应对该参数的数据类型一并说明(也允许将形式参数说明单独列一行，放在圆括号之外)。

编译属性是指定该函数采用的存储器编译模式，有 Small、Compact 和 Large 3 种选择，缺省时，默认为 Small 模式。

中断属性是指明该函数是否为中断函数；寄存器组属性是指明该函数被调用时准备采用哪组工作寄存器，这两个属性主要用于中断函数，允许缺省。

局部变量是仅应用于本函数内的变量，在执行本函数时临时开辟存储单元进行使用，本函数运行结束即予释放；局部变量说明是说明该变量的数据类型、存储器类型等。

函数体语句是本函数执行的任务，是函数运行的主体。

不能颠倒局部变量说明与函数体语句的次序。即一个函数中，所有局部变量说明须放在函数体语句之前，不能插在函数体语句之中，否则 C51 编译器将视作出错。

一对花括号“{ }”是必需的，而且是成对出现的。

根据函数定义时有无形式参数，函数可分为无参数函数、有参数函数和空函数。

无参数函数不能理解为函数内无参数，仅是无外界参数输入，一般也无返回值。因而上述函数格式中的形式参数表就没有了，但括号不能少。

例 2-27　无参数函数延时程序。

```
void   delay1( )                    //定义无类型函数 delay1
{                                   //函数起始
    unsigned int    i=62500;        //定义无符号整型变量(局部变量)，并赋值
    while(--i);                     // while 循环；i = i-1，若 i = 0，则跳出循环
}                                   //循环结束
```

上述 delay1 函数无参数输入，但函数本身有局部参数 i，不输出。在程序中，i 不断减 1，直至 0 才跳出循环，结束程序，从而起到延时作用。调节参数 i 的值，就能调节延时时间。但应注意局部参数 i 的类型是 unsigned int，它的值域为 0～65 535。若 i 的类型改为 unsigned long，值域为 0～4 294 967 295，则延时时间可进一步延长。

有参数函数可以有一个或多个形式参数，调用时必须将形式参数转换为实际参数；函数内部的局部变量须在函数局部变量说明中定义。

例 2-28　有参数函数延时程序。

```
#include<reg51.h>               //头文件包含访问 sfr 库函数 reg51.h
void delay(unsigned int i)      //定义无类型函数 delay，无符号整型形式参数 i
{                               //自定义函数 delay 开始
    unsigned char    j;         //定义无符号字符型局部变量 j
    for(; i>0; i--)             //外循环，若 i>0，则执行循环后，i = i-1
        for(j=244; j>0; j--);       //内循环，循环初值 j = 244，若 i>0，则 j = j-1
}                               //自定义函数 delay 结束
void main( )                    //无类型主函数
{                               //主函数开始
    P1=0;                       // P1 口输出全为 0
    delay(2000);                //调用延时函数 delay，使形式参数变为实际参数, i = 2000
    P1=0xff;                    // P1 口输出全为 1
}                               //主函数结束
```

上述 delay 函数有一个形式参数 i，主函数调用时，需给 i 赋值，即将形式参数变为实际参数，本例中 i = 2000。在 delay 函数体外调节 i 值，就可得到不同的延时时间，相比前一个例子中无参数延时函数 delay1，在使用时方便和快捷。若将 delay 函数中的局部参数 j 也定义为形式参数(定义为整型变量)，则可以进一步扩大延时时间。

空函数内无语句，不执行任何操作，只需写明类型说明和函数名即可。例如：

```
void  dummy( )
{; }
```

主函数调用时，只需要写上“dummy( );”。空函数的作用主要是预留一个位置，以便日后程序功能扩展。

2. 函数的参数和返回值

C51 函数之间可以进行数据传递。一种是数据输入，其形式是主调用函数的实际参数向被调用函数的形式参数传递；另一种是数据输出，被调用函数的运行结果向主调用函数返回。

1) *函数的参数*

函数的参数有形式参数和实际参数之分。形式参数(简称为形参)是定义函数时在函数名后面括号中的变量，可以是基础类型、指针类型和数组等。实际参数(简称为实参)是主调用函数调用被调用函数时赋给形式参数的实际数值。实际参数可以是常量，也可以是变量或表达式，但必须有确定的值，且两者的数据类型必须一致，否则会发生“类型不匹配”的错误。调用函数时，形参与实参之间的传递是单方向的，只能是主调函数向被调用函数传递，即只能是实参传递给形参，其好处是：

(1) 提高了函数的通用性与灵活性，使一个函数能对变量的不同函数值进行功能相同的处理，如例 2-28 的程序，在调用时根据需要去给形式参数 i 赋值，就可得到不同的延时时间。

(2) 提高 80C51 内存空间的利用率。函数的形式参数和局部变量在函数调用前并不占用的存储单元全部释放，因此，可大大提高 80C51 内存的利用率。同时，这些局部变量和形式参数的变量名可与其他函数体中的变量同名。

例 2-29　试编制一个能根据 n 值计算 $\sum n$ 的程序。

在前述举例中介绍过 $\sum_{n=1}^{100} n = 1+2+\ldots+100$ 的程序，本例中 n 的值不定，由外部输入。

C51 编程如下：

```
#include<reg51.h>                //头文件包含访问 sfr 库函数 reg51.h
#include<stdio.h>                //头文件包含基本输入输出库函数 stdio.h
#define uint unsigned int        //用 uint 表示 unsigned int
int  sum(uint n)                 //定义整型函数 sum，形式参数 n(无符号整型)
{  uint  i;                      //定义局部变量 i(无符号整型)
   for(i=n-1; i>=1; i--)         //for 语句：初值 n−1；条件 i≥1，循环更新 i = i−1
      n=n+i;                     //累加∑n
      return  n; }               //将累加值返回到主调用函数，子函数结束
void  main()                     //无类型主函数
{  uint  n, s;                   //定义无符号整型变量 n、s
   scanf("%u", &n);              //输入 n 值(无符号十进制整数)
   s=sum(n);                     //调用求累加和函数 sum，n 为实际参数
```

```
    printf("n=%u, sum=%u\n", n, s);        //输出累加和值
    while(1);                              //原地等待
}
```

若输入 n = 100，则程序运行结果为：sum = 5050

需要注意的是，调用和运行上述程序，应事先估算累加值不能超出变量的值域，否则修改变量的数据类型，扩大值域。

上述程序中，主调用函数 main 和被调用函数 sum 均有参数 n，使用相同的参数名，但都是局部变量，sum 函数中 n 是形式参数；函数被调用运行期间，n 被用做累加和变量，不断增值，最后，n 还被用做 sum 函数的返回值。main 函数中的 n 是实际参数，在调用 sum 函数前，n 被赋予确定数值；调用 sum 函数时，实现实参向形参的传递。

2) 函数的返回值

被调用函数调用时，临时开辟存储单元，寄存函数中的形式参数和局部变量；调用结束退出后，临时开辟的单元全部释放，可以提高 80C51 内存空间的利用率。但是，这也带来了一个问题，即：如果还需要用到被调用函数中执行某段程序的结果，然而调用该函数已经结束，存储单元被释放，程序运行的结果就找不到了。因此，需要把这个结果(称为函数值或函数返回值)返回给调用函数。返回语句的一般形式为：

return　　表达式；

例如，例 2-29 中“return n;”就是返回语句，n 是 sum 函数的返回值，返回给主函数 main。

例 2-30　试编制一个能比较两个数大小，返回其中较大值的函数，并要求在主函数中调用，输出较大值。

C51 编程如下：

```
#include<reg51.h>                          //头文件包含访问 sfr 库函数 reg51.h
#include<stdio.h>                          //头文件包含基本输入输出库函数 stdio.h
#define   uchar   unsigned   char          //用 uchar 表示 unsigned char
uchar max(uchar   a, b)                    //定义较大值函数 max，形式参数 a、b
{  if(a>b) return   a;                     //if 条件语句：若 a>b，则返回较大值 a
   else return   b; }                      //若 a<b，则返回较大值 b
void   main( )                             //无类型主函数
{  uchar   x, y;                           //定义无符号字符型变量 x、y
   scanf("%bx%bx", &x, &y);                //输入 x、y 值(无符号字符型十六进制整数)
   printf("x=%bu, y=%bu\n", x, y);         //输出 x、y 值(无符号字符型十进制整数)
   printf("max=%bu\n", max(x, y));         //输出较大值，以“max(x, y)”的返回值替代%bu
   while(1);                               //原地等待
}
```

若输入 x=0x64，y=0xc8，则程序运行结果：x=100，y=200，max=200。

上例中，比较两数大小的子函数，花括号内若不用 if 选择语句，也可直接用条件运算符选择语句，改为“{return((a＞b)? a:b);}”，效果相同。最后第二条语句中，实参 x、y(已

赋值)代替形参 a、b，max(a，b)函数的返回值被输出。

需要说明的是：① 函数的返回值只能通过 return 语句，但只能返回 a 与 b 其中一个。② 函数的返回值必须与函数的类型一致。例如上例中，max 函数的类型为 unsigned char，而返回值的类型也是 unsigned char。若不相同，则按函数类型自动转换。③ 允许函数没有返回值，但为减少出错和提高可读性，凡是不需要返回值的函数均宜明确定义为无类型 void。④ 无类型函数不能使用 return 语句。

3) 指针变量作为函数的形式参数

函数的形式参数不仅可以是字符型、整型或实型，还可以用指针变量，其作用是将一个变量的地址传递到另一个函数中去，这种函数传递称为地址传递。需要说明的是，地址传递的结果具有双向性，若在被调用函数中该地址存储单元中的内容发生了变化，在调用结束后这些变化将保留下来，即其结果会被返回到主调用函数。

例 2-31　已知字符变量 a、b 分别存在内 RAM，试用指针变量做函数参数，编制一个交换两个变量数据的子函数，并在主程序中调用，输出交换后数据。

编写 C51 程序如下：

```
#include<reg51.h>                    //头文件包含访问 sfr 库函数 reg51.h
#include<stdio.h>                    //头文件包含基本输入输出库函数 stdio.h
#define uchar   unsigned char        //用 uchar 表示 unsigned char
int   exch(uchar*xp, uchar *yp)      //定义子函数 exch, 形参为指针变量 xp、yp
{   uchar   m=*xp;                   //定义字符型变量 m 存于指针变量 xp，指向变量
    *xp=*yp; *yp=m; }                //指针变量所指向的变量值交换
void   main( )                       //无类型主函数
{   uchar   a, b;                    //定义字符型变量 a、b，并赋值
    uchar   *ap, *bp;                //定义字符型指针变量*ap、*bp
    ap=&a, bp=&b;                    //指针变量 ap、bp 赋值(指向 a、b)
    scanf("%bu, %bu", &a, &b);       //输入 a、b 数据(无符号字符型十进制整数)
    printf("a=%bu, b=%bu\n", a, b);  //输出交换前的 a、b 数据
    exch(ap, bp);                    //调用交换子函数 exch，实参为指针变量 ap、bp
    printf("a=%bu, b=%bu\n", a, b);  //输出交换后的 a、b 数据
    while(1);                        //原地等待
}
```

从上述程序可以看到，在子函数 exch 中，指针变量 xp、yp(实际是实参指针变量 ap、bp)所指向的变量值发生了交换，exch 被调用结束后，虽然 exch 中的局部变量 xp、yp 不复存在(被释放)，但实参指针变量 ap、bp 所指向的变量值交换被保留了下来。因此，可以得出这样的结论：被调用函数虽然不能改变实参指针变量本身的值，但可以改变实参指针变量所指向的变量值。即运用指针变量参数，可使主调用函数得到另类“返回值”。

4) 数组作为函数的形式参数

函数的形式参数除了基本类型和指针变量外，还可以用数组。通常形式参数数组不指

定大小，仅在数组名后跟一个空方括号；另设一个形式参数作为数组元素个数，这样可适用于不同大小的数组。用数组作函数的参数时，并不是把数组值传递给形式参数，而是将实际参数数组起始地址传递给形式参数数组，这样就使两个数组占用同一段存储单元。一旦形式参数数组某元素值发生变化，就会导致实际参数数组相应元素值随之变化。因此，数组参数传递也属于地址传递。

例 2-32　已知数组含有 10 个元素，试编程，找出其中最小的元素值。

编写 C51 程序如下：

```
#include<reg51.h>                           //头文件包含访问 sfr 库函数 reg51.h
#include<stdio.h>                           //头文件包含 I/O 库函数 stdio.h
char   min(char   ary[], n)                 //定义子函数 min，形参为 ary[]，元素为 n 个
{   char   min, i;                          //定义字符型变量 min(最小值)、i(序号)
    min=ary[0];                             // min 赋初值
    for(i=1; i<n; i++)                      // for 循环：初值 i=1，条件 i<10，循环更新 i++
        if(ary[i]<min)   min=ary[i];        // if 语句：若元素值小于 min，则 min 值更新
        return   min; }                     //返回 min 值，子函数 min 结束
void   main( )                              //主函数
{   char   i, min_a;                        //定义字符型变量 i、min_a
    char   a[10]={6, 5, 7, 9, 1, 3, 0, 8, 4, 2};   //定义数组 a 并赋值
    for(i=0; i<10; i++)                     // for 循环：初值 i=1，条件 i<10，循环更新 i++
        printf("a[%bd]=%bd\n", i, a[i]);    //输出数组 a 每一元素值
        min_a=min(a, 10);                   //调用子函数 min，实参为 a，元素个数为 10
        printf("minimun is %bd\n", min_a);  //输出最小值
    while(1);                               //原地等待
}
```

以上程序通过运行，运行结果：输出数组 a 每一元素值及“minimum is 0”。

3. 函数的调用

C 语言中的函数在定义时都是相互独立的，即在一个函数中不能再定义其他函数。函数不能嵌套定义，但可以互相调用。调用规则是：主函数 main 可以调用其他函数；普通函数之间也可以互相调用，但普通函数不能调用主函数 main。

因此，一个 C51 程序的执行过程是从 main 函数开始的，调用其他函数后再返回到主函数 main 中，最后在主函数 main 中结束程序运行。

1) 函数调用说明

函数调用与函数定义不分先后，但若调用在定义之前，则调用前必须先进行函数说明。规则如下：

(1) 若是库函数，则须在头文件中用 #include<函数库名.h>包含指明。

(2) 若是自定义函数，并出现在主调用函数之前，则可不加说明直接调用。

(3) 若自定义函数出现在主调用函数之后，则须在主调用函数中先说明被调用函数，而后才能调用。

函数调用说明格式如下：

　　返回值类型　函数名(形式参数表);

函数说明格式从形式上看与函数定义格式相似，但实际含义完全不同。函数定义是对函数功能的确立，圆括号“( )”后没有分号“;”，定义尚未结束，后面应有一对花括号“{ }”括起的函数体，组成整个函数单位。而函数说明仅说明了函数返回值类型和形式参数，是一条语句，圆括号“( )”后用分号“;”表示结束。而且，C语言规定，不能在一个函数中定义另一个函数，但允许在一个函数中说明并调用另一个函数。

2) 函数调用格式

函数调用格式如下：

　　函数名(实际参数表);

对于无参数函数，实际参数表可以省略，但函数名后一对圆括号“()”不能少。对于有参数函数，形式参数必须赋予实际参数；若包含多个实际参数，实际参数数量与形式参数数量应相等；且顺序应一一对应传递；实际参数与实际参数之间应用逗号“,”分隔。

3) 函数被调用的方式

主调用函数对被调用函数的调用可以有以下两种方式。

(1) 作为主调用函数中的一个语句。例如：

```
delay(2000);
```

在这种情况下，不要求被调用函数返回结果数值，只完成某种操作。

(2) 函数结果作为其他表达式的一个运算对象或另一个函数的实际参数。例如：

```
s=sum(n);
max(x, y);
```

在这种情况下，被调用函数必须有返回值。“sum(n)”函数的返回值是$\sum n$，“max(x, y)”函数的返回值是x、y中较大值。

例 2-33　已知循环灯电路如图2-14所示，P1.0～P1.7端口分别接发光二极管，要求该8个发光二极管循环点亮(低电平有效)，每次点亮时间约1 s。

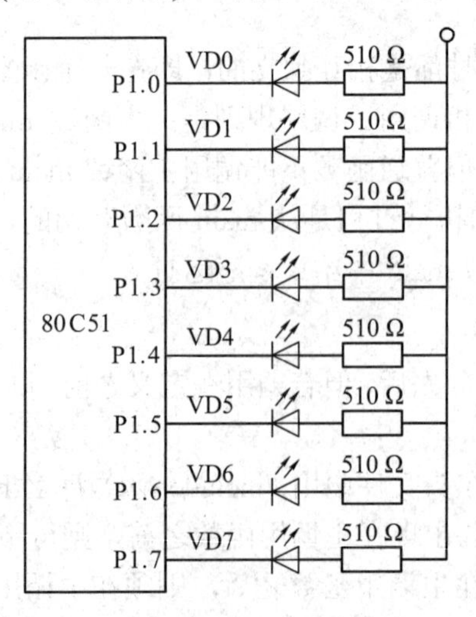

图 2-14　循环灯控制电路

该题目可用 2 种常用方法来编程，C51 编程如下。

方法一：数组查询法。利用数组赋值给 P1 口输出对应数值。

```
#include<reg51.h>             //头文件包含访问 sfr 库函数 reg51.h
void delay(unsigned int  i)   //定义无类型延时函数 delay
{
    unsigned char   j;        //定义无符号字符型变量 j
    for(; i>0; i--)           // for 循环语句：若 i > 0，则 i = i - 1
        for(j=244; j>0; j--)  // for 循环语句：初值 j = 244，若 j > 0，则 j = j - 1
}
void   main( )                //无类型主函数
{
    unsigned char   L[8]={0xfe, 0xfd, 0xfb, 0xf7, 0xef, 0xdf, 0xbf, 0x7f}; //定义循环灯组 L
    unsigned char   n;        //定义无符号字符型变量 n
    for(; ; )                 //无限循环
        for(n=0; n<8; n++)    //循环执行以下循环体语句
        {
            P1=L[n];          // P1 口赋值为数组中亮灯状态字
            delay(2000);      //调用延时子函数 delay，实参为 2000，延时约 1 s
        }
}
```

方法二：循环移位法。上述主程序中灯的循环控制也可以用位逻辑移位的方法来实现，利用左移位循环再赋值给 P1 口。

```
#include<reg51.h>             //头文件包含访问 sfr 库函数 reg51.h
void delay(unsigned int  i)   //定义无类型延时函数 delay
{
    unsigned char   j;        //定义无符号字符型变量 j
    for(; i>0; i--)           //for 循环语句：若 i>0，则 i=i-1
        for(j=244; j>0; j--)  //for 循环语句：初值 j=244，若 j>0，则 j=j-1
}
void   main( )                //无类型主函数
{
    unsigned char   X;        //定义无符号字符型变量 X，用于寄存 P1 口亮灯状态
    unsigned char   n;        //定义无符号字符型变量 n，用于循环次数
    for(; ; )                 //无限循环
    {  X=0x01;                //X 赋值为亮灯状态字初值
       P1=~X;                 //P1.0 端灯先亮
       delay(2000);           //延时约 1 s
       for(n=0; n<8; n++)     //循环执行以下循环体语句
       {  P1=~(X=X<<1);       //X 中的值先左移位，再取反，从 P1 口输出
```

```
            delay(2000);        //调用延时子函数 delay, 实参为 2000, 延时约 1 s
        }
    }
}
```

4) 函数嵌套调用

在 C 语言中，函数不但可以互相调用，而且允许嵌套调用。即在调用一个函数的过程中，允许这个被调函数调用其他另外的函数。例如：

```
y=sum(max(x, y));
```

本语句调用了 sum 函数，而 sum 函数又调用了 max 函数。

需要注意的是，函数可以相互嵌套调用，但函数不能嵌套定义，C 语言中函数的定义都是相互平行、相互独立的，也就是说在函数定义时，函数体内不能包含另一个函数的定义，例如：

```
int  sum(unsignde char  n )
{  unsigned char  max(unsigned char  x, y)
   {…}
}
```

上面所举例为函数嵌套定义，如果在编程中出现这样的情况是错误。

4. 常用库函数

库函数是 C51 在库文件中已经定义好的函数，C51 编译器提供了丰富的库函数(位于 Keil 编程软件安装盘下 KEIL\C51\LIB 目录中)，使用库函数可以大大提高编程效率，用户可以根据需要随时调用。每个库函数都在相应的头文件中给出了函数原型声明，用户若需要调用，则应在源程序的开头采用预处理指令“#include”将有关的头文件包含进来。具体格式如下：

#include<函数库名.h>

include 命令必须以“#”号开头，系统库函数用一对尖括号“<>”括起来。在编程中需要注意，“#include”命令是批处理命令，不是 C 语言语句，因此不能在末尾加分号“；”。“#include”命令起到文件包含的作用，文件包含的作用是把另一个文件的内容复制到本包含命令所在位置，从而把指定的文件和当前的源程序文件连接成一个源文件。

“#include”语句除上面的使用格式外，也可以写成如下格式：#include“函数库名.h”，将前述格式中的尖括号变成双引号。使用“<>”尖括号与双引号的意义是不同的。使用尖括号时，程序首先在编译器头文件所在目录下搜索头文件，而使用双引号时，程序首先搜索项目文件所在目录，然后再搜索编译器头文件所在目录，二者的搜索顺序刚好相反。

在使用 C51 语言对 80C51 系列单片机编程时，常常要用到几个重要的库函数，下面将介绍库函数的作用及其在编程中的应用。

1) 访问 80C51 特殊功能寄存器库函数 regxxx.h

regxxx.h 为访问 80C51 系列单片机特殊功能寄存器及其可寻址位的库函数，其中 xxx 为与 80C51 单片机兼容的单片机型号，通常有 reg51.h(对应 51 子系列)和 reg52.h(对应 52 子系列)等。例如，若需在程序中直接引用 80C51 单片机特殊功能寄存器及其有位定义名称的可寻址位，则可在头文件中写入下述预处理命令：

#include<reg51.h>//包含访问 sfr 库函数 reg51.h

需要说明的是：

① C51 编译器对 80C51 片内 21 个特殊功能寄存器(字母要大写)全部作了定义，并赋予了既定的字节地址。若在头文件中用#include 命令包含进来后，可以 MCS-51 标准 SFR 名直接引用。

② 21 个特殊功能寄存器中 11 个 SFR 可进行位操作，而 11 个 SFR 中，只有 6 个 SFR(PSW、TCON、SCON、IE、IP 和 P3)，每一个可寻址位有位定义名称，C51 库函数 reg51.h 对其 MCS-51 中取的位定义名称(必须大写)全部作了定义，并赋予了既定的位地址。只要在头文件中声明包含库函数 reg51.h，就可以按位定义名称直接引用。其余 5 个 SFR(ACC、B、P0、P1 和 P2)，可寻址位没有专用的位定义名称，只有位编号，但这些位编号不符合 ANSI C 标识符要求，例如，ACC.0、P1.0 等(C51 标识符规定不可用小数点)，应该使用关键词 sbit，按“sbit　位变量名=位地址常量”的格式重新定义这些位变量。

2) 输入/输出函数 stdio.h

ANSI C 中的 stdio.h 是字符输入/输出函数，原本用于 PC 标准输入/输出设备，如键盘、显示器等，C51 把它的操作对象改为单片机串行口。需要引用时可用下述指令：

#include<stdio.h>　//包含基本输入/输出库函数 stdio.h

stdio.h 函数包含十余个子函数。其中，最常用的是格式化输出函数 printf 和格式化输入函数 scanf。scanf 函数可于程序运行条件和参数的输入，printf 函数可用于程序运行结果的验证。

(1) 格式化输出函数 printf。printf 函数的功能是用于向标准输出设备按规定格式输出信息(或是字符串)，输出信息可以是执行结果，也可以是提示语，甚至在中文操作系统下输出汉字。调用格式如下：

printf(" 格式化字符串 " ，输出项目表列)

格式化字符串包含 3 种对象，分别为：字符串常量，格式控制字符串，转义字符。

字符串常量原样输出，在显示中起提示作用。输出表列中给出了各个输出项，要求格式控制字符串和各输出项在数量和类型上应该一一对应。其中格式控制字符串是以百分号“%”开头的字符串，在“%”后面跟有各种格式控制符，以说明输出数据的类型、宽度、精度等。格式控制字符串组成为：

%[标志][最小宽度][.精度][类型长度]类型

格式控制字符串中类型是其重中之重，是必不可少的组成部分，其他的各项都是可选部分，一般可以缺省。例如：

```
printf("x=%d, y=%d\n", x, y);
```

用双引号括起来的格式控制字符串，其中“x=”和“y=”是实际能输出的字符串，可以是字母、空格、标点符号和数学运算符等；百分号“%”是格式控制符，紧随其后的字母“d”是格式转换符，用于描述输出的数据类型，C51 的常用格式转换符如表 2-13 所示。“\n”为转义字符，表示换行。双引号后是输出项目表列，有两个以上时，中间要用逗号“，”分隔，其中 x、y 是变量值，须与格式控制字符串中的“%d”依次一一对应。例如，若已知 x 变量为 10，y 变量为 20，则执行上述语句后，实际输出为：“x=10, y=20”。

表 2-13　常用格式转换符

格式转换符	说　明	格式转换符	说　明
%c	单个字符	%s	字符串
%bd、%d、%ld	有符号十进制整数(char、int、long)	%bu、%u、%lu	无符号十进制整数(char、int、long)
%bx、%x、%lx	十六进制整数(char、int、long)	%bX、%X、%lX	十六进制整数(char、int、long)
%f	单精度浮点数，形式为 dddd.dddd	%e	指数浮点数，形式为 d.ddddE±dd

又例如：

```
printf("%s\n", "Welcome");
```

“%s\n”是格式控制字符串，表示输出字符串行换行；双引号后是输出项目表列，但 C51 规定字符串必须用双引号括起来。执行上述语句后，实际输出为：Welcome。

需要注意的是，虽然可以不同形式(十进制、十六进制或字符等)输出数据，但数据类型(char、int、long 等)须与程序中定义的变量类型一致，否则会使输出数据变形出错。

(2) 格式化输入函数 scanf。scanf 函数的功能是在终端设备(例如电脑键盘等)上输入具体的字符和数据，可以读入任何固有类型的数据并自动把数值转换成适当的格式。其调用格式如下：

scanf("格式化字符串"，地址表列)

scanf 函数格式控制串由 3 类字符构成：格式化说明符，空白符，非空白符。

其中，格式控制串的含义和用法与 printf 函数相同，用于对输入变量数据类型的控制；地址表列是输入变量的地址(在变量名前加“&”表示)或数组的首地址。例如：

```
scanf("%bx%bx", &x, &y);
```

用双引号括起来的是格式控制串，%bx 是无符号字符型十六进制整数，描述输入的数据类型。

对于 printf 函数和 scanf 函数来说，在 80C51 单片机程序中使用时，可以通过 80C51 单片机串口与 PC 通信，可实现 PC 键盘输入数据，80C51 单片机程序中格式化输入 scanf 函数接收输入数据，经过 C51 程序运算，最后 printf 函数输出，PC 接收返回 80C51 单片机运算后的结果。这种方法能够达到对 C51 程序的调试和验证。

在使用 80C51 单片机串行口时，须先行初始化，对波特率(根据时钟频率)和工作方式进行设置，典型初始化语句如下：

```
TMOD=0x20;          //定时器 1 工作方式 2
TH1=0xFD;           //设置 9600 波特率
TL1=0xFD;           //设置 9600 波特率
SCON=0x52;          //串口方式 1，允许接收，清发送中断标志位 T1
TCON=0x40;          //设置中断控制，启动定时器 1
```

因此，常用一条复合语句{TMOD = 0x20;TH1 = 0xFD;TL1 = 0xFD;SCON = 0x52;TCON = 0x40;}。

例 2-34　已知数组 a[5]={1a, 2b, 3c, 4d, 5e}，使用 scanf 函数输入其十六进制数组元素，

用 printf 函数输出其十进制数组元素。

编制 C51 程序如下：

```
#include<reg51.h>                    //头文件包含访问 sfr 库函数 reg51.h
#include<stdio.h>                    //头文件包含 I/O 库函数 stdio.h
void  main( )                        //无类型主函数
{   unsigned char  a[5], i;          //定义无符号字符型数组 a 和变量 i
  {  TMOD=0x20; TH1=0xFD; TL1=0xFD; SCON=0x52; TCON=0x40; }      //串口初始化
  for(i=0; i<5; i++)                 //循环初值 i = 0；条件 i < 5；变量更新 i = i+1
     scanf("%bx", a+i);              //串口输入数组 a 数据(无符号字符型十六进制整数)
  for(i=0; i<5; i++)                 //循环初值 i = 0；条件 i < 5；变量更新 i = i+1
     printf("%bu\n", a[i]);          //循环串行输出数组 a 数据(无符号字符型十进制整数)
  while(1);                          //原地等待
}
```

通过串行口调试工具，依次输入数组 a 数据(无符号字符型十六进制整数)：1a、2b、3c、4d、5e，每输入一个数据，按回车键“Enter”，直至最后一个数据输入完毕，按回车键“Enter”后，才会输出数组 a 无符号字符型十进制整数数据：26、43、60、77、94。

3) 绝对地址访问库函数 absacc.h

在前面知识中，已对定义变量的绝对地址作了介绍，其中一种方法是应用库函数 absacc.h。在程序中，若需要对指定的存储单元进行绝对地址访问，则可在头文件中写入下述预处理命令：

```
#include<absacc.h>                  //包含绝对地址访问库函数 absacc.h
```

然后就可以在程序中直接引用绝对地址。引用时，这些绝对地址按字节可分为单字节和双字节；按存储区域又可分为片内 RAM、片外 RAM 页寻址、片外 RAM 和 ROM，具体绝对地址情况如表 2-14 所示。

表 2-14　绝 对 地 址

存储区域	单字节	双字节
data 区(片内 RAM)	DBYTE	DWORD
pdata 区(片外 RAM 页寻址)	PBYTE	PWORD
xdata 区(片外 RAM)	XBYTE	XWORD
code 区(ROM)	CBYTE	CWORD

例 2-35　已知 5 个压缩 BCD 码，存于首地址 0030H 的片外 RAM 连续单元中，试将其分离后存入首地址为 40H 的 10 个片内连续单元中。

编制 C51 程序如下：

```
#include<reg51.h>                    //头文件包含访问 sfr 库函数 reg51.h
#include<absacc.h>                   //头文件包含绝对地址访问库函数 absacc.h
void  main( )                        //无类型主函数
{  unsigned char  i;                 //定义无符号字符型变量 i
   for(i=0; i<5; i++)                //循环初值 i=0；条件 i<5；变量更新 i=i+1
```

```
    {  DBYTE[0x40+i*2]=XBYTE[0x0030+i]&0x0f;      // 40H 至 48H 偶数单元变换数据
       DBYTE[0x40+i*2+1]=XBYTE[0x0030+i]>>4; }    // 41H 至 49H 奇数单元变换数据
    while(1);                                     //原地等待
}
```

若应用关键词“_at_”，则上述程序也可以改编如下：

```
#include<reg51.h>                          //头文件包含访问 sfr 库函数 reg51.h
unsigned char  xdata  a[5]_at_0x0030;      //定义数组 a，绝对地址片外 RAM0030H
unsigned char  data  b[10]_at_0x40;        //定义数组 b，绝对地址片内 RAM40H
void  main( )                              //无类型主函数
{  unsigned char  i;                       //定义无符号字符型变量 i
   for(i=0; i<5; i++)                      //循环初值 i=0；条件 i<5；变量更新 i=i+1
   {  b[2*i]=a[i]&0x0f;                    // 40H、42H、44H、46H、48H 单元变换数据
      b[2*i+1]=a[i]>>4; }                  // 41H、43H、45H、47H、49H 单元变换数据
   while(1);                               //原地等待
}
```

需要注意的是，绝对地址属于全局变量，必须放在文件之初。而且已经定义为绝对地址后，不能再在函数中重复定义，否则系统将视为局部变量。

4) 内联函数 intrins.h

内联函数也称为内部函数，编译时将被直接替换为汇编指令或汇编序列，C51 内联函数如表 2-15 所示。例如，“_nop_”相当于汇编 NOP 指令；“_testbit_”相当于汇编 JBC 指令；“_crol_”相当于汇编 RL 循环左移指令(n 位)；“_cror_”相当于汇编 RR 循环右移指令(n 位)。

表 2-15　C51 内联函数

函数名	原　　型	功 能 说 明
nop	void _nop_(void)	空操作
testbit	bit _testbit_(b)	判断变量 b，b = 1 则返回 1 并清零；b = 0 则返回 0
crol	unsigned char _crol_(unsigned char val，unsigned char n)	8 位变量 val 循环左移 n 位
cror	unsigned char _cror_(unsigned char val，unsigned char n)	8 位变量 val 循环右移 n 位
irol	unsigned char _irol_ (unsigned int val，unsigned char n)	16 位变量 val 循环左移 n 位
iror	unsigned char _iror_ (unsigned int val，unsigned char n)	16 位变量 val 循环右移 n 位
lrol	unsigned char _lrol_ (unsigned long val，unsigned char n)	32 位变量 val 循环左移 n 位
lror	unsigned cha _lror_ (unsigned long val，unsigned char n)	32 位变量 val 循环右移 n 位

例 2-36　根据图 2-14 所示电路图，P1.0～P1.7 端口分别接发光二极管，试用内联函数“_crol_”实现 8 个发光二极管循环点亮。

编制 C51 程序如下：

```
#include<reg51.h>            //头文件包含访问 sfr 库函数 reg51.h
#include<intrins.h>          //头文件包含访问内联函数 intrins.h
```

```
void delay(unsigned int  i)          //定义无类型延时函数delay，无符号字符型形参i
{  unsigned char  j;                 //定义无符号字符型变量j
   for(; i>0; i--)                   // for循环语句，若i>0，则i = i+1
      for(j=244; j>0; j--); }        // for循环语句，j初值244，若j>0，则j = j–1
void  main( )                        //无类型主函数
{  unsigned char  X=0xfe;            //定义无符号字符型变量X并赋值, 用于寄存P1状态
   for(; ; )                         //无限循环
   {  P1=X;                          // P1.0输出低电平，对应灯亮
      delay(2000);                   //调用延时函数延时1 s
      X=_crol_(X, 1); }              //循环左移一位
}
```

5) *数学函数 math.h*

常用的数学函数有求绝对值函数、求平方根函数、指数函数和对数运算函数、三角函数和反三角运算函数、浮点处理函数等。常用数学函数如表2-16所示。

表2-16　C51数学函数

函数原型	功能说明	函数原型	功能说明
char cabs(char x)	计算字符x的绝对值	float cos(float x)	计算浮点数x的余弦值
int abs(int x)	计算整数x的绝对值	float tan(float x)	计算浮点数x的正切值
long labs(long x)	计算长整数x的绝对值	float asin(float x)	计算浮点数x的反正弦值
float fabs(float x)	计算浮点数x的绝对值	float acos(float x)	计算浮点数x的反余弦值
float sqrt(float x)	计算浮点数x的平方根	float atan(float x)	计算浮点数x的反正切值
float exp(float x)	计算自然对数e的x次幂	float sinh(float x)	计算浮点数x的双曲正弦值
float log(float x)	计算浮点数x的自然对数	float cosh(float x)	计算浮点数x的双曲余弦值
float log10(float x)	计算浮点数x以10为底的对数	float tanh(float x)	计算浮点数x的双曲正切值
float pow(float x，float y)	计算x的y次幂	float atan2(float x，float y)	计算浮点数x/y的反正切值
float ceil(float x)	计算最接近浮点数x的最大整数	float fmod(float x，fload y)	计算x除以y的余数
float floor(float x)	计算最接近浮点数x的最小整数	float modf(float x，float *n)	将x分解成整数和小数部分
float sin(float x)	计算浮点数x的正弦值		

5. 自编库函数

在前面介绍了一些常用的库函数，这些库函数是C51编译器所提供的，不需要用户自己编写，需要使用时直接引用即可，非常方便。在一些情况下，用户自己想编写某一段通

用程序，为了便于在其他程序中扩展或移植使用，可像常用库函数一样做成自编库函数或是头文件(以“.h”为扩展名的文件)。格式如下：

```
#ifndef_头文件名_H
#define_头文件名_H
 ⋮
#endif
```

在自编库函数中可以将C51程序中所需头文件或常用库函数用 #include 预处理命令包含进来，可避免头文件重复包含，使得工程的兼容性更好。在“头文件名”左右两侧分别有两个下划线“_”，在这里加两个下划线可以避免宏标识符与其他定义重名，因为在其他部分代码定义的宏或变量，一般都不会出现这样有下划线的名字。

2.4　任务实施

1. 分组讨论、制订任务计划

首先填写计划单，如表 2-17 所示。

表 2-17　汽车转向灯的控制任务计划单

<table>
<tr><td>姓　名</td><td>班　级</td><td>任务分工</td><td rowspan="3">完成任务所用设备、工具、仪器仪表</td><td>设备名称</td><td>设备功能</td></tr>
<tr><td></td><td></td><td></td><td></td><td></td></tr>
<tr><td></td><td></td><td></td><td></td><td></td></tr>
<tr><td></td><td></td><td></td><td rowspan="2"></td><td></td><td></td></tr>
<tr><td></td><td></td><td></td><td></td><td></td></tr>
<tr><td colspan="6">查、借阅资料</td></tr>
<tr><td colspan="2">资 料 名 称</td><td colspan="2">资 料 类 别</td><td>签　名</td><td>日　期</td></tr>
<tr><td colspan="2"></td><td colspan="2"></td><td></td><td></td></tr>
<tr><td colspan="2"></td><td colspan="2"></td><td></td><td></td></tr>
<tr><td colspan="6">项 目 调 试</td></tr>
<tr><td colspan="6">① 硬件电路设计

② 绘制流程图

③ 编制源程序

④ 任务实施工作总结</td></tr>
</table>

续表

调试过程问题记录		记录人
签名：	日期	

2. 按要求设计电路并接线

根据图 2-15 使用 Protel99se 软件设计、绘制硬件电路图。

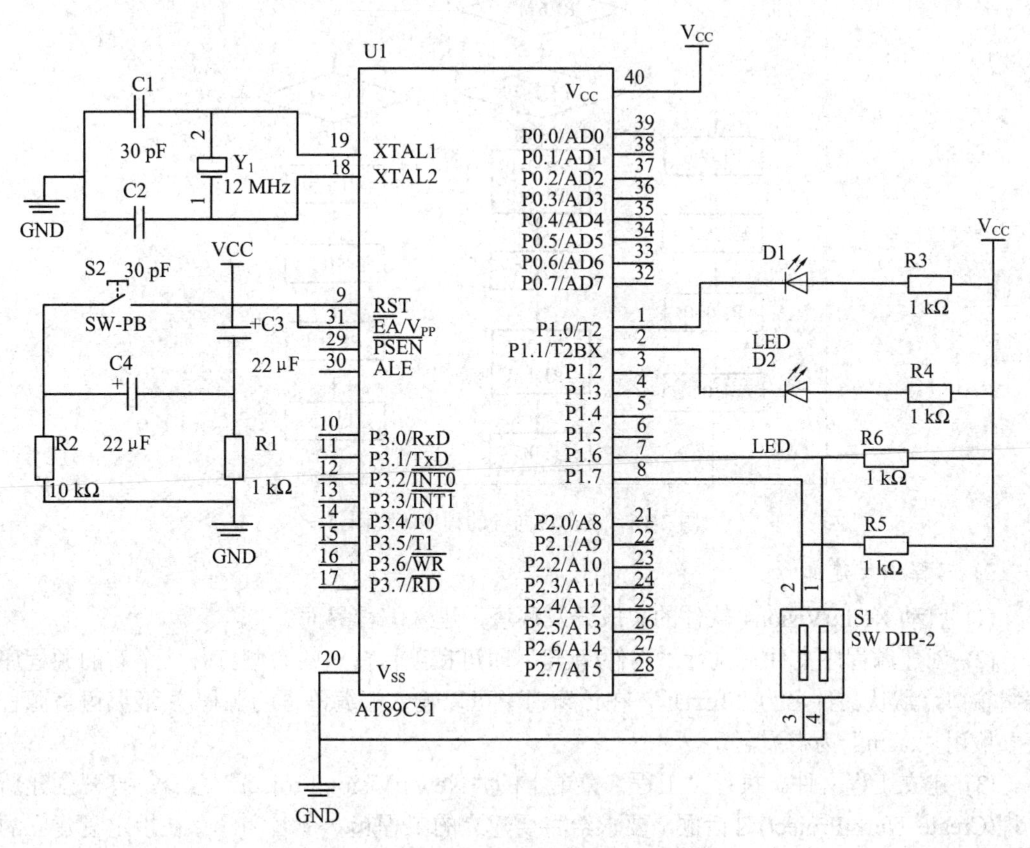

图 2-15　汽车转向灯的控制硬件电路图

本项目需要用到 THMEMU-1 单片机实训设备的 D40 挂箱上的单片机最小应用系统和 8 位逻辑电平显示模块，具体操作步骤如下。

(1) 用 2 根 ϕ2 mm × 100 mm 导线将单片机最小应用系统的 P1.0、P1.1 端接到 8 位逻辑电平显示模块的 L0、L1 端。

(2) 用 2 根 ϕ2 mm × 100 mm 导线连接单片机最小应用系统的 P1.6、P1.7 端接到 8 位逻辑电平输出模块的 K0、K1 端。

(3) 用 2 根 ϕ2 mm × 100 mm 导线分别接单片机最小应用系统的 V_{CC} 端和 GND 端。

(4) 检查各接线无误后，打开相关模块的电源开关。

3. 画流程图、建立工程项目及编写源程序

1) 画流程图

模拟汽车转向灯，当打开左转向开关时，左转向灯闪烁；当打开右转向开关时，右转向灯闪烁；当左、右转向开关同时打开时，左、右转向灯同时闪烁。程序流程图如图 2-16 所示。

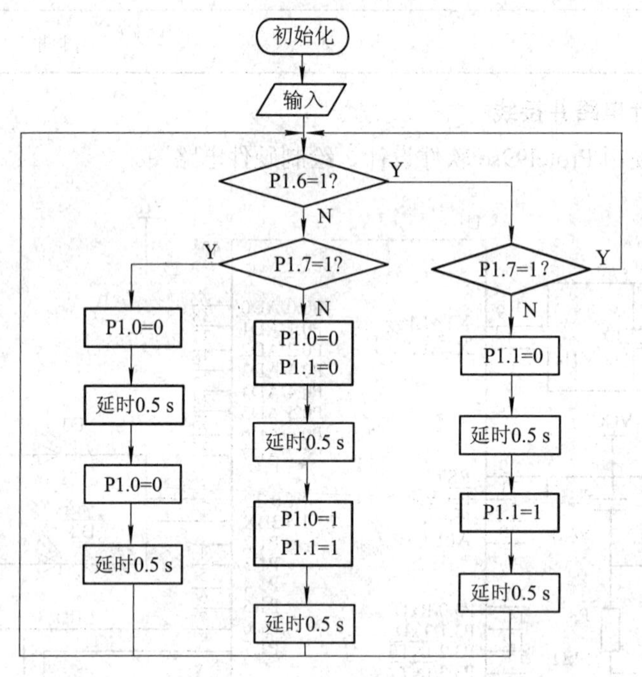

图 2-16　汽车转向灯的程序流程图

2) 工程项目建立

(1) 启动 Keil μVision4 软件的集成开发环境，进入编程界面。

(2) 创建源程序文件。执行“文件/新建”即可在项目窗口的右侧打开一个新的源程序编辑窗口，默认文件名为“Text1”，在该窗口中可以输入汇编语言的源程序(汇编语言源程序一般用“.asm”为扩展名)。

(3) 建立工程文件。执行“工程”菜单下的“New μVision Project”命令，打开创建新工程(Create New Project)对话框，要求给将要建立的工程起一个名字，存在指定盘建立的文件夹中，在对话框的文件名中输入一个名字(假设为实验二)，不需要扩展名，点击“保存”按钮即可。

选择目标 CPU(用户所用芯片的型号)，选择 Atmel。点击 Atmel 前面的“+”号，展开该层，点击选中其中的 AT89C51，然后点击“确定”按钮，回到主界面。弹出“是否添加 Startup Code”提示，选择“否”。

在工程窗口中的“目标 1-源组 1”下添加源文件，点击鼠标右键，出现一个下拉菜单，在菜单中选择“添加文件到组‘源组 1’…”，该对话框下面的“文件类型”默认为 C source file(*.c)，也就是以 C 为扩展名的文件，而我们的文件是以“.asm”为扩展名的，所以在列表框中找不到 program1.asm，要将文件类型改掉，点击对话框中“文件类型”后的下拉列表，找到并选中“Asm Source File(*.a51,*.asm)”，这样，在列表框中就可以找到 program1.asm 文件，双击 program1.asm 文件，将文件加入项目。

(4) 工程详细设置。首先把鼠标放在左边“工程窗口”的“目标 1”上，点击鼠标右键，出现一个下拉菜单，在菜单中选择“为目标‘目标 1’设置选项…”，点击确定后出现一个对话框，这个对话框共有 11 个标签。

首先设置“Target 标签”。设置所选目标 CPU 的最高可用频率值，Xtal(MHz) 后面的数值是晶振频率值，默认值是 24 MHz，正确设置该数值可使显示时间与实际所用时间一致，一般将其设置成与用户的硬件所用晶振频率相同，这里设置为 12 MHz。

其次设置“OutPut 标签”，这里面也有多个选择项，其中 Creat Hex file 用于生成可执行代码文件(可以用编程器写入单片机芯片的 HEX 格式文件，文件的扩展名为.HEX)，默认情况下该项未被选中，如果要写片做硬件实验，就必须选中该项，其他均采用默认即可。

最后设置“Debug 标签”。在 Debug 页面，有两种调试模式，即模拟器调试和仿真器调试。选中 Use Simulator 时是采用 Keil μVision4 模拟器进行调试，即在 Keil μVision4 环境下仅用软件方式即可完成对用户程序的调试。选中 Use 前“ ”，点击下拉菜单选择“Keil Monitor-51 Driver”时是采用 Keil 公司提供的监控程序进行调试，同时在下拉列表框中选择“Keil Monitor-51 Driver”选项。再点击“settings”按钮，进入“Target Setup 设置选项”，用于选择仿真器与计算机的通信端口，选择串行口 COM3，波特率选择 38 400。

设置好以上几项后，其他选项均采用默认，然后按“确定”，返回主界面，至此工程文件建立并设置完毕。

3) 编写源程序

汇编程序如下：

```
    ORG 0000H
    LJMP MAIN
    ORG 0100H
MAIN:MOV P1,#0FFH
S0: JB P1.6,S1
    JB P1.7,S2
    CLR P1.0
    CLR P1.1
    LCALL DELAY50ms
    SETB P1.0
    SETB P1.1
    LCALL DELAY50ms
    SJMP S0
S1:JB P1.7,S3
```

```
    CLR P1.1
    LCALL DELAY50ms
    SETB P1.1
    LCALL DELAY50ms
    SJMP S0
S2: CLR P1.0
    LCALL DELAY50ms
    SETB P1.0
    LCALL DELAY50ms
S3: SJMP S0
    DELAY50ms:
    MOV R5,#5
DY0:MOV R6,#200
DY1:MOV R7,#250
DY2:DJNZ R7,DY2
      DJNZ R6,DY1
      DJNZ R5,DY0
      RET
      END
```

C51 语言程序如下：

```
#include <reg51.h>
#define   uchar   unsigned char
#define   uint   unsigned int
     sbit P10=P1^0;
     sbit P11=P1^1;
     sbit P16=P1^6;
     sbit P17=P1^7;
void delay(uint i)
{
     uint j;
     for(i; i>0; i--)
          for(j=244; j>0; j--);
}
void main()
{
     while(1)
     {
          if(P16==1)
          {
```

```
            if(P17==1)
            {  P10=1;
               P11=1;}
            else
            {P11=0;
               P10=1;
               delay(500);
               P11=!P11;
            delay(00);}
         }
         else
         {
            if(P17==1)
            {P10=0;
               P11=1;
               delay(500);
               P10=!P10;
               delay(500);}
            else
            {  P11=0;
               P10=0;
               delay(500);
               P10=!P10;
               P11=!P11;
               delay(500);}
         }
      }
   }
```

4. 软件、硬件联调

1) 编译、连接及常用调试命令

编译、连接及常用调试命令参见 1.4 节。

2) 结果现象

(1) 当 K1 = 0，K2 = 0 时，左、右转向灯全部熄灭；

(2) 当 K1 = 1，K2 = 0 时，左转向灯亮 0.5 s 灭 0.5 s，以 0.5 s 间隔闪烁，右转向灯熄灭；

(3) 当 K1 = 0，K2 = 1 时，左转向灯熄灭，右转向灯亮 0.5 s 灭 0.5 s，以 0.5 s 间隔闪烁；

(4) 当 K1 = 1，K2 = 1 时，左、右转向灯均以 0.5 s 间隔闪烁。

3) 任务实施注意事项

(1) 汇编语言编程时十六进制立即数遇到最高位为 A～F 时，最高位前必须加 0。而

C51 语言编程时需要注意变量名称和特殊功能寄存器名称字母大小写。

(2) 编程时操作数与操作数之间要用输入法英文状态下的逗号隔开，不要用中文状态下的标点符号。

(3) 程序中最后汇编语言编程必须要以“END”结束程序。C51 语言编程每个函数或复合语句必须成对出现大括号“{}”。

(4) 理解记忆选择分支结构编程方法，汇编语言编程使用 JB、SJMP 指令，C51 语言编程使用 if、if-else、for 指令。

5. 写工作总结

略。

2.5 检查评价

填写考核单，如表 2-18 所示。

表 2-18　汽车转向灯的控制任务考核单

<table>
<tr><td colspan="2">任务名称：汽车转向灯的控制</td><td>姓名</td><td></td><td>学号</td><td></td><td>组别</td><td></td></tr>
<tr><td>项目</td><td>评 分 标 准</td><td>评分</td><td colspan="2">同组评价得分</td><td colspan="3">指导教师评价得分</td></tr>
<tr><td rowspan="2">电路设计
(30 分)</td><td>① 正确设计硬件电路(原理错误每处扣 2 分)</td><td>15 分</td><td colspan="2"></td><td colspan="3"></td></tr>
<tr><td>② 按原理图正确接线(带电接线、拆线每次扣 5 分，接错一处扣 2 分)</td><td>15 分</td><td colspan="2"></td><td colspan="3"></td></tr>
<tr><td rowspan="5">程序编写及调试(40 分)</td><td>① 正确绘制程序流程图(每画错一处扣 2 分)</td><td>10 分</td><td colspan="2"></td><td colspan="3"></td></tr>
<tr><td>② 正确使用 KEIL 编程软件建立项目工程及程序文件，并存储到指定盘符下的文件夹中(不能正确完成此项操作，每次扣 5 分)</td><td>5 分</td><td colspan="2"></td><td colspan="3"></td></tr>
<tr><td>③ 根据 KEIL 编程软件编译提示修改程序错误(调试过程中不会查找错误，每次扣 5 分)</td><td>5 分</td><td colspan="2"></td><td colspan="3"></td></tr>
<tr><td>④ 灵活使用多种调试方法</td><td>10 分</td><td colspan="2"></td><td colspan="3"></td></tr>
<tr><td>⑤ 调试结果正确并且编程方法简洁、灵活</td><td>10 分</td><td colspan="2"></td><td colspan="3"></td></tr>
<tr><td>团队协作
(5 分)</td><td>小组在接线、程序调试过程中，团结协作，分工明确，完成任务(有个别同学不动手，不协作，扣 5 分)</td><td>5 分</td><td colspan="2"></td><td colspan="3"></td></tr>
<tr><td>语言表达能力(5 分)</td><td>答辩、汇报语言简洁、明了、清晰，能够将自己的想法表述清楚</td><td>5 分</td><td colspan="2"></td><td colspan="3"></td></tr>
<tr><td>拓展及创新能力(10 分)</td><td>能够举一反三，采用多种编程方法和实现途径，编程简洁、灵活</td><td>10 分</td><td colspan="2"></td><td colspan="3"></td></tr>
</table>

续表

安全文明操作(10分)	不遵守操作规程扣4分	4分		
	结束任务实施不清理现场扣4分	4分		
	任务实施期间语言行为不文明扣2分	2分		
总分100分				
综合评定得分(40%同组评分＋60%指导教师评分)				
备注：				

思考与练习

1. 80C51单片机汇编语言与C51语言各有何特点？

2. 利用80C51单片机汇编语言进行程序设计的步骤有哪些？

3. 常用的程序结构有哪几种？特点有哪些？

4. 子程序调用时，参数的传递方法有哪几种？

5. 什么是伪指令？常用的伪指令功能有哪些？

6. 设被加数存放在片内RAM的20H.21H单元，加数存放在22H.23H单元，若要求和存放在24 H.25 H中，试编写出16位数相加的程序。

7. 编写一段程序，把片外RAM中1000H～1030H单元的内容传送到片内RAM的30H～60H单元中。

8. 编写程序，实现双字节无符号数加法运算，要求(R1R0)+(R7R6)→(61H60H)。

9. 若80C51的晶振频率为6 MHz，试计算延时子程序的延时时间。

```
DELAY: MOV   R7, #0F6H
LP:    MOV   R6, #0FAH
       DJNZ  R6, $
       DJNZ  R7, LP
       RET
```

10. 在片内RAM的21H单元开始存有一组单字节不带符号数，数据长度为30H，要求找出最大数存入BIG单元。

11. 编写程序，把累加器A中的二进制数变换成3位BCD码，并将百、十、个位数分别存放在内部RAM的50H.51H.52H单元中。

12. 编写子程序，将R1中的2个十六进制数转换为ASCII码后存放在R3和R4中。

13. 编写程序，求片内RAM中50H～59H十个单元内容的平均值，并存放在5AH单元。

14. 设30H单元存放的是$ax^2+bx+c=0$的根的判别式的值。试根据30H中的值，编写程序判别方程根的三种情况。在31H存放0代表无实根；存放1代表有相同的实根；存放2代表有2个不同的实根。

15. 在片内 RAM 30H～4FH 连续 32 个单元中存放字节符号数。求 32 个无符号数之和(设和小于 65 536)并存入内部 RAM 51H.50H 中。

16. 试编程，根据 R2(小于等于 85)中数值实现散转功能。

R2＝0，转向 PRG0

R2＝1，转向 PRG1

⋮

R2＝N，转向 PRGN

17. 在 C 语言中数据类型可分为几种，分别是什么？

18. C51 的数据类型中 bit 与 sbit 之间的区别是什么？

19. C 语言标识符命名规定有哪些？

20. 下列符号中，哪些可以选用作变量名？哪些不可以？为什么？

(1) a3B　(2) 3aB　(3) ∏　(4) +a　(5) −B　(6) _b5_　(7) if　(8) next_

(9) day　(10) e_2　(11) OK?　(12) Integer

21. 已知 x = 8，y = 7，试求下列复合赋值运算结果。

(1) x+=y：　(2) x−=y：　(3) x*=y：　(4) x/=y：　(5) x%=y：　(6) x&=y；

(7) x!=y：　(8) x^=y：　(9) x~=y：　(10) x<<=y：　(11) x>>=y：　(12) x>>=x。

22. 判断下面每条语句的执行结果，填入括号内，之后使用 Keil 软件的单步调试功能进行验证。

```
char i, j, m=4，n=10;
n=n%(m+1);              // m=(    )，n=(    )
n++;                    // n=(    )
i=(m>4)&&(n!=0);        // i=(    )，m=(    )，n=(    )
j=(m>4)||(n!=0);        // j=(    )，m=(    )，n=(    )
```

23. 在 C 语言中，要求参与运算的数值必须是整型的运算符是(　　)。

A．/　B．++　C．*　D．%

24. 以下正确的函数头定义形式是(　　)。

A．int fun(int x, int y)　　B．int fun(int x; int y)

C．int fun(int x, int y);　　D．double fun(int x; y)

25. 若有以下定义，则能使值为 3 的表达式是(　　)。

int k=7，x=12;

A．x%=(k%=5)　　B．x%=(k−k%5)

C．x%=k−k%5　　D．(x%=k)−(k%=5)

26. 下列函数调用中，不正确的是(　　)。

A．max(a, b);　B．max(3, a+b);　C．max(3, 5);　D．int max (a, b);

27. 分别编写有形式参数和无形式参数的延时 0.5 s 的延时函数。

28. 判断下面程序段的执行结果 sum 中的值为多少？

```
unsigned char i, sum;
sum=0;
for(i=1; i<=10; i++)
```

```
    sum=sum+I;
```

29. 试用 for 循环求：sum = 2 + 4 + 6 + ⋯ + 100。

30. 试用 while 循环求：sum = 1 + 3 + 5 + ⋯ + 99。

31. 试编写程序，计算出并输出显示半径 r = 10～15 的圆的面积。

32. 已知数组 b[10]={10, 11, 12, 13, 14}，试求数组元素 b[3]、b[8]的值。

33. 指出下面程序段完成的功能。

```
int i, a[];
for(i=0; i<10; i++)
    a[i]=I;
```

34. 以下描述中正确的是(　　)。

A．数组名后面的常量表达式用一对圆括弧括起来

B．数组下标从 1 开始

C．数组下标的数据类型可以是整型或实型

D．数组名的规则与变量名相同

35. 若有定义“int x, *dp; ”，则正确的赋值表达式是(　　)。

A．dp=&x;　　B．dp=x;　　C．*dp=&x;　　D．*dp=*x;

36. 若有“int a[10]={1, 2, 3, 4, 5, 6, 7, 8, 9, 10}; p=a;”，则数值为 9 的表达式是(　　)。

A．*p+9;　　B．*(p+8);　　C．*p+=9;　　D．p+8;

37. 执行下面程序后，ab 的值为(　　)。

```
int *var, ab;
ab=100; var=&ab; ab=*var+10;
```

任务 3　交通信号灯的控制

3.1　任务描述

用实验台上的 6 个发光二极管模拟十字路口交通信号灯，设 1、3 为南北方向；2、4 为东西方向；每个方向均设有红、绿、黄三种信号灯共 12 个。其亮灭规律是：设初态为 4 个路口的红灯全亮，延时 0.5s 后熄灭 1、3 路口的红灯，点亮 1、3 路口的绿灯，1、3 路口方向可以通车；延时 10s 后 1、3 路口的绿灯熄灭，而黄灯开始秒闪烁 3 次后熄灭，点亮 4 个路口红灯。延时 0.5s 后再熄灭 2、4 路口红灯，点亮 2、4 路口绿灯，2、4 路口方向可以通车。延时 10s 后 2、4 路口的绿灯熄灭，而黄灯开始秒闪烁 3 次后熄灭，点亮 4 个路口红灯，再次切换到 1、3 路口方向，重复上述过程。任务具体要求如下：

(1) 设计电路图并接线。接线要求：1、3 路口红灯接在一起，由 P1.0 控制；2、4 路口红灯接在一起，由 P1.1 控制；1、3 路口黄灯接在一起，由 P1.2 控制；2、4 路口黄灯接在一起，由 P1.3 控制；1、3 路口绿灯接在一起，由 P1.4 控制；2、4 路口绿灯接在一起，由 P1.5 控制。

(2) 编写控制程序并进行联调(10s 延时采用定时器中断方式编程)。

3.2　任务目标

1. 能力目标

(1) 能灵活使用中断、定时/计数器编写综合应用程序。

(2) 能设计有中断、定时/计数器的单片机应用系统。

(3) 能灵活使用各种程序结构设计方法，具备编写复杂程序的能力。

(4) 能用开发系统调试定时/计数器、中断程序。

2. 知识目标

(1) 理解中断系统的概念。

(2) 理解中断系统的工作过程。

(3) 理解定时/计数器的概念。

(4) 掌握中断、定时/计数器初始化方法。

(5) 学会编写具有中断、定时/计数器的应用程序。

(6) 学会绘制主程序与中断服务程序流程图。

3.3　相关知识

3.3.1　80C51 中断系统

1. 80C51 中断概述

中断系统是计算机的重要组成部分，实时控制、故障自动处理、计算机与外围设备之间的数据传送往往采用中断系统。中断系统的应用大大提高了计算机效率。

1) 中断的概念

CPU 暂时中止其正在执行的程序，转去执行请求中断的那个外设或事件的服务程序，等处理完毕后再返回执行原来中止的程序，这就叫做中断。执行过程如图 3-1 所示。

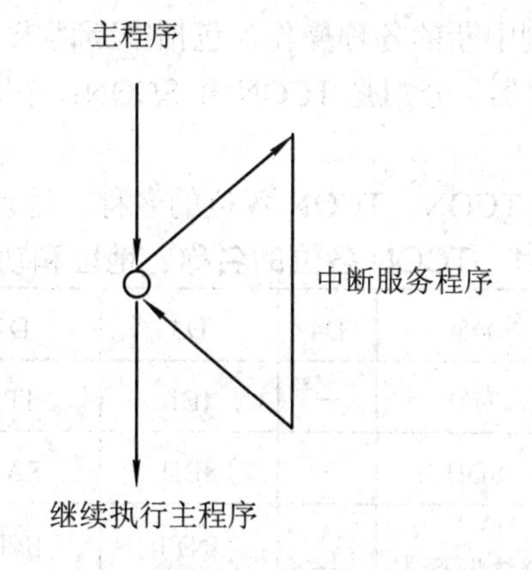

图 3-1　中断执行过程

2) 设置中断的作用

设置中断的作用如下。

(1) 提高 CPU 工作效率。设置中断可以解决快速的 CPU 与慢速的外设之间的矛盾，使 CPU 与外设同时工作。CPU 启动外设工作后继续执行主程序，同时外设也在工作，当外设完成工作后发出中断申请，请求 CPU 中断它正在执行的主程序，转去执行中断服务程序，中断处理完后，CPU 继续执行主程序，外设也继续工作，这样 CPU 的工作效率就大大提高了。

(2) 具有实时处理功能。在实时控制系统中，现场各种参数和状态的变化是随机发生的，要求 CPU 快速做出响应、及时处理。有了中断系统，就可以把这些参数和状态的变化作为中断信号随时向 CPU 发出中断请求，请求 CPU 及时处理，从而实现实时处理。

(3) 具有故障处理功能。单片机应用系统在运行过程中经常会出现一些故障，如掉电、硬件自检错误、运算溢出、存储出错等，可以把这些故障信号作为中断请求信号向 CPU 发出中断请求，CPU 转到相应的故障处理程序进行处理。

(4) 实现分时操作。单片机应用系统在控制多个外设同时工作时，可以利用定时器，到一定时间产生中断，在中断服务程序中控制这些外设工作。

2. 中断源和中断控制寄存器

1) 中断源

中断源是指能发出中断请求、引起中断的装置或事件。80C51 有 5 个中断源，其中 2 个为外部中断源，3 个为内部中断源。

(1) $\overline{\text{INT0}}$——外部中断 0，中断请求信号由 P3.2 输入，入口地址为 0003H。

(2) $\overline{\text{INT1}}$——外部中断 1，中断请求信号由 P3.3 输入，入口地址为 0013H。

(3) T0——定时/计数器 T0 溢出中断，对外部脉冲进行计数，由 P3.4 输入，入口地址为 000BH。

(4) T1——定时/计数器 T1 溢出中断，对外部脉冲进行计数，由 P3.5 输入，入口地址为 001BH。

(5) 串行口中断(包括串行口接收中断 RI 和串行口发送中断 TI)，入口地址为 0023H。

2) 中断控制寄存器

中断控制寄存器用来控制中断的各项操作，包括中断请求、中断允许和中断优先级控制。中断请求控制有两个寄存器，分别是 TCON 和 SCON；中断允许控制寄存器为 IE；中断优先级控制寄存器为 IP。

(1) 中断请求控制寄存器 TCON。TCON 各位的名称、地址和功能如表 3-1 所示。

表 3-1　TCON 各位的名称、地址和功能

位编号	D7	D6	D5	D4	D3	D2	D1	D0
位名称	TF1	—	TF0	—	IE1	IT1	IE0	IT0
位地址	8FH	—	8DH	—	8BH	8AH	89H	88H
功　能	T1 中断标志	—	T0 中断标志	—	$\overline{\text{INT1}}$ 中断标志	$\overline{\text{INT1}}$ 触发方式	$\overline{\text{INT0}}$ 中断标志	$\overline{\text{INT0}}$ 触发方式

TCON 各位的功能如下：

IT0：$\overline{\text{INT0}}$触发方式控制位。

当 IT0=0 时，$\overline{\text{INT0}}$为电平触发方式(低电平有效)，在此方式下，CPU 响应中断时，不能自动清除 IE0 标志，在中断返回前必须撤除$\overline{\text{INT0}}$引脚的低电平。

当 IT0=1 时，$\overline{\text{INT0}}$为边沿触发方式(下降沿有效)，在此方式下，CPU 响应中断时，能由硬件自动清除 IE0 标志。

IE0：$\overline{\text{INT0}}$中断请求标志位，IE0 = 1 时，表示$\overline{\text{INT0}}$向 CPU 请求中断。

IT1：$\overline{\text{INT1}}$触发方式控制位。其操作功能与 IT0 相似。

IE1：$\overline{\text{INT1}}$中断请求标志位，IE1 = 1 时，表示$\overline{\text{INT1}}$向 CPU 请求中断。

TF0：T0 溢出中断请求标志位，T0 启动后，T0 开始由初值加 1 计数，当产生溢出时，TF0 置 1，向 CPU 请求中断。CPU 响应中断时，能由硬件自动清除 TF0 标志。T0 工作时，CPU 可随时查询 TF0 的状态，所以，采用查询方式时，TF0 可用作查询测试标志。

TF1：T1 溢出中断请求标志位，其操作功能与 TF0 相似。

(2) 中断请求控制寄存器 SCON。SCON 各位的名称、地址和功能如表 3-2 所示。

表 3-2　SCON 各位的名称、地址和功能

位编号	D7	D6	D5	D4	D3	D2	D1	D0
位名称	—	—	—	—	—	—	TI	RI
位地址	—	—	—	—	—	—	99H	98H
功能	—	—	—	—	—	—	串行发送中断标志	串行接收中断标志

CPU 在响应串行发送、接收中断后，TI、RI 不能自动清零，必须由用户用指令清零。

(3) 中断允许控制寄存器 IE。IE 各位的名称、地址和功能如表 3-3 所示。

表 3-3　中断允许控制寄存器

位编号	D7	D6	D5	D4	D3	D2	D1	D0
位名称	EA	—	—	ES	ET1	EX1	ET0	EX0
位地址	AFH	—	—	ACH	ABH	AAH	A9H	A8H
中断源	CPU	—	—	串行口	T1	$\overline{\text{INT1}}$	T0	$\overline{\text{INT0}}$

IE 各位的功能如下：

EX0：$\overline{\text{INT0}}$中断允许控制位。EX0 = 1，$\overline{\text{INT0}}$开中；EX0 = 0，$\overline{\text{INT0}}$关中。

ET0：T0 中断允许控制位。ET0 = 1，T0 开中；ET0 = 0，T0 关中。

EX1：$\overline{\text{INT1}}$中断允许控制位。EX1 = 1，$\overline{\text{INT1}}$开中；EX1 = 0，$\overline{\text{INT1}}$关中。

ET1：T1 中断允许控制位。ET1 = 1，T1 开中；ET1 = 0，T1 关中。

ES：串行口中断允许控制位(包括串行口接收和串行口发送)。ES = 1，串行口开；ES = 0，串行口关。

EA：CPU 中断允许控制位(总允许)。EA = 1，CPU 开中；EA = 0，CPU 关中，且屏蔽所有中断源。

需要注意的是，80C51 对中断实行两级控制，总控制位是 EA，每一中断源及各自的控制位对该中断源开中或关中，首先要使 EA=1，其次还要将自身的控制位置 1。

(4) 中断优先级控制寄存器 IP。IP 各位的名称、地址和功能如表 3-4 所示。

表 3-4　IP 各位的名称、地址和功能

位编号	D7	D6	D5	D4	D3	D2	D1	D0
位名称	—	—	—	PS	PT1	PX1	PT0	PX0
位地址	—	—	—	BCH	BBH	BAH	B9H	B8H
中断源	—	—	—	串行口	T1	$\overline{\text{INT1}}$	T0	$\overline{\text{INT0}}$

IP 各位的功能如下：

PX0：$\overline{\text{INT0}}$中断优先级控制位。PX0 = 1 为高优先级；PX0 = 0 为低优先级。

PT0：T0 中断优先级控制位。PT0 = 1 为高优先级，PT0 = 0 为低优先级。

PX1：$\overline{\text{INT1}}$中断优先级控制位。PX1 = 1 为高优先级，PX1 = 0 为低优先级。

PT1：T1 中断优先级控制位。PT1 = 1 为高优先级，PT1 = 0 为低优先级。

PS：串行口中断优先级控制位。PS = 1 为高优先级，PS = 0 为低优先级。

需要注意的是，同一中断优先级之间中断优先权由高到低的排列顺序为：$\overline{\text{INT0}}$、T0、

$\overline{INT1}$、T1、串行口。

3) 中断优先控制

中断优先控制首先根据中断优先级判断(可编程)，其次再根据中断优先权判断(固定)。中断优先控制的基本原则为：

(1) 高优先级中断可以中断正在响应的低优先级中断。

(2) 同优先级中断不能互相中断。

(3) 同一中断优先级中，若有多个中断源同时请求中断，则 CPU 先响应优先权高的中断，后响应优先权低的中断。

4) 中断处理过程

中断处理过程为“中断请求→中断响应→中断服务→中断返回”。其流程图如图 3-2 所示。

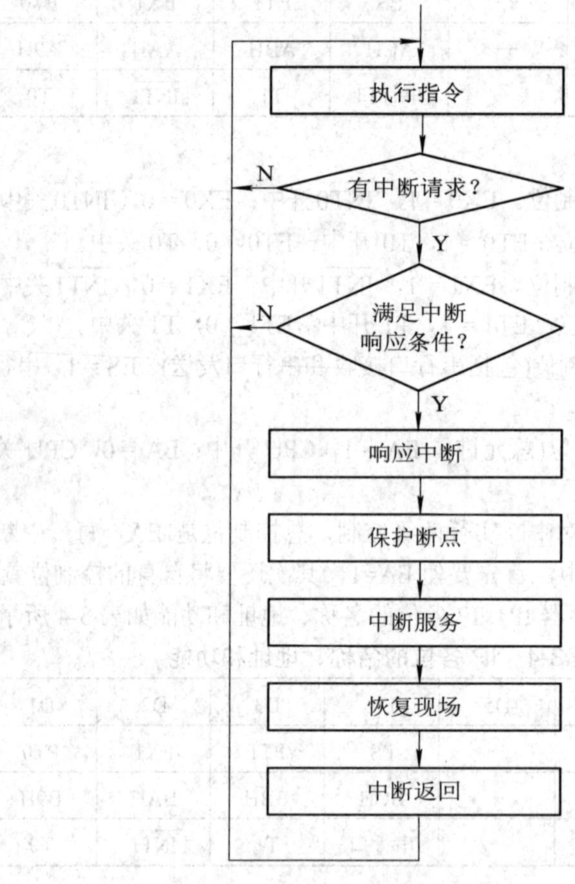

图 3-2　中断处理过程

5) 中断响应条件

(1) 该中断已经“开”。

(2) CPU 此时没有响应同级或更高级中断。

(3) 当前正处于所执行指令的最后一个机器周期。

(4) 正在执行的指令不是 RETI 或者是 IE、IP 指令，否则必须再另外执行一条指令后才能响应。

3. 80C51 中断系统的应用

采用中断方法编制的程序一般要包括中断的初始化和中断服务程序。

1) 中断的初始化

中断的初始化应在产生中断前完成，一般放在主程序中，与主程序其他初始化内容一起完成设置，具体包括如下内容：

(1) 设置堆栈指针；

(2) 定义中断优先级；

(3) 定义外中断触发方式；

(4) 开放中断；

(5) 安排好等待中断或中断前主程序应完成的操作内容。

2) 中断服务程序

中断服务程序包括如下内容：

(1) 在中断服务程序的入口地址设置一条跳转指令，转移到中断服务程序的实际入口处。

(2) 根据需要保护现场。

(3) 执行中断服务程序主体，完成响应操作。

(4) 若是外中断电平触发方式，应撤除中断信号；若是串行收发中断，应对 RI、TI 清零。

(5) 恢复现场。

(6) 中断返回。

例 3-1　信号灯电路如图 3-3 所示，红绿灯每隔 1 s 交替点亮，按下 S1 按键，两个灯同时点亮 2 s，然后又恢复交替点亮。

把 S1 按键信号作为外部中断请求信号，设置边沿触发方式，由于只有一个中断，可以不设置优先级。中断前的操作是两个灯交替点亮，中断服务操作是两个灯同时点亮 2 s。

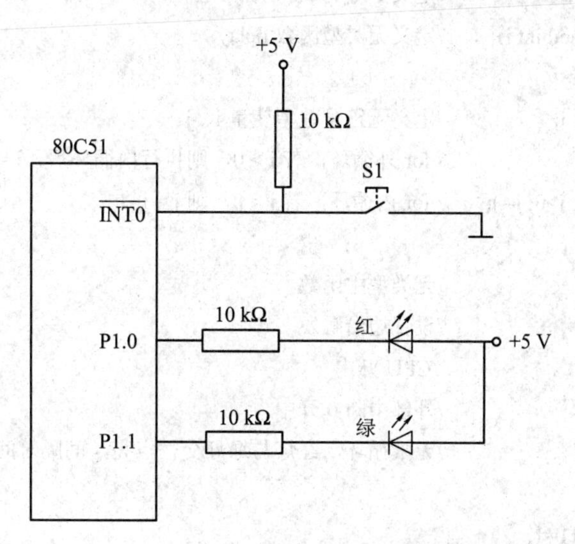

图 3-3　例 3-1 信号灯电路

汇编程序如下：

```
        ORG   0000H            ; 复位地址
```

```
        LJMP   MAIN          ; 转主程序
        ORG 0003H            ; 外部中断 0 入口地址
        LJMP   LINT          ; 转中断服务程序
        ORG    0100H         ; 主程序入口地址
MAIN:   SETB   IT0           ; 设置边沿触发
        SETB   EA            ; CPU 开中
        SETB   EX0           ; 外部中断 0 开中
LOOP:   CLR    P1.0          ; 点亮红灯
        SETB   P1.1          ; 熄灭绿灯
        LCALL  DLY1S         ; 延时 1 s
        SETB   P1.0          ; 熄灭红灯
        CLR    P1.1          ; 点亮绿灯
        LCALL  DLY1S         ; 延时 1 s
        LJMP   LOOP
LINT:   CLR    P1.0          ; 点亮两个灯
        CLR    P1.1
        LCALL  DLY2S         ; 延时 2 s
        RETI
        END
```

C51 编程如下：

```
#include<reg51.h>              //包含访问 sfr 库函数 reg51.h
sbit P10=P1^0;                 //定义 P10 为 P1 口第 0 位
sbit P11=P1^1;                 //定义 P10 为 P1 口第 1 位
void delay(unsigned int i)     //定义无类型函数 delay
{
    unsigned char j;           //定义无符号整型变量 i、j
    for(; i>0; i--)            // for 外循环，若 i > 0，则执行内循环后，i = i-1
        for(j=244; j>0; j--);  // for 内循环，若 j > 0，则 j = j-1
}
void main()                    //无类型主函数
{   IT0=1;                     //设置边沿触发
    EA=1;                      // CPU 开中
    EX0=1;                     //外部中断 0 开中
    while(1)                   //无限循环，红灯与绿灯交替点亮，间隔时间 1 s
    {
        P10=0; P11=1;
        delay(2000);
        P10=1; P11=0;
        delay(2000);
```

```
    }
}
void int0() interrupt 0                    //外中断 0 中断函数 int0
{
    P10=0; P11=0;                          //红灯与绿灯同时点亮 2 s
    delay(4000);
}
```

3.3.2　80C51 定时/计数器

1. 定时/计数器概述

80C51 单片机内部有两个 16 位的可编程定时/计数器，称为定时/计数器 T0 和定时/计数器 T1，通过编程选择其作为定时器用或计数器用。定时器是对内部机器周期脉冲进行计数，计数器是对外部事件(下降沿)脉冲进行计数。另外，外部脉冲的最高频率不能超过时钟频率的 1/24。

2. 定时/计数器的控制寄存器

1) 定时/计数器控制寄存器 TCON

TCON 各位的名称、位地址和功能如表 3-5 所示。

表 3-5　TCON 各位的名称、位地址和功能

TCON	D7	D6	D5	D4	D3	D2	D1	D0
位名称	TF1	TR1	TF0	TR0	IE1	IT1	IE0	IT0
位地址	8FH	8EH	8DH	8CH	8BH	8AH	89H	88H
功能	—	T1 运行控制	—	T0 运行控制	—	—	—	—

TCON 各位的功能如下：

TR0：T0 运行控制位。TR0 = 1 时，T0 运行(T0 是否运行还有其他条件)；TR0 = 0 时，T0 停止。

TR1：T1 运行控制位。其功能与 TR0 相似。

2) 定时/计数器方式控制寄存器 TMOD

TMOD 各位的位名称和功能如表 3-6 所示。

TMOD 字节地址为 89H，不能位操作，设置 TMOD 必须用字节操作指令。

表 3-6　TMOD 各位的名称和功能

TMOD 高 4 位控制 T1				TMOD 低 4 位控制 T0			
门控位	计数/定时器方式选择	定时/计数器工作方式选择		门控位	计数/定时器方式选择	定时/计数器工作方式选择	
GATE	$C/\overline{T}$	M1	M0	GATE	$C/\overline{T}$	M1	M0

TMOD 各位的功能如下：

GATE：门控位。GATE = 0 时，定时/计数器的运行只受 TCON 中的 TR0/TR1 位的控制，即 TR0/TR1 = 1。GATE = 1 时，定时/计数器的运行同时受 TR0/TR1 和外部中断输入信号 $\overline{\text{INT0}}$/$\overline{\text{INT1}}$ 的控制，即 TR0/TR1 = 1 且 $\overline{\text{INT0}}$/$\overline{\text{INT1}}$ = 1。

C/$\overline{\text{T}}$：定时/计数器方式选择。C/$\overline{\text{T}}$ = 0 为定时器方式；C/$\overline{\text{T}}$ = 1 为计数器方式。

M1M0：定时/计数器工作方式选择位，具体功能如表 3-7 所示。

表 3-7　M1M0 的 4 种工作方式

M1M0	工作方式	功　能
00	方式 0	13 位定时/计数器
01	方式 1	16 位定时/计数器
10	方式 2	8 位计数器，初值自动装入
11	方式 3	两个 8 位计数器，仅适用于 T0

3. 定时/计数器的工作方式

1) *方式 0*

如图 3-4 所示，内部计数器为 13 位，由 TL0 作为低 5 位和 TH0 作为高 8 位组成，TL0 低 5 位计满时不向第 6 位进位，而是向 TH0 进位，13 位计满溢出，TF0 置 1，最大计数值 2^{13} = 8192(计数器初值为 0)。用作定时器时，若 f_{osc} = 12 MHz，则最大定时时间为 8192 μs。

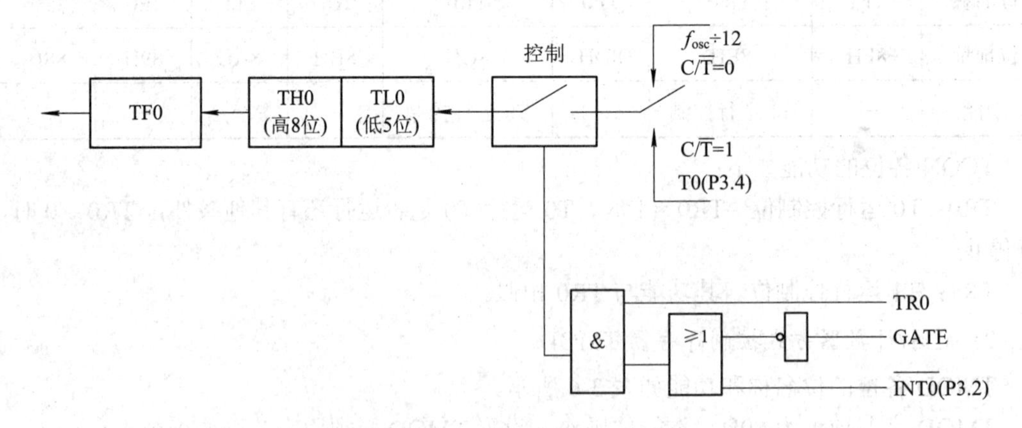

图 3-4　定时/计数器 T0 工作方式 0

2) *方式 1*

如图 3-5 所示，内部计数器为 16 位，由 TL0 作为低 8 位和 TH0 作为高 8 位组成，TL0 低 8 位计满时向 TH0 进位，16 位计满溢出，TF0 置 1，最大计数值 2^{16} = 65 536(计数器初值为 0)。用作定时器时，若 f_{osc} = 12 MHz，则最大定时时间为 65 536 μs。

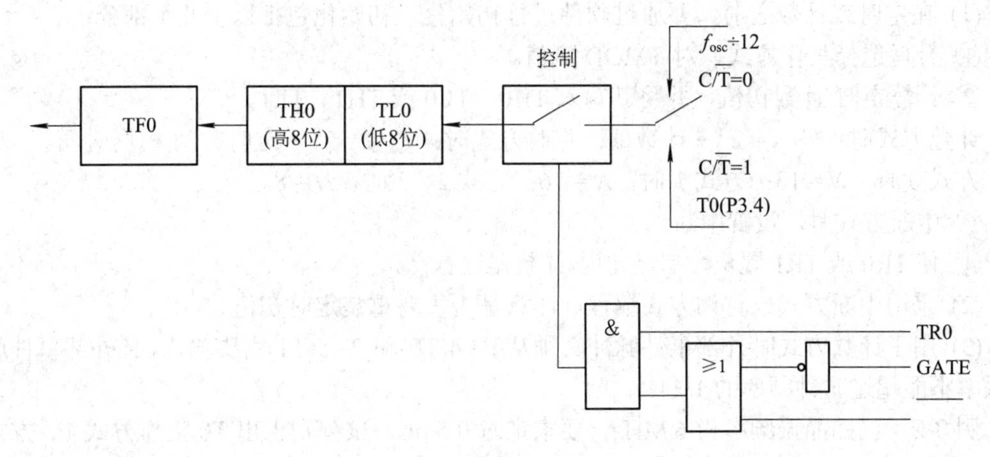

图 3-5　定时/计数器 T0 工作方式 1

3) 方式 2

如图 3-6 所示，内部计数器为 8 位，仅用 TL0 的 8 位计数，8 位计满溢出后，一方面进位 TF0，使溢出标志 TF0 = 1，另一方面，使原来装在 TH0 中的初值装入 TL0，即具有自动重装初值功能，最大计数值 $2^8 = 256$(计数器初值为 0)。

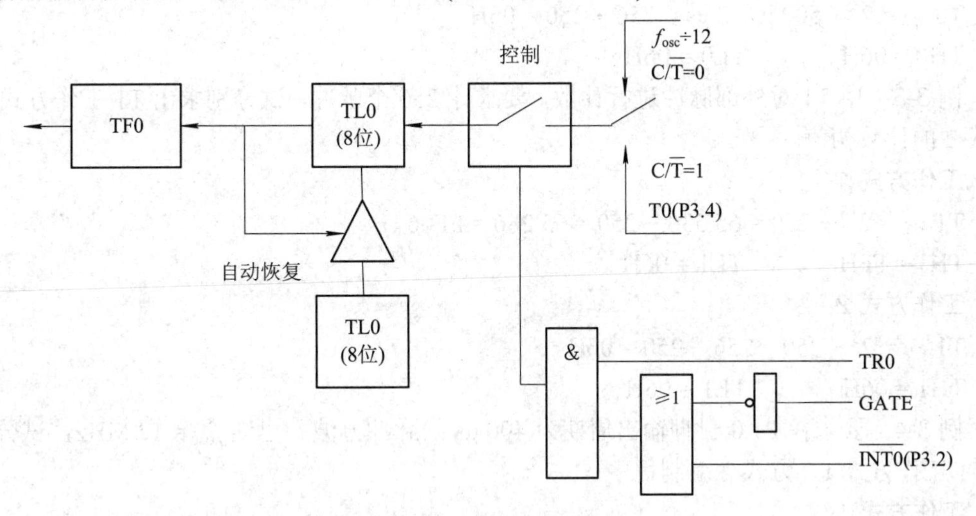

图 3-6　定时/计数器 T1 工作方式 2

4) 方式 3

两个 8 位计数器，只有 T0 有此工作方式。

(1) 在方式 3 情况下，T0 被拆成两个独立的 8 位计数器 TH0、TL0，TL0 使用原有的控制寄存器资源组成一个 8 位的定时/计数器；TH0 借用 T1 的 TF1 和 TR1 组成另一个 8 位定时器，只能对片内机周脉冲计数。

(2) T1 由于其 TF1 和 TR1 被 T0 的 TH0 占用，计数器溢出时，只能将输出信号送至串行口，即用作串行口波特率发生器，T1 工作方式仍可设置为方式 0、方式 1 或方式 2。

4. 定时/计数器的应用

采用定时/计数器编制的程序一般要包括以下内容：

(1) 在定时或计数之前，要通过软件进行初始化。初始化包括以下几个部分：

① 合理选择工作方式，对 TMOD 赋值。

② 计算定时/计数初值，并将其写入 TH0、TL0 或 TH1、TL1。

计数方式时：$T_{初值} = 2^N -$ 计数值；定时方式时：$T_{初值} = 2^N -$ 定时时间/机周时间。

方式 0 时，$N = 13$；方式 1 时，$N = 16$；方式 2、3 时，$N = 8$。

③ 中断方式时，设置中断。

④ 使 TR0 或 TR1 置位，启动定时/计数器运行。

(2) 采用中断方式或查询方式编程，注意是否需要重装定时初值。

(3) 用于计数方式时外部事件脉冲必须从 P3.4(T0)和 P3.5(T1)引脚输入，且外部事件脉冲频率不能超过时钟频率的 1/24。

例 3-2　已知晶振频率为 6 MHz，要求定时 0.5 ms，试分别求出 T0 工作方式 1、方式 2 的定时初值。

工作方式 1：

$T0_{初值} = 2^{16} - 500\ \mu s / 2\ \mu s = 65\ 536 - 250 = 65\ 286 =$ FF06H

TH0 = FFH　　　TL0 = 06H

工作方式 2：

$T0_{初值} = 2^{8} - 500\ \mu s / 2\ \mu s = 256 - 250 =$ 06H

TH0 = 06H　　　TL0 = 06H

例 3-3　用 T1 对外部脉冲进行计数，要求计 250 个脉冲，试分别求出 T1 工作方式 1、方式 2 的计数初值。

工作方式 1：

$T1_{初值} = 2^{16} - 250 = 65\ 536 - 250 = 65\ 286 =$ FF06 H

TH1 = FFH　　　TL1 = 06H

工作方式 2：

$T1_{初值} = 2^{8} - 250 = 256 - 250 =$ 06H

TH1 = 06H　　　TL1 = 06H

例 3-4　要求在 P1.0 引脚输出周期为 400 μs 的脉冲方波，已知 $f_{osc} = 12$ MHz，试分别用 T1 工作方式 1、方式 2 编制程序。

工作方式 1：

设置 TMOD：00010000B = 10H。

计算定时初值：

$T1_{初值} = 2^{16} - 200\ \mu s / 1\ \mu s = 65\ 536 - 200 = 65\ 336 =$ FF38H

TH1 = FFH　　　TL1 = 38H

采用中断方式编制程序如下：

```
        ORG     0000H           ; 复位地址
        LJMP    MAIN            ; 转主程序
        ORG     001BH           ; T1 中断入口地址
        LJMP    LT1             ; 转 T1 中断服务程序
        ORG     0100H           ; 主程序首地址
```

```
MAIN: MOV   TMOD, #10H      ; 置 T1 定时器方式 1
      MOV   TH1, #0FFH      ; 置 T1 初值 200 μs
      MOV   TL1, #38H
      SETB  PT1             ; 置 T1 高优先级
      SETB  EA              ; CPU 开中断
      SETB  ET1             ; T1 开中断
      SETB  TR1             ; T1 运行
      SJMP  $               ; 等待 T1 中断
      ORG   0200H           ; T1 中断服务程序首地址
LT1:  CPL   P1.0            ; 输出波形取反
      MOV   TH1, #0FFH      ; 重置 T1 初值
      MOV   TL1, #38H
      RETI                  ; 中断返回
      END
```

采用软件查询方式编制程序如下：

```
      ORG   0000H           ; 复位地址
      LJMP  MAIN            ; 转主程序
      ORG   0100H           ; 主程序首地址
MAIN: MOV   TMOD, #10H      ; 置 T1 定时器方式 1
      MOV   TH1, #0FFH      ; 置 T1 初值 200 μs
      MOV   TL1, #38H
      SETB  TR1             ; T1 运行
LOOP: JNB   TF1, $          ; 等待 T1 溢出
      CLR   TF1             ; TF1 清零
      MOV   TH1, #0FFH      ; 重置 T1 初值
      MOV   TL1, #38H
      CPL   P1.0            ; 输出波形取反
      SJMP  LOOP
      END
```

C51 编程如下：

```
#include<reg51.h>              //包含访问 sfr 库函数 reg51.h
sbit P10=P1^0;                 //定义 P10 为 P1 口第 0 位
void main()                    //无类型主函数
{
    TMOD=0x10;                 // TMOD=00010000B，置 T1 定时方式 1
    TH1=0xff; TL1=0x38;        //置 T1 定时初值
    IP=0x08;                   //置 T1 为高优先级
    IE=0xff;                   //全部开中
    TR1=1;                     // T1 运行
```

```
    while(1);                          //无限循环，等待 T1 中断
  }
  void t1() interrupt 3                //外中断 0 中断函数 int0
  {
    P10=!P10;                          // P10 取反
    TH1=0xff; TL1=0x38;                //置 T1 定时初值
  }
```

工作方式 2：请学生自己编写。

例 3-5　已知晶振频率为 12 MHz，信号灯电路如图 3-7 所示，要求用定时器 T0 使图中发光二极管 LED1 进行秒闪烁。

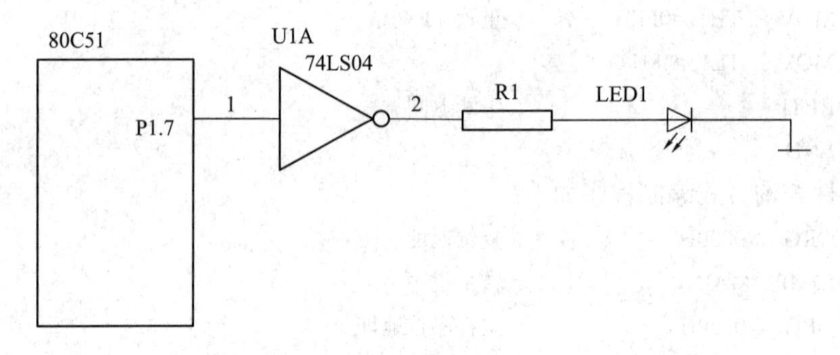

图 3-7　例 3-5 信号灯电路

发光二极管 LED1 进行秒闪烁。即 1 s 内一亮一暗，亮 500 ms，暗 500 ms，晶振频率为 12 MHz，机周为 1 μs，T0 方式 1 最大定时只能为 65 ms，取 50 ms，计数 10 次，即可实现 500 ms 定时。采用中断方式与查询方式编程。

设置 TMOD：000100001B=01H。

计算定时初值：

$T0_{初值} = 2^{16} - 50\,000\ \mu s / 1\ \mu s = 65\,536 - 50\,000 = 15\,536 = 3CB0H$

TH0 = 3CH　　　　TL0 = B0H

采用中断方式编制程序如下：

```
        ORG    0000H
        LJMP   MAIN
        ORG    000BH
        LJMP   LT0
        ORG    0100H
MAIN:   MOV    TMOD, #01H          ; 置 T0 定时器工作方式 1
        MOV    TH0, #3CH           ; 置 T0 计数初值
        MOV    TL0, #0B0H
        MOV    IE, #10000010B      ; T0 开中断
        MOV    R7, #0AH            ; 置 0.5 s 计数初值
        SETB   TR0                 ; 启动 T0
        SJMP   $                   ; 等待 T0 中断
```

```
        ORG     0200H
LT0:    MOV     TH0, #3CH         ; 置 T0 计数初值
        MOV     TL0,#0B0H
        DJNZ    R7, GORET         ; 判断是否到 0.5 s
        CPL     P1.7              ; P1.7 取反
        MOV     R7, #0AH          ; 置 0.5 s 计数初值
GORET:  RETI                      ; 中断返回
        END
```

采用查询方式编制程序如下：

```
        ORG     0000H
        LJMP    MAIN
        ORG     0100H
MAIN:   MOV     TMOD, #01H        ; 置 T0 定时器工作方式 1
        MOV     TH0, #3CH         ; 置 T0 计数初值
        MOV     TL0, #0B0H
        MOV     R7, #0AH          ; 置 0.5 s 计数初值
        SETB    TR0               ; 启动 T0
LOOP:   JNB     TF0, $            ; 等待 T0 溢出
        CLR     TF0               ; 清 T0 溢出标志
        MOV     TH0, #3CH         ; 置 T0 计数初值
        MOV     TL0, #0B0H
        DJNZ    R7, LOOP          ; 判断是否到 0.5 s
        CPL     P1.7              ; P1.7 取反
        MOV     R7, #0AH          ; 置 0.5 s 计数初值
        SJMP    LOOP              ; 跳转 LOOP
        END
```

C51 编程如下：

```
#include<reg51.h>                 //包含访问 sfr 库函数 reg51.h
sbit P17=P1^7;                    //定义 P17 为 P1 口第 7 位
unsigned int m;
void main()                       //无类型主函数
{
   TMOD=0x01;                     //TMOD=00000001B，置 T0 定时方式 1
   TH0=0x3c; TL0=0xb0;            //置 T0 定时初值
   IP=0x02;                       //置 T0 为高优先级
   IE=0x82;                       // T0 开中
   TR0=1;                         // T0 运行
   while(1);                      //无限循环，等待 T1 中断
}
```

```
void t0() interrupt 1                    //外中断 0 中断函数 int0
{
    m=m+1;
    TH0=0x3c; TL0=0xb0;                  //置 T0 定时初值
    if (m==10)
    {
        P17=!P17;                        // p10 取反
        m=0;                             // m 清零
    }
}
```

3.4 任务实施

1. 分组讨论、制订方案

首先填写任务计划单，如表 3-8 所示。

表 3-8　交通信号灯的控制任务计划单

<table>
<tr><td>姓　名</td><td>班　级</td><td>任务分工</td><td rowspan="5">完成任务所用设备、工具、仪器仪表</td><td>设备名称</td><td>设备功能</td></tr>
<tr><td></td><td></td><td></td><td></td><td></td></tr>
<tr><td></td><td></td><td></td><td></td><td></td></tr>
<tr><td></td><td></td><td></td><td></td><td></td></tr>
<tr><td></td><td></td><td></td><td></td><td></td></tr>
<tr><td colspan="6">查、借阅资料</td></tr>
<tr><td colspan="2">资 料 名 称</td><td colspan="2">资 料 类 别</td><td>签　名</td><td>日　期</td></tr>
<tr><td colspan="2"></td><td colspan="2"></td><td></td><td></td></tr>
<tr><td colspan="2"></td><td colspan="2"></td><td></td><td></td></tr>
<tr><td colspan="6">项 目 调 试</td></tr>
<tr><td colspan="6">① 硬件电路设计

② 绘制流程图

③ 编制源程序

</td></tr>
</table>

续表

<table>
<tr><td colspan="4">项 目 调 试</td></tr>
<tr><td colspan="4">④ 任务实施工作总结</td></tr>
<tr><td rowspan="2">调试过程问题记录</td><td rowspan="2" colspan="2"></td><td>记录人</td></tr>
<tr><td></td></tr>
<tr><td colspan="2">签名：</td><td>日期</td><td></td></tr>
</table>

2. 按要求设计电路并接线

交通信号灯电路如图 3-8 所示。

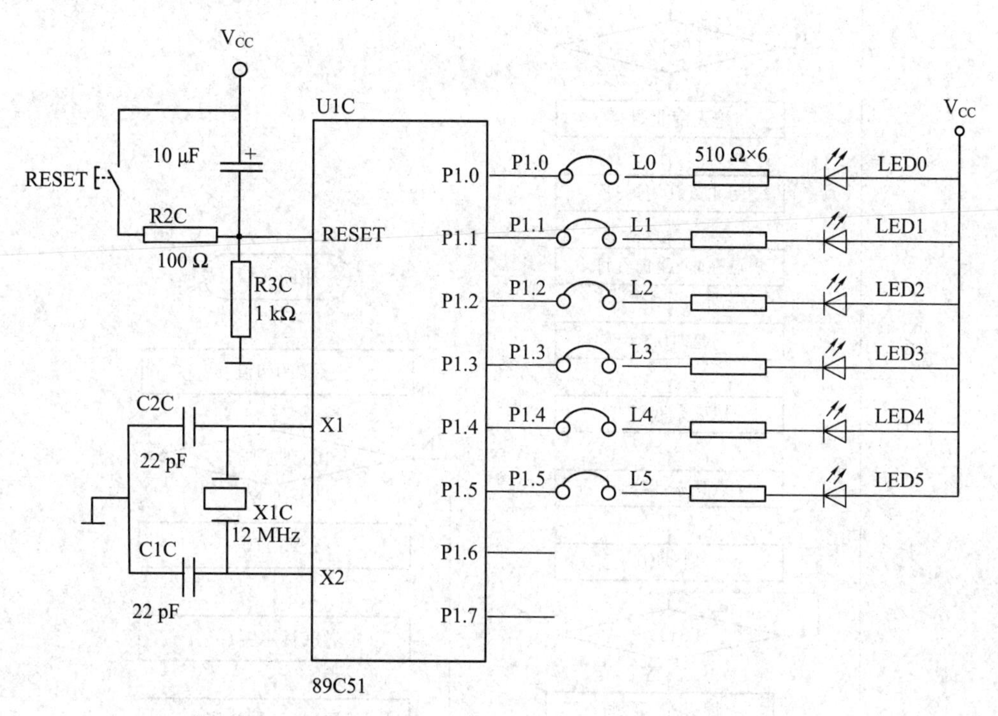

图 3-8　交通信号灯电路

3. 画流程图、编写源程序

主程序流程图如图 3-9 所示。

中断服务程序流程图如图 3-10 所示。

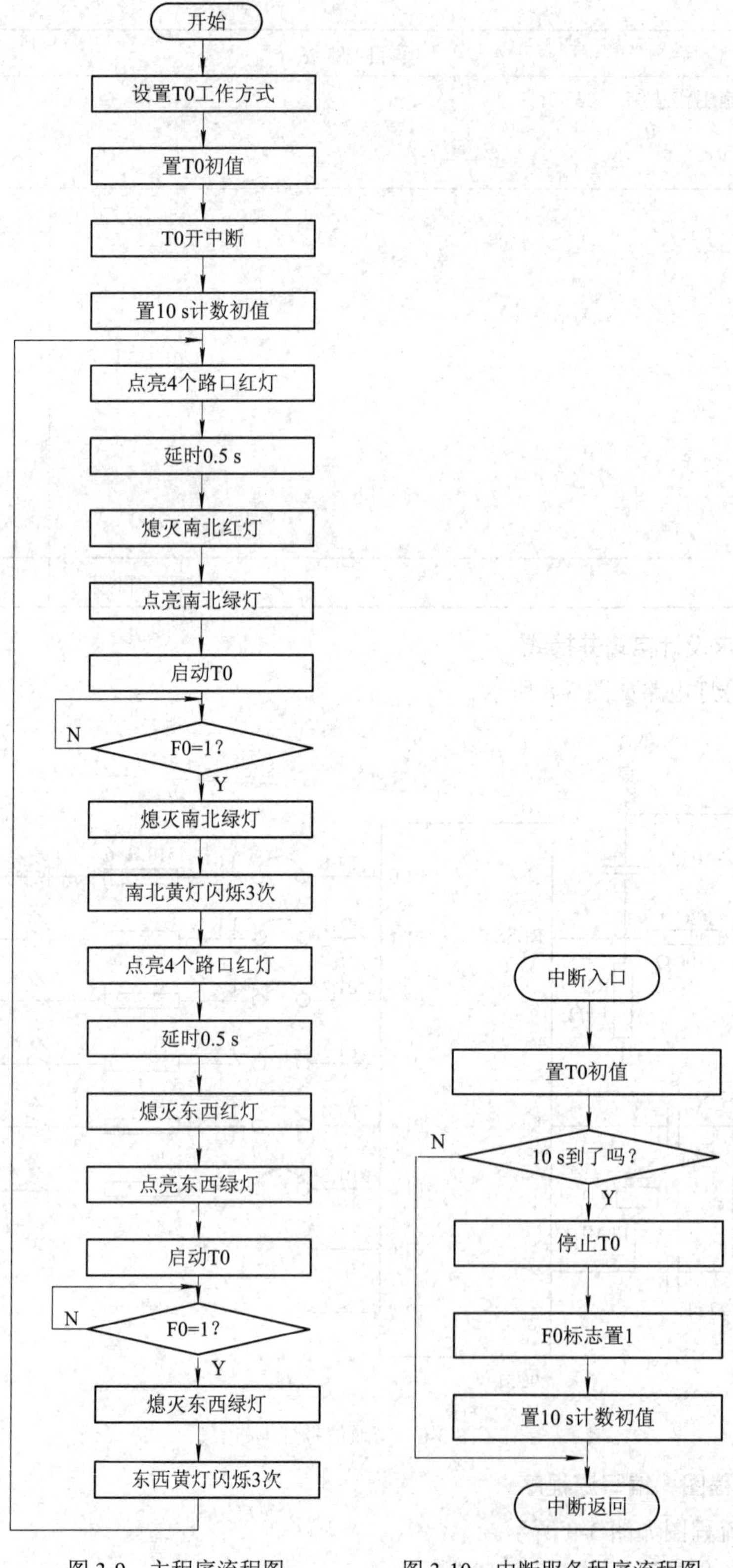

图 3-9　主程序流程图　　　　图 3-10　中断服务程序流程图

汇编程序如下：

```
        ORG     0000H           ; 复位地址
        LJMP    MAIN            ; 转主程序
        ORG     000BH           ; T0 中断入口地址
        LJMP    LT0             ; 转 T0 中断服务程序
        ORG     0100H           ; 主程序首地址
MAIN:   MOV     TMOD, #01H      ; 置 T0 工作方式 0
        MOV     TH0, #3CH       ; 置 T0 计数初值
        MOV     TL0, #0B0H
        MOV     R7, #200        ; 置 10s 计数初值
        SETB    EA              ; CPU 开中断
        SETB    ET0             ; T0 开中断
START:  CLR     P1.0            ; 点亮南北路口红灯
        CLR     P1.1            ; 点亮东西路口红灯
        LCALL DELAY             ; 延时 0.5s
        SETB    P1.0            ; 熄灭南北红灯
        CLR     P1.4            ; 点亮南北绿灯
        SETB    TR0             ; 启动 T0
        JNB     F0, $           ; 判断是否到 10s
        CLR     F0              ; 清 10s 到标志 F0
        SETB    P1.4            ; 熄灭南北绿灯
        MOV     R3, #03H        ; 置南北黄灯闪烁次数
LOOP:   CLR     P1.2            ; 点亮南北黄灯
        LCALL DELAY             ; 延时 0.5s
        SETB    P1.2            ; 熄灭南北黄灯
        LCALL DELAY             ; 延时 0.5s
        DJNZ    R3, LOOP        ; 判断是否达到闪烁次数
        CLR     P1.0            ; 点亮南北红灯
        CLR     P1.1            ; 点亮东西红灯
        LCALL DELAY             ; 延时 0.5s
        SETB    P1.1            ; 熄灭东西红灯
        CLR     P1.5            ; 点亮东西绿灯
        SETB    TR0             ; 启动 T0
        JNB     F0, $           ; 判断是否达到 10s
        CLR     F0              ; 清 10s 到标志 F0
        SETB    P1.5            ; 熄灭东西绿灯
        MOV     R3, #03H        ; 置黄灯闪烁次数
LOOP1:  CLR     P1.3            ; 点亮东西路口黄灯
        LCALL DELAY             ; 延时 0.5s
```

```
        SETB   P1.3              ; 熄灭东西路口黄灯
        LCALL DELAY              ; 延时 0.5 s
        DJNZ   R3, LOOP1         ; 判断是否达到闪烁次数
        LJMP   START             ; 跳转 START
LT0:    MOV    TH0, #3CH         ; 置 T0 计数初值
        MOV    TL0, #0B0H
        DJNZ   R7,LL             ; 判断是否达到 10 s
        CLR    TR0               ; 停止 T0
        SETB   F0                ; 10 s 时 F0 置 1
        MOV    R7, #200          ; 置 10 s 定时初值
        LL: RETI                 ; 中断返回
DELAY:  MOV    R5, #10           ; 0.5 s 延时子程序
DL1:    MOV    R6, #100
DL2:    MOV    R7, #250
DL3:    DJNZ   R7, DL3
        DJNZ   R6, DL2
        DJNZ   R5, DL1
        RET
        END
```

C51 编程如下：

```
#include<reg51.h>              //包含访问 sfr 库函数 reg51.h
#define uint unsigned int      //用 uint 表示 unsigned int
unsigned char k;
sbit P10=P1^0;                 //定义 P10 为 P1 口第 0 位
sbit P11=P1^1;                 //定义 P10 为 P1 口第 1 位
sbit P12=P1^2;                 //定义 P10 为 P1 口第 2 位
sbit P13=P1^3;                 //定义 P10 为 P1 口第 3 位
sbit P14=P1^4;                 //定义 P10 为 P1 口第 4 位
sbit P15=P1^5;                 //定义 P10 为 P1 口第 5 位
void delay();                  //说明无类型函数 delay
void snd();                    //说明无类型函数 snd
void ewd();                    //说明无类型函数 ewd
void main()                    //无类型主函数
{
    TMOD=0x01;                 // TMOD=00000001B，置 T0 定时器方式 1
    TH0=0x3C;                  //置 T0 定时 50 ms 初值
    TL0=0x0B0;
    EA=1;                      // T0 开中断
    ET0=1;
```

```
    PT0=1;                          //置 T0 为高优先级
    while(1)                        //无限循环
    {
        ewd();                      //调用子函数 ewd
        snd();                      //调用子函数 snd
    }
}
void ewd()                          //定义无类型函数 ewd
{
    uint m;                         //定义无符号整型变量 m
    P10=0;                          //点亮南北路口红灯
    P11=0;                          //点亮东西路口红灯
    delay();                        //调用 0.5 s 延时子函数
    P10=1;                          //熄灭南北路口红灯
    P14=0;                          //点亮南北路口绿灯
    TR0=1;                          // T0 运行
    while(!F0);                     // while 循环，若 F0 = 1，则退出循环
    F0 = 0;                         // F0 标志位清零
    P14 = 1;                        //熄灭南北路口绿灯
    for(m = 3; m>0; m--)            // for 循环，南北路口黄灯闪烁 3 次
    {
        P12=0;
        delay();
        P12=1;
        delay();
    }
}
void snd()                          //定义无类型函数 snd
{
    uint n;                         //定义无符号整型变量 n
    P10 = 0;                        //点亮南北路口红灯
    P11 = 0;                        //点亮东西路口红灯
    delay();                        //调用 0.5 s 延时子函数
    P11 = 1;                        //熄灭东西路口红灯
    P15 = 0;                        //点亮东西路口绿灯
    TR0 = 1;                        // T0 运行
    while(!F0);                     // while 循环，若 F0 = 1，则退出循环
    F0 = 0;                         // F0 标志位清零
    P15 = 1;                        //熄灭东西路口绿灯
```

```
        for(n = 3; n>0; n--)            // for 循环，东西路口黄灯闪烁 3 次
        {
            P13=0;
            delay();
            P13=1;
            delay();
        }
    }
    void delay()                        //定义无类型函数 delay 大约延时 0.5 s
    {
        uint i,j;                       //定义无符号整型变量 i、j
        for(i=1000; i>0; i--)           // for 外循环，若 i>0，则执行内循环后，i = i-1
        for(j=244; j>0; j--);           // for 内循环，若 j>0，则 j = j-1
        }
    void t0() interrupt 1               //定义 T0 中断函数 t0
    {
        TH0=0x3C;                       //置 T0 定时 50 ms 初值
        TL0=0xB0;
        k++;
        if(k==200)
        {
            k=0;
            F0 = 1;                     // F0 标志位置 1
            TR0 = 0;
        }
    }
```

4. 软件、硬件联调

1) 编译、连接及常用调试命令

编译、连接及常用调试命令见 1.4 节。

2) 结果现象

在硬件电路接线正确、源程序编写并编译正确、无指令语法错误的前提下，最终任务实施现象与任务描述相同。

3) 任务实施注意事项

(1) 中断与定时器的初始化。

(2) 正确使用中断入口地址。

(3) 如何设置等待中断。

(4) 编程时 0.5 s 延时用软件延时，10 s 延时用定时器。

(5) 子程序调用的应用。

3.5 检查评价

填写考核单，如表3-9所示。

表3-9　交通信号灯的控制任务考核单

<table>
<tr><td colspan="2">任务名称：交通信号灯的控制</td><td>姓名</td><td>学号</td><td>组别</td></tr>
<tr><td>项　目</td><td>评 分 标 准</td><td>评分</td><td>同组评价得分</td><td>指导教师评价得分</td></tr>
<tr><td rowspan="2">电路设计
(30分)</td><td>① 正确设计硬件电路(原理错误每处扣2分)</td><td>15分</td><td></td><td></td></tr>
<tr><td>② 按原理图正确接线(带电接线、拆线每次扣5分，接错一处扣2分)</td><td>15分</td><td></td><td></td></tr>
<tr><td rowspan="5">程序编写及调试(40分)</td><td>① 正确绘制程序流程图(每画错一处扣2分)</td><td>10分</td><td></td><td></td></tr>
<tr><td>② 正确使用KEIL编程软件建立项目工程及程序文件，并存储到指定盘符下的文件夹中(不能正确完成此项操作，每次扣5分)</td><td>5分</td><td></td><td></td></tr>
<tr><td>③ 根据KEIL编程软件编译提示修改程序错误(调试过程中不会查找错误，每次扣5分)</td><td>5分</td><td></td><td></td></tr>
<tr><td>④ 灵活使用多种调试方法</td><td>10分</td><td></td><td></td></tr>
<tr><td>⑤ 调试结果正确并且编程方法简洁、灵活</td><td>10分</td><td></td><td></td></tr>
<tr><td>团队协作
(5分)</td><td>小组在接线、程序调试过程中，团结协作，分工明确，完成任务(有个别同学不动手，不协作，扣5分)</td><td>5分</td><td></td><td></td></tr>
<tr><td>语言表达能力(5分)</td><td>答辩、汇报语言简洁、明了、清晰，能够将自己的想法表述清楚</td><td>5分</td><td></td><td></td></tr>
<tr><td>拓展及创新能力(10分)</td><td>能够举一反三，采用多种编程方法和实现途径，编程简洁、灵活</td><td>10分</td><td></td><td></td></tr>
<tr><td rowspan="3">安全文明操作(10分)</td><td>不遵守操作规程扣4分</td><td>4分</td><td></td><td></td></tr>
<tr><td>结束任务实施不清理现场扣4分</td><td>4分</td><td></td><td></td></tr>
<tr><td>任务实施期间语言行为不文明扣2分</td><td>2分</td><td></td><td></td></tr>
<tr><td colspan="3">总分100分</td><td></td><td></td></tr>
<tr><td colspan="3">综合评定得分(40%同组评分＋60%指导教师评分)</td><td colspan="2"></td></tr>
<tr><td colspan="5">备注：</td></tr>
</table>

思考与练习

1. 80C51的5个中断源的中断入口地址分别是：______、______、______、______、______。

2. 80C51定时/计数器对__________计数，是计数器；对__________计数，是定时器。

3. 若将定时/计数器用于计数方式，则外部事件脉冲必须从____________引脚输入，且外部脉冲的最高频率不能超出时钟频率的______。

4. CPU响应中断后，能自动清除中断“1”标志的有(　　)。

A. 外部中断0与外部中断1采用电平触发方式

B. 外部中断0与外部中断1采用边沿触发方式

C. 定时/计数器T0/T1中断

D. 串行口中断

5. 80C51的五个中断源中，属于外中断的有(　　)。

A. $\overline{INT0}$　　B. $\overline{INT1}$　　C. T0

D. T1　　E. RI　　F. TI

6. 下列中断优先顺序排列，有可能实现的有(　　)。

A. T1、T0、$\overline{INT0}$、$\overline{INT1}$、串行口

B. $\overline{INT0}$、T1、T0、$\overline{INT1}$、串行口

C. $\overline{INT0}$、$\overline{INT1}$、串行口、T0、T1

D. $\overline{INT1}$、串行口、T0、$\overline{INT0}$、T1

7. 定时/计数器T0在GATE=1时运行的条件有(　　)。

A. P3.2=1　　B. 设置好定时初值　　C. TR0=1　　D. T0开中

8. 用一条指令实现下列功能。

(1) $\overline{INT0}$、T0开中，其余禁中。

(2) $\overline{INT1}$、串行口禁中，其余保持不变。

9. 按下列要求设置IP。

(1) $\overline{INT0}$、串行口为高优先级，其余为低优先级。

(2) T0、$\overline{INT1}$为低优先级，其余为高优先级。

10. 按下列要求设置TMOD。

(1) T0计数器，工作方式1，运行与$\overline{INT0}$有关；T1计数器，工作方式2，运行与$\overline{INT1}$无关。

(2) T0定时器，工作方式2，运行与$\overline{INT0}$无关；T1定时器，工作方式0，运行与$\overline{INT1}$有关。

11. 按下列要求设置T0定时初值，并置TH0、TL0值。

(1) f_{osc} = 6 MHz，T0方式1，定时40 ms。

(2) f_{osc} = 12 MHz，T1方式2，定时180 μs。

12. 已知f_{osc}=12 MHz，试编写程序，利用T1方式2，从P1.7输出高电平脉宽120 μs、

低电平脉宽 240 μs 的连续矩形脉冲。

13. 用 T0 方式 2 计数，累计外部脉冲的个数并通过 8 个发光二极管实时显示出来，计满溢出再从 0 开始计数，计数显示电路如图 3-11 所示，试编写程序。

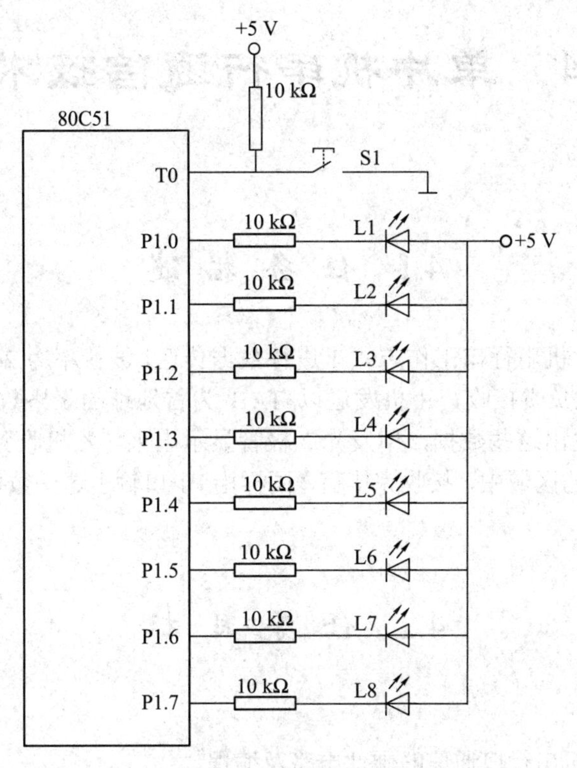

图 3-11　计数显示电路

任务4　单片机串行通信技术应用

4.1　任务描述

利用 80C51 单片机串行口工作方式 1 进行数据传送，波特率为 2400 b/s，SMOD = 1，甲机负责发送，乙机负责接收，甲机发送以 TAB 为首地址的表格数据(数据由用户自己设置)，并由 P1 口输出这些数据，用发光二极管显示出来。乙机收到的数据存入以内部 RAM 50H 为首地址的区域中，接收完毕后，同样由 P1 口输出这些数据，用发光二极管显示出来。

4.2　任务目标

1. 能力目标

(1) 能设计单片机串行口通信的硬件电路及编程。

(2) 具备用单片机串行口进行通信的能力。

2. 知识目标

(1) 掌握串行口通信的基本概念。

(2) 掌握单片机串行口通信的硬件连接及编程方法。

4.3　相关知识

4.3.1　串口通信概述

1. 通信的概念

通信表示计算机与外界的信息交换。通信的基本方式可分为并行通信与串行通信。

并行通信是指数据的各位同时发送或同时接收。并行通信的缺点是长距离传送时，价格较贵且不方便；优点是传送速度快。

串行通信是指数据的各位依次逐位发送或接收。串行通信的缺点是传送速度较慢；优点是长距离传送时，比较经济。

并行通信连接示意图如图 4-1 所示，串行通信连接示意图如图 4-2 所示。

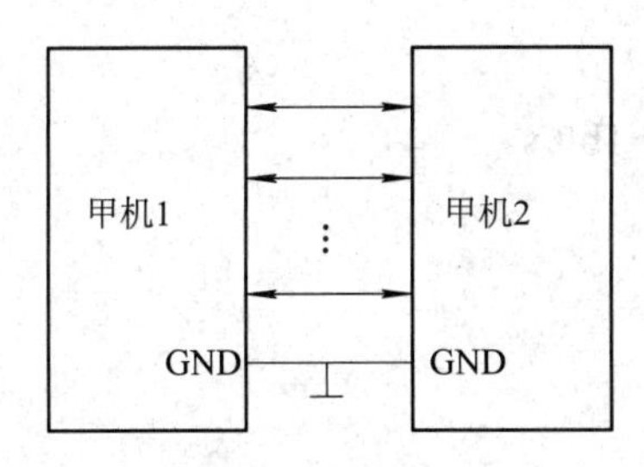

图 4-1　并行通信连接示意图

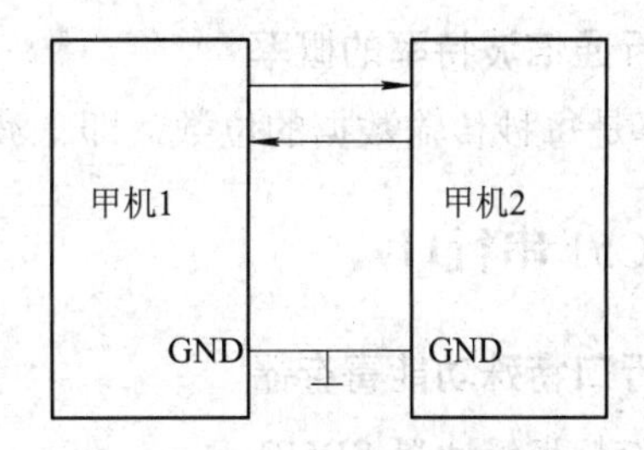

图 4-2　串行通信连接示意图

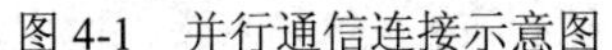

2. 异步通信和同步通信

串行通信按同步方式可分为异步通信和同步通信。异步通信依靠起始位、停止位保持通信同步；同步通信依靠同步字符保持通信同步。

1) 异步通信

在异步通信中，数据通常是以字符为单位组成字符帧传送的，一帧数据由起始位、数据位、校验位和停止位组成。帧与帧之间可有空闲位。起始位约定为 0，停止位和空闲位约定为 1。

异步通信的特点是实现起来简单、灵活，速度较低，发送端和接收端可以由各自的时钟来控制数据的发送和接收，这两个时钟彼此独立。

2) 同步通信

同步通信是一种连续串行传送数据的通信方式，一次通信只传输一帧数据，这里的一帧数据包含若干个数据字符，一帧数据由同步字符、多个数据字符和校验字符组成，同步字符作为起始位以触发同步时钟开始发送或接收数据，多个数据字符之间不允许有空闲。

同步通信的特点是实现起来较复杂，硬件要求较高，速度快，发送端时钟和接收端时钟必须保持严格同步。

3. 串行通信的制式

串行通信的制式(见图 4-3)如下。

(1) 单工制式：通信双方只能单向传送数据。

(2) 半双工制式：通信双方都具有发送器和接收器，既可发送又可接收，但不能同时发送和接收。

(3) 全双工制式：通信双方都具有发送器和接收器，并且信道划分为发送信道和接收信道，能同时发送和接收。

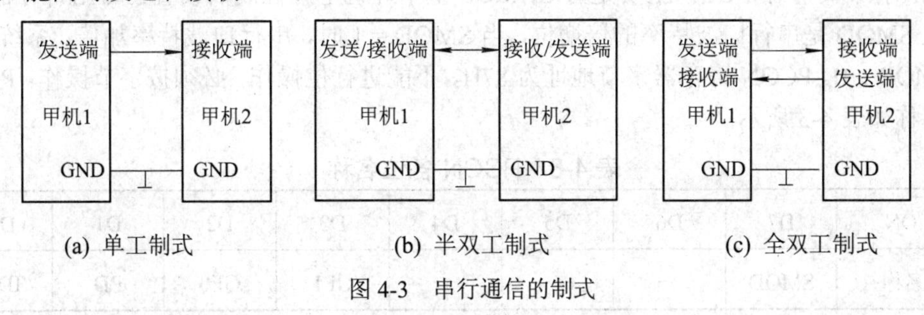

(a) 单工制式　(b) 半双工制式　(c) 全双工制式

图 4-3　串行通信的制式

4. 串行通信波特率的概率

波特率是每秒传输数据的位数，即 1 波特 = 1bit/s。

4.3.2　80C51 串行口

1. 串行口特殊功能寄存器

1) 串行数据缓冲器 SBUF

串行数据缓冲器 SBUF 在物理上是两个独立的接收、发送缓冲器，可同时发送、接收数据。两个缓冲器共用一个字节地址为 99H，可通过对 SBUF 的读写来区别是对接收缓冲器的操作还是对发送缓冲器的操作，指令如下：

MOV A, SBUF;　读 SBUF，接收数据

MOV SBUF, A;　写 SBUF，发送数据

2) 串行控制寄存器 SCON

SCON 各位名称、位地址和功能如表 4-1 所示，串行口工作方式如表 4-2 所示。

表 4-1　SCON 各位名称、位地址和功能

SCON	D7	D6	D5	D4	D3	D2	D1	D0
位名称	SM0	SM1	SM2	REN	TB8	RB8	TI	RI
位地址	9FH	9EH	9DH	9CH	9BH	9AH	99H	98H
功能	工作方式选择		多机通信控制	接收允许	发送第 9 位	接收第 9 位	发送中断	接收中断

表 4-2　串行口工作方式

SM0 SM1	工作方式	功 能 说 明
00	0	同步移位寄存器输入/输出，波特率固定为 $f_{osc}/12$
01	1	8 位 UART，波特率可变(T1 溢出率/n，n 为 32 或 16)
10	2	9 位 UART，波特率固定为 f_{osc}/n (n 为 64 或 32)
11	3	9 位 UART，波特率可变(T1 溢出率/n，n 为 32 或 16)

注：UART 为通用异步接收/发送器。

3) 电源控制寄存器 PCON

电源控制寄存器 PCON 主要是为 CHMOS 型单片机电源控制而设置的专用寄存器。其最高位 SMOD 是串行口波特率的倍增位，当 SMOD = 1 时，串行口波特率加倍；系统复位时，SMOD = 0。PCON 寄存器字节地址为 87H，不能进行位操作，必须按字节操作。PCON 各位名称如表 4-3 所示。

表 4-3　PCON 各位名称

PCON	D7	D6	D5	D4	D3	D2	D1	D0
位名称	SMOD	—	—	—	GF1	GF0	PD	IDL

2. 串行工作方式

1) 串行工作方式 0

串行工作方式 0 为同步移位寄存器输入/输出方式，通过外接移位寄存器可将串行输入/输出数据转换成并行输入/输出数据，即串行口配合移位寄存器可作为并行输入/输出口使用。以 RXD(P3.0)端作为数据移位的输入/输出端，由 TXD(P3.1)端输出同步移位脉冲。数据的发送和接收以 8 位为一帧，不设起始位和停止位，无论输入还是输出，均低位在前高位在后。串行工作方式 0 的帧格式如图 4-4 所示。

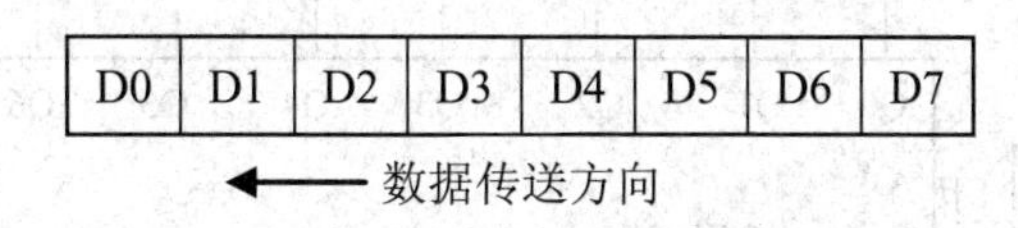

图 4-4　串行工作方式 0 的帧格式

(1) 数据发送。

数据写入 SBUF 后，在移位脉冲(TXD)的控制下，数据从 RXD 端逐位移入“串入并出”的移位寄存器，当 8 位数据全部移出后，将 SCON 中的 TI 置 1，完成数据的串并转换，即作为并行输出口使用。串行口转换为并行输出口电路如图 4-5 所示。

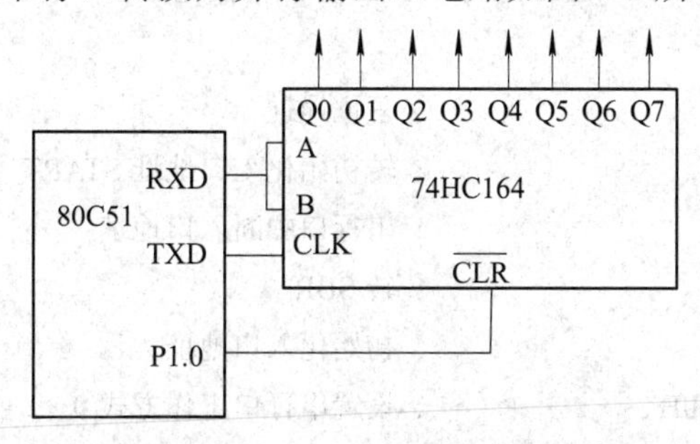

图 4-5　串行口转换为并行输出口电路

(2) 数据接收。

要实现数据接收，必须首先把 SCON 中的允许接收位 REN 设置为 1。当 REN 设置为 1 时，在移位脉冲的控制下，数据从 RXD 端输入。当接收到 8 位数据时，将 SCON 中的 RI 置 1，完成数据的并串转换，即作为并行输入口使用。串行口转换为并行输入口电路如图 4-6 所示。

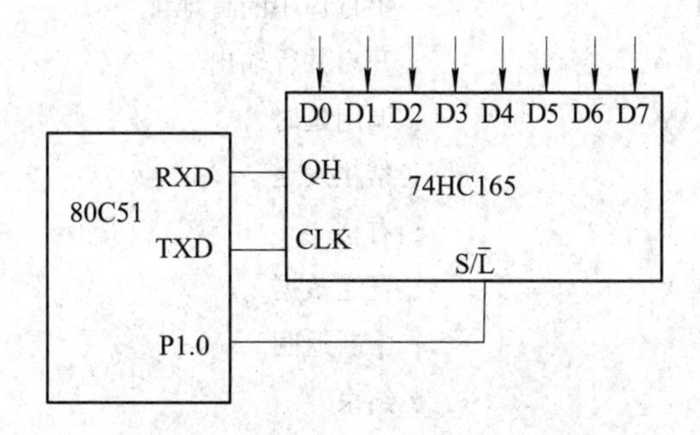

图 4-6　串行口转换为并行输入口电路

(3) 波特率。

波特率固定为$f_{osc}/12$。

例 4-1　利用串行工作方式 0 的功能实现 8 个发光二极管从左到右依次点亮，并循环反复。74HC164 串入并出电路如图 4-7 所示，试编程。

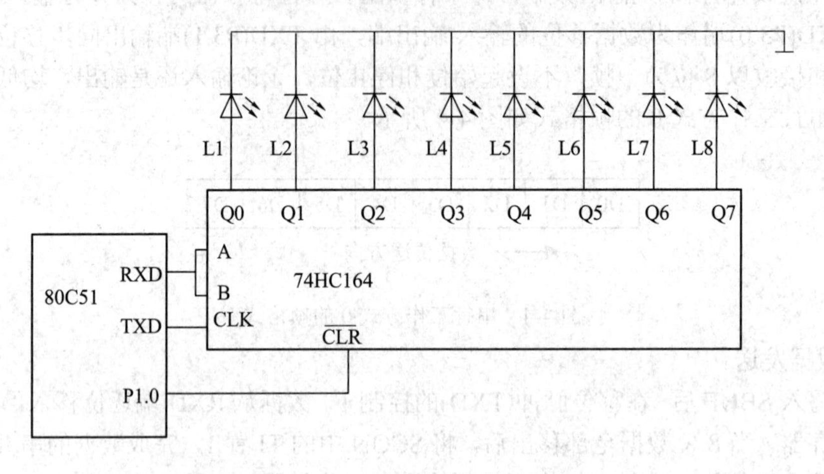

图 4-7　74HC164 串入并出电路

汇编程序如下：

```
        ORG    0000H                      ; 复位地址
        LJMP   START                      ; 转初始化入口地址 START
        ORG    0023H                      ; 串行口中断入口地址
        LJMP   SBR                        ; 转 SBR
        ORG    0100H                      ; 初始化入口地址
START:  MOV SCON, #00H                    ; 设置串行口工作方式 0
        SETB   EA                         ; CPU 开中断
        SETB   ES                         ; 串行口开中断
        MOV    A,#80H                     ; 累加器置初值
        CLR    P1.0                       ; 关闭并行输出
        MOV    SBUF, A                    ; 发送数据
        SJMP   $                          ; 等待中断
        ORG    2100H                      ; 串行口中断首地址
SBR:    SETB   P1.0                       ; 开启并行输出
        ACALL  DELAY                      ; 调用延时
        CLR    TI                         ; 禁止发送
        RR     A                          ; 右移
        MOV    SBUF, A                    ; 发送数据
        RETI                              ; 中断返回
        END                               ; 结束
```

C51 编程如下：

```
#include<reg51.h>                    //包含访问 sfr 库函数 reg51.h
```

```
sbit P10=P1^0;                        //定义 P10 为 P1 口第 0 位
void delay(unsigned int i)            //定义无类型函数 delay
{
    unsigned char j;                  //定义无符号整型变量 i、j
    for(; i>0; i--)                   //f or 外循环，若 i > 0，则执行内循环后，i = i–1
        for(j=244; j>0; j--);         // for 内循环，若 j > 0，则 j = j–1
}
void main()                           //无类型主函数
{
    unsigned char x, m;               //定义无符号字符变量 x、m
    SCON=0;                           //设置串行口工作方式 0
    P10=0;                            //关闭并行输出
    while(1)                          //无限循环
    {   x=0x80;                       //为 x 赋亮灯状态字初值
        P10=1;                        //开启并行输出
        SBUF=x;                       //发送
        for(m=0; m<8; m++)            //循环发送
        {
            while(TI==0);             //等待串行发送完毕
            TI=0;                     //清发送中断标志
            delay(1000);              //延时 0.5 s
            x=x>>1;                   //亮灯状态字右移
            SBUF=x;                   //发送
        }
    }
}
```

2) 串行工作方式 1

串行工作方式 1 是以 10 位为一帧的异步串行通信方式，其帧格式为 1 个起始位、8 个数据位和 1 个停止位。串行工作方式 1 的帧格式如图 4-8 所示。

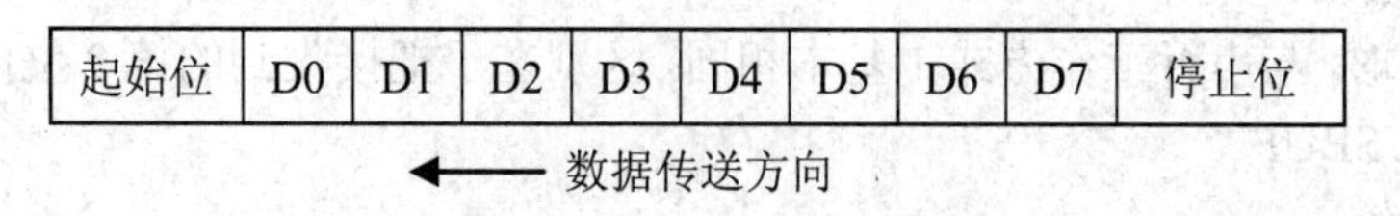

图 4-8　串行工作方式 1 的帧格式

(1) 数据发送。

发送数据时，通过写 SBUF 指令在串行口由硬件自动加入起始位和停止位，构成一个完整的帧格式，在移位脉冲的作用下，由 TXD 端串行输出。一帧数据发送完后，使 TXD 端维持在“1”状态下，并将 SCON 中的 TI 置 1，表示一帧数据发送完毕。

(2) 数据接收。

接收数据时，SCON 中的 REN 位应置 1，处于允许接收状态。当串行口采样发生从 1 到 0 的跳变状态时，就认定为已经接收到起始位。随后在移位脉冲的控制下，开始接收一帧数据。

(3) 波特率。

串行工作方式 1 的波特率是可变的，由定时/计数器 T1 的计数溢出率来决定，其公式为

$$波特率=\frac{2^{SMOD}\times T1溢出率}{32}$$

SMOD = 1 表示波特率倍增。

当定时/计数器 1 用作波特率发生器时，通常选用定时初值自动重装的串行工作方式 2，这样可以避免反复装初值而引起的定时误差，使波特率更加稳定。

$$T1_{溢出率}=\frac{f_{osc}}{12\times(256-T1_{初值})}$$

实际应用时，通常首先确定波特率，然后根据波特率求 T1 初值，因此可写为

$$T1_{初值}=256-\frac{2^{SMOD}}{32}\times\frac{f_{osc}}{12\times 波特率}$$

3) 串行工作方式 2

串行工作方式 2 是以 11 位为一帧的异步串行通信方式，其帧格式为 1 个起始位、9 个数据位和 1 个停止位。串行工作方式 2 的帧格式如图 4-9 所示。

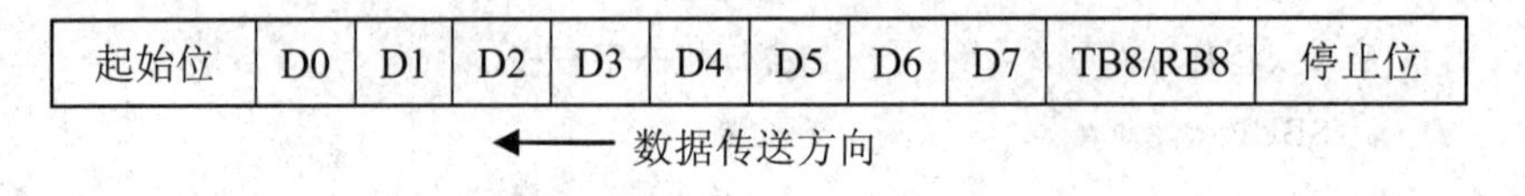

起始位	D0	D1	D2	D3	D4	D5	D6	D7	TB8/RB8	停止位

图 4-9　串行工作方式 2 的帧格式

TB8/RB8 位既可作为奇偶校验位，也可作为控制位(多机通信)，其功能由用户确定。

(1) 数据发送。

发送数据时，先写 TB8 的内容，再向 SBUF 写入 8 位数据，其过程与串行工作方式 1 相同。

(2) 数据接收。

接收数据时，与串行工作方式 1 基本相同，区别在于把接收到的第 9 位内容送入 RB8，前 8 位仍送入 SBUF。

(3) 波特率。

串行工作方式 2 波特率是固定的，其公式为

$$波特率=\frac{2^{SMOD}\times f_{osc}}{64}$$

4) 串行工作方式 3

串行工作方式 3 是以 11 位为一帧的串行通信方式，与串行工作方式 2 基本相同，但

是串行工作方式 3 的波特率是可变的，由用户来确定。其波特率的确定同串行工作方式 1。

例 4-2　已知甲、乙机以串行方式 1 进行数据传送，f_{osc} = 11.0592 MHz，波特率为 1200 b/s，SMOD = 0。甲机发送 16 个数据(设为十六进制 0～9、A～F 的共阳字段码)，发送后，输出到 P1 口显示；乙机接收后输出到 P2 口显示，试编程。

先计算 T1 的初值。设 SMOD=0，则

$$T1_{初值} = 256 - \frac{2^0}{32} \times \frac{11\,059\,200}{12 \times 1200} = 232 = \text{E8H}$$

汇编程序如下。

甲机发送程序：

```
        ORG     0000H               ; 复位地址
        LJMP    MAIN                ; 转主程序
        ORG     0100H               ; 主程序入口地址
MAIN:   MOV     TMOD, #20H          ; 置 T1 工作方式 2
        MOV     TL1, #0E8H          ; 置 T1 定时初值
        MOV     TH1, #0E8H
        SETB    TR1                 ; 启动 T1
        MOV     SCON, #40H          ; 置串行工作方式 1
        MOV     PCON, #00H          ; 置 SMOD = 0
        MOV     DPTR, #TAB          ; 置表首地址
LOP:    MOV     R0, #0              ; 置发送数据序号初值
TRSA:   MOV     A, R0               ; 读数据序号
        MOVC    A, @A+DPTR          ; 读相应数据
        MOV     P1,A                ; 输出数据显示
        MOV     SBUF, A             ; 发送数据
        JNB     TI, $               ; 等待一帧数据发送完
        CLR     TI                  ; 清发送中断标志
        LCALL DY1S                  ; 延时 1 s
        INC R0                      ; 指向下一数据序号
        CJNE    R0,#16,TRSA         ; 判断 16 个数据是否发送完
        SJMP LOP                    ; 发送完，从头开始
TAB:    DB 0C0H, 0F9H, 0A4H, 0B0H, 99H, 92H, 82H, 0F8H, 80H, 90H
        DB 88H, 83H, 0C6H, 0A1H, 86H, 8EH
DY1S:   MOV R5, #10                 ; 延时 1 s 子程序
DL2:    MOV R2, #200
DL1:    MOV R3, #250
DL0:    DJNZ R3, DL0
        DJNZ R2, DL1
        DJNZ R5, DL2
        RET
```

```
        END
```

乙机接收程序：

```
        ORG     0000H               ; 复位地址
        LJMP    MAIN                ; 转主程序
        ORG     0100H               ; 主程序入口地址
MAIN:   MOV     TMOD, #20H          ; 置T1工作方式2
        MOV     TL1, #0E8H          ; 置T1定时初值
        MOV     TH1, #0E8H
        SETB    TR1                 ; 启动T1
        MOV     SCON, #40H          ; 置串行工作方式1
        MOV     PCON, #00H          ; 置SMOD = 0
LOP:    MOV     R0, #0              ; 置接收数据序号初值
RDSB:   SETB    REN                 ; 启动串行接收
        JNB     RI, $               ; 等待接收一帧数据
        CLR     RI                  ; 清接收中断标志
        CLR     REN                 ; 禁止串行接收
        MOV     A, SBUF             ; 读接收数据
        MOV     P2, A               ; 接收数据送P2口显示
        INC R0                      ; 指向下一数据序号
        CJNE    R0, #16, RDSB       ; 判断16个数据是否接收完
        SJMP LOP                    ; 接收完，从头开始
        END
```

C51编程如下。

甲机发送程序：

```
#include<reg51.h>                   //包含访问sfr库函数reg51.h
unsigned char code c[16]={          //定义无符号字符型数组并赋值，存储器类型为code
0xc0, 0xf9, 0xa4, 0xb0, 0x99, 0x92, 0x82, 0xf8, 0x80, 0x90, 0x88, 0x83, 0xc6, 0xa1, 0x86, 0x8e};
void delay(unsigned int i)          //定义无类型函数delay
{
    unsigned char j;                //定义无符号整型变量i、j
    for(; i>0; i--)                 // for外循环，若i > 0，则执行内循环后，i = i-1
        for(j=244; j>0; j--);       // for内循环，若j > 0，则j = j-1
}
void main()                         //无类型主函数
{   unsigned char m;                //定义无符号字符变量m
    TMOD=0x20;                      //置T1工作方式2
    TH1=TL1=0xe8;                   //置T1计数初值
    SCON=0x40;                      //置串行口方式1，禁止接收
    PCON=0;                         //置SMOD = 0
```

```
    TR1=1;                              // T1 启动
    while(1)                            //无限循环
    {
        for(m=0; m<16; m++)             //循环发送
        {
            SBUF=c[m];                  //串行发送一帧数据
            while(TI==0);               //等待串行发送完毕
            TI=0;                       //清发送中断标志
            P1= c[m];                   //输出显示
            delay(2000);                //延时 1 s
        }
    }
}
```

乙机接收程序：

```
#include<reg51.h>                       //包含访问 sfr 库函数 reg51.h
void main()                             //无类型主函数
{   unsigned char m;                    //定义无符号字符变量 m
    TMOD=0x20;                          //置 T1 工作方式 2
    TH1=TL1=0xe8;                       //置 T1 计数初值
    SCON=0x40;                          //置串行口工作方式 1，禁止接收
    PCON=0;                             //置 SMOD = 0
    TR1=1;                              // T1 启动
    while(1)                            //无限循环
    {
        for(m=0; m<16; m++)             //循环发送
        {   REN=1;                      //允许接收
            while(RI==0);               //等待一帧串行数据接收完毕
            REN=0;                      //禁止接收
            RI=0;                       //清接收中断标志
            P2=SBUF;                    //输出显示
        }
    }
}
```

4.4 任务实施

1. 分组讨论、制订方案

首先填写任务计划单，如表 4-4 所示。

表 4-4　单片机串行通信技术应用任务计划单

<table>
<tr><td>姓　名</td><td>班　级</td><td>任务分工</td><td rowspan="5">完成任务所用设备、工具、仪器仪表</td><td>设备名称</td><td>设备功能</td></tr>
<tr><td></td><td></td><td></td><td></td><td></td></tr>
<tr><td></td><td></td><td></td><td></td><td></td></tr>
<tr><td></td><td></td><td></td><td></td><td></td></tr>
<tr><td></td><td></td><td></td><td></td><td></td></tr>
<tr><td colspan="6">查、借阅资料</td></tr>
<tr><td colspan="2">资 料 名 称</td><td colspan="2">资 料 类 别</td><td>签　名</td><td>日　期</td></tr>
<tr><td colspan="2"></td><td colspan="2"></td><td></td><td></td></tr>
<tr><td colspan="2"></td><td colspan="2"></td><td></td><td></td></tr>
<tr><td colspan="6">项 目 调 试</td></tr>
<tr><td colspan="6">① 硬件电路设计

② 绘制流程图

③ 编制源程序

④ 任务实施工作总结</td></tr>
<tr><td rowspan="2">调试过程问题记录</td><td colspan="4" rowspan="2"></td><td>记录人</td></tr>
<tr><td></td></tr>
<tr><td colspan="4">签名：</td><td>日期</td><td></td></tr>
</table>

2. 按要求设计电路并接线

串行通信电路图如图 4-10 所示。

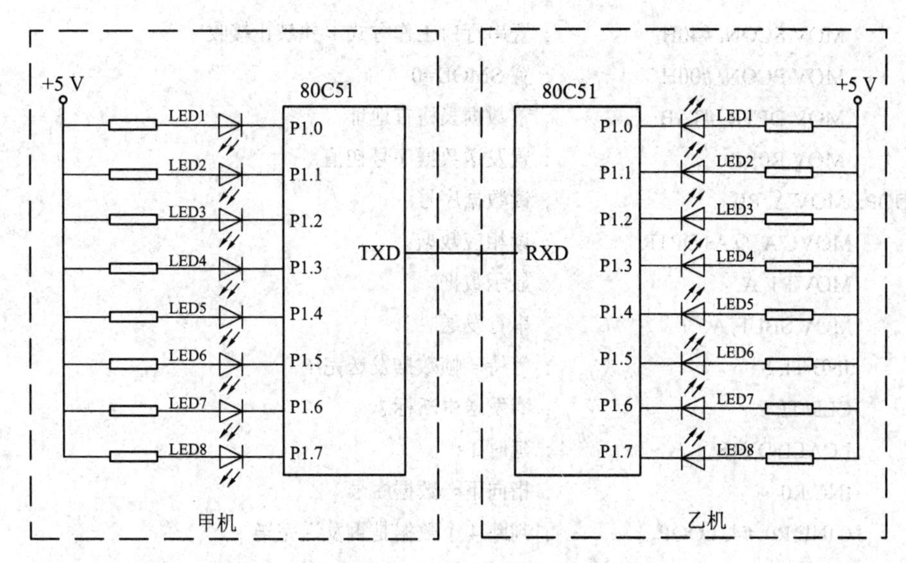

图 4-10　串行通信电路图

3. 画流程图、编写发送和接收源程序

甲机发送数据流程图如图 4-11 所示。

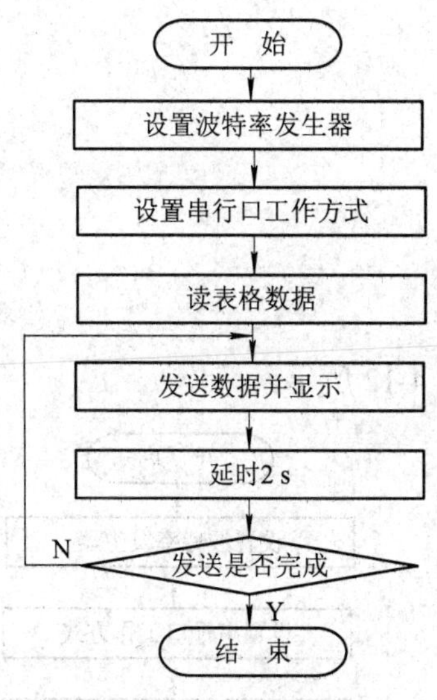

图 4-11　发送数据流程图

甲机发送数据源程序：

```
        ORG 0000H              ; 复位地址
        LJMP START             ; 转主程序
        ORG 0100H
START:  MOV TMOD, #20H         ; 置 T1 定时器工作方式 2
        MOV TL1, #0E8H         ; 置 T1 计数初值
        MOV TH1, #0E8H
        SETB TR1               ; T1 启动
```

```
        MOV SCON, #40H          ; 置串行口工作方式 1 并禁止接收
        MOV PCON, #00H          ; 置 SMOD=0
        MOV DPTR, #TAB          ; 置数据表格首地址
        MOV R0, #0              ; 置发送数据序号初值
LOOP:   MOV A, R0               ; 读数据序号
        MOVC A, @A+DPTR         ; 读相应数据
        MOV P1, A               ; 显示数据
        MOV SBUF, A             ; 串行发送
        JNB TI, $               ; 等待一帧数据发送完毕
        CLR TI                  ; 清发送中断标志
        LCALL DY1S              ; 延时 1 s
        INC R0                  ; 指向下一数据序号
        CJNE R0, #4, LOOP       ; 判断 4 个数据是否发送完毕
        SJMP $                  ; 发送完毕
TAB:    DB 00H, 0FFH, 55H, 0AAH ; 表格数据
DY1S:   MOV R7, #10             ; 延时 1 s 子程序
DY0:    MOV R6, #200
DY1:    MOV R5, #250
DY2:    DJNZ R5, DY2
        DJNZ R6, DY1
        DJNZ R7, DY0
        RET
        END
```

乙机接收数据流程图如图 4-12 所示。

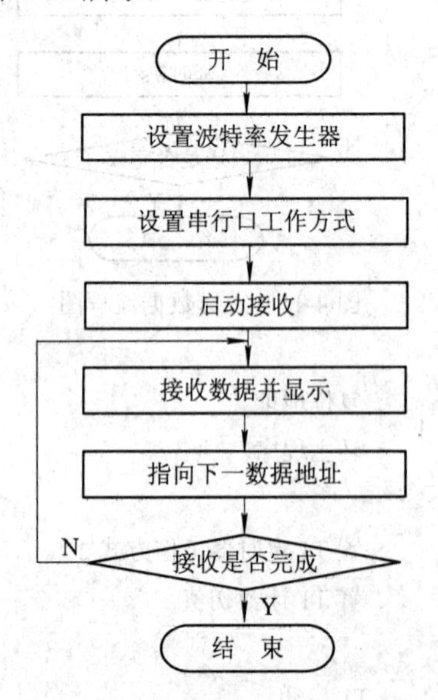

图 4-12　接收数据流程图

乙机接收数据源程序：

```
        ORG 0000H           ; 复位地址
        LJMP START          ; 转主程序
        ORG 0100H
START: MOV TMOD, #20H       ; 置 T1 定时器工作方式 2
        MOV TL1, #0E8H      ; 置 T1 计数初值
        MOV TH1, #0E8H
        SETB TR1            ; T1 启动
        MOV SCON, #40H      ; 置串行口工作方式 1 并禁止接收
        MOV PCON, #00H      ; 置 SMOD = 0
        MOV R0, #50H        ; 置接收数据首地址
        MOV R0, #0          ; 置发送数据序号初值
LOOP: SETB REN              ; 启动串行接收
       JNB RI, $            ; 等待下一帧数据接收完毕
       CLR REN              ; 禁止串行接收
       CLR RI               ; 清接收中断标志
       MOV A, SBUF          ; 读接收数据
       MOV @R0, A           ; 存接收数据
       MOV P1, A            ; 显示数据
       INC R0               ; 指向下一接收数据地址
       CJNE R0, #54H, LOOP  ; 判断是否接收完数据
       SJMP $               ; 接收完数据
        END
```

C51 编程如下。

甲机发送：

```
#include<reg51.h>                  //包含访问 sfr 库函数 reg51.h 和绝对地址库函数 absacc.h
#include<absacc.h>
unsigned char c[4]={ 0x00, 0xff, 0xaa, 0x55};  //定义无符号字符型数组并赋值
void delay(unsigned int i)         //定义无类型函数 delay
{
    unsigned char j;               //定义无符号整型变量 i、j
    for(; i>0; i--)                // for 外循环，若 i > 0，则执行内循环后，i = i-1
    for(j=244; j>0; j--);          // for 内循环，若 j > 0，则 j = j-1
}
void main()                        //无类型主函数
{
    unsigned char m;               //定义无符号字符变量 m
    TMOD=0x20;                     //置 T1 定时器工作方式 2
```

```
    TH1=TL1=0xe8;                          //置 T1 计数初值
    SCON=0x40;                             //置串行口工作方式 1，禁止接收
    PCON=0;                                //置 SMOD=0
    TR1=1;                                 // T1 启动
     for(m=0; m<4; m++)                    //循环发送
     {
          SBUF=c[m];                       //串行发送一帧数据
          while(TI==0);                    //等待串行发送完毕
          TI=0;                            //清发送中断标志
          P1=c[m];                         //输出显示
          delay(2000);                     //延时 1 s
     }
      while(1);                            //原地等待
}
```

乙机接收：

```
#include<reg51.h>                          //包含访问 sfr 库函数 reg51.h
void main()                                //无类型主函数
{
    unsigned char m;                       //定义无符号字符变量 m
    TMOD=0x20;                             //置 T1 定时器工作方式 2
    TH1=TL1=0xe8;                          //置 T1 计数初值
    SCON=0x40;                             //置串行口工作方式 1,禁止接收
    PCON=0;                                //置 SMOD=0
    TR1=1;                                 // T1 启动
    for(m=0;m<4;m++)                       //循环发送
    {
        REN=1;                             //允许接收
        while(RI==0);                      //等待一帧串行数据接收完毕
        REN=0;                             //禁止接收
        RI=0;                              //清接收中断标志
        P1=SBUF;                           //输出显示并保存
        DBYTE(0x50+m) = SBUF;
    }
    while(1);                              //原地等待
}
```

4. 软件、硬件联调

1) 编译、连接及常用调试命令

编译、连接及常用调试命令参见 1.4 节。

2) 结果现象

在硬件电路接线正确，源程序编写并编译正确、无指令语法错误的前提下，最终任务实施现象是：甲、乙机的 P1 口显示结果相同，即 8 个发光二极管全亮、全灭、奇数亮、偶数亮。

3) 任务实施注意事项

(1) 查表指令的应用。

(2) 接收数据之前 REN 须先置 1。

(3) 理解发送数据与接收数据指令的区别。

(4) 理解串行口工作方式的设置与定时/计数器工作方式的设置。

4.5 检 查 评 价

填写考核单，如表 4-5 所示。

表 4-5　单片机串行通信技术应用任务考核单

任务名称：单片机串行通信技术应用	姓名		学号	组别
项　目	评 分 标 准	评分	同组评价得分	指导教师评价得分
电路设计(30 分)	① 正确设计硬件电路(原理错误每处扣 2 分)	15 分		
	② 按原理图正确接线(带电接线、拆线每次扣 5 分，接错一处扣 2 分)	15 分		
程序编写及调试(40 分)	① 正确绘制程序流程图(每画错一处扣 2 分)	10 分		
	② 正确使用 KEIL 编程软件建立项目工程及程序文件，并存储到指定盘符下的文件夹中(不能正确完成此项操作，每次扣 5 分)	5 分		
	③ 根据 KEIL 编程软件编译提示修改程序错误(调试过程中不会查找错误，每次扣 5 分)	5 分		
	④ 灵活使用多种调试方法	10 分		
	⑤ 调试结果正确并且编程方法简洁、灵活	10 分		
团队协作(5 分)	小组在接线、程序调试过程中，团结协作，分工明确，完成任务(有个别同学不动手、不协作，扣 5 分)	5 分		
语言表达能力(5 分)	答辩、汇报语言简洁、明了、清晰，能够将自己的想法表述清楚	5 分		

续表

项　目	评 分 标 准	评分	同组评价得分	指导教师评价得分
拓展及创新能力(10 分)	能够举一反三，采用多种编程方法和实现途径，编程简洁、灵活	10 分		
安全文明操作(10 分)	不遵守操作规程扣 4 分	4 分		
	结束任务实施不清理现场扣 4 分	4 分		
	任务实施期间语言行为不文明扣 2 分	2 分		
总分 100 分				
综合评定得分(40%同组评分＋60%指导教师评分)				
备注：				

思考与练习

1. 计算机通信的基本方式为______________和______________。

2. 异步串行数据通信的帧格式由_____位、_____位、_____位和_____位组成。

3. 串行数据通信有_____、_____和_____共 3 种数据通信形式。

4. _____是串行发送寄存器和__________寄存器的总称。

5. 80C51 单片机的串行口在串行工作方式 0 下，是把串行口作为_____寄存器来使用。这样，在串入并出移位寄存器的配合下，就可以把串行口作为_____口使用；在并入串出移位寄存器的配合下，就可以把串行口作为_____口使用。

6. 串行通信的传送速率单位是波特，而波特的单位是(　　)。

A. 字符/秒　　B. 位/秒　　C. 帧/秒　　D. 帧/分

7. 80C51 有一个全双工的串行口，下列功能中该串行口不能完成的是(　　)。

A. 网络通信　　B. 异步串行通信

C. 作为同步移位寄存器　　D. 位地址寄存器

8. 帧格式为 1 个起始位、8 个数据位和 1 个停止位的异步串行通信方式是(　　)。

A. 串行工作方式 0　　B. 串行工作方式 1

C. 串行工作方式 2　　D. 串行工作方式 3

9. 通过串行口发送或接收数据时，在程序中应使用(　　)。

A. MOV 指令　　B. MOVX 指令

C. MOVC 指令　　D. SWAP 指令

10. 以下所列特点中，不属于串行工作方式 2 的是(　　)。

A. 11 位帧格式　　B. 有第 9 位数据位

C. 使用一种固定的波特率　　D. 使用两种固定的波特率

11. 串行工作方式 1 的波特率是(　　)。

A. 固定的，为时钟频率的 1/12　　B. 固定的，为时钟频率的 1/32

C. 固定的，为时钟频率的 1/64　　D. 可变的，通过定时/计数器 1 的溢出率设定

12. 已知异步通信的帧格式由 1 个起始位、7 个数据位、1 个奇偶校验位和 1 个停止位组成，每分钟传送 4800 个字符时，计算其波特率。

13. 显示电路如图 4-13 所示，f_{osc} = 12 MHz，试编制程序按下列顺序要求每隔 0.5 s 循环操作。

(1) 8 个发光二极管全部点亮；

(2) 从左向右依次暗灭，每次减少一个，直到全灭；

(3) 从左向右依次点亮，每次亮一个；

(4) 从右向左依次点亮，每次亮一个；

(5) 从左向右依次点亮，每次增加一个，直到全部点亮；

(6) 返回，从(2)不断循环。

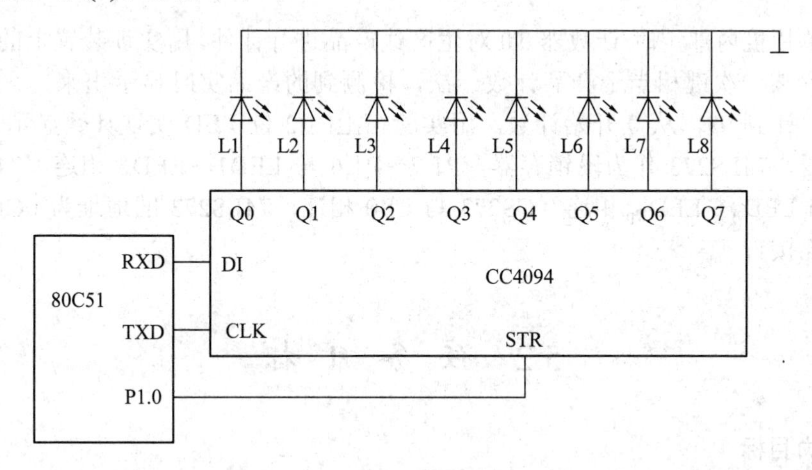

图 4-13　显示电路

14. 已知 74HC165 并入串出电路如图 4-14 所示，编程实现输入的 8 个开关数据从 P1 口输出，点亮对应发光二极管以显示 K1～K8 状态。

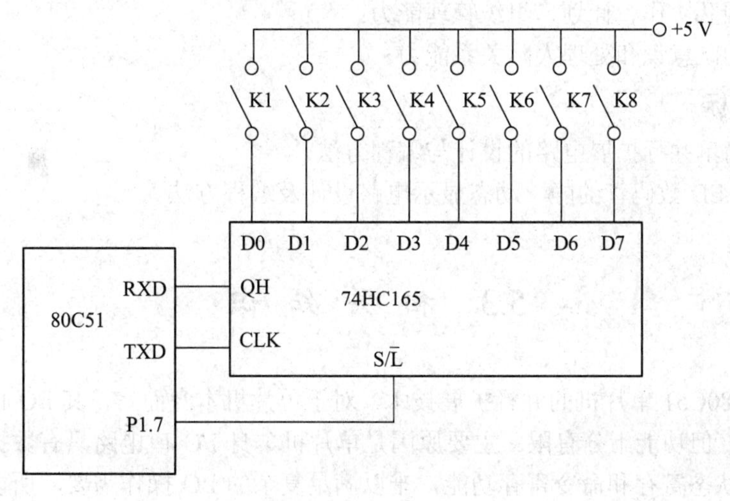

图 4-14　74HC165 并入串出电路

任务5　生产线产品计件显示控制

5.1　任 务 描 述

利用单片机内部定时/计数器T0对生产线产品进行计件，用实训装置上的按键模拟产品检测，按一次键相当于产品计数一次，检测到的产品实时显示出来，采用两位数码管显示，计到99，从0开始计数。用实验箱上的2位LED实现计数显示，P1口作为位锁存器，74LS273作为段锁存器，P1.7～P1.6与LED1～LED2相连，74LS273的D0～D7与LED_A～LED_{Dp}相连，CS273与CS0相连，74LS273的地址为0CFA0H，去掉短路子连接。

5.2　任 务 目 标

1. 能力目标

(1) 能够设计简单并行扩展电路及程序；
(2) 能够设计LED数码管的静、动态显示电路并编程；
(3) 具备自学、分析、语言表达能力；
(4) 具有团队协作、计划、组织管理能力；
(5) 具有团队意识和处理人际关系能力。

2. 知识目标

(1) 掌握简单并行扩展电路的设计与编程方法。
(2) 掌握LED数码管的静、动态显示电路设计及编程方法。

5.3　相 关 知 识

任务采用80C51单片机的并行扩展技术，对于单片机本身而言，其I/O口可以实现简单的I/O操作，但功能十分有限。主要原因是单片机本身I/O口电路只有数据锁存及缓冲功能，不具备状态寄存和命令寄存功能，难以满足复杂的I/O操作需要，所以就需要对单片机接口进行相应的扩展。

5.3.1　存储器的扩展技术

1. 并行扩展技术概述

80C51 单片机有很强的外部扩展能力。外部扩展可分为并行扩展和串行扩展两大形式。早期的单片机应用系统以采用并行扩展为主，现在的单片机应用系统以采用串行扩展为主。外部扩展的器件包括 ROM、RAM、I/O 口和其他一些功能器件，这些器件大多是一些常规芯片，有典型的扩展应用电路，可根据规范化电路来构成能满足要求的应用系统。

2. 并行扩展连接方式

并行扩展连接方式如图 5-1 所示。

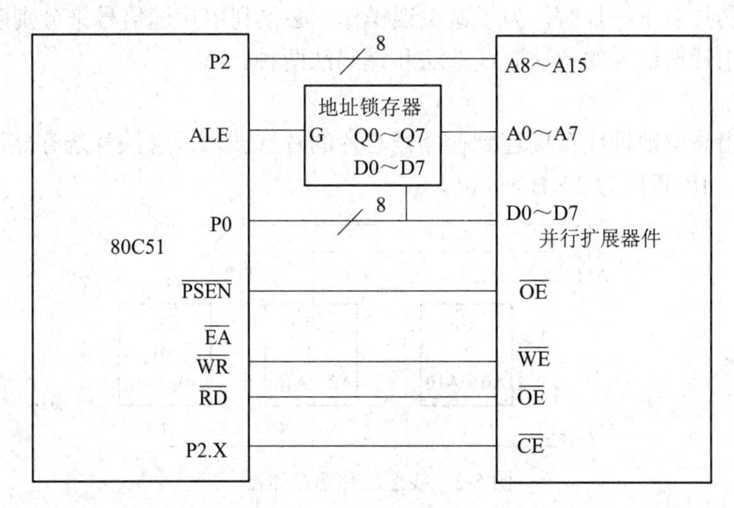

图 5-1　并行扩展连接方式示意图

1) 并行扩展总线

并行扩展总线主要由数据总线(DB)、地址总线(AB)和控制总线(CB)组成。数据总线 D0～D7 由单片机 P0 口提供。地址总线中低 8 位地址线 A0～A7 由 P0 口提供，高 8 位地址线 A8～A15 由 P2 口提供。控制总线主要以 $\overline{PSEN}$ 、$\overline{WR}$ 、$\overline{RD}$ 、ALE 及 P2 口高位地址提供。

2) 并行扩展容量

80C51 单片机可以分别扩展 64 KB ROM(包括片内 ROM)和 64 KB 片外 RAM。

80C51 控制总线有以下几条：

(1) ALE：输出高电平时，用于锁存 P0 口，作为低 8 位地址信号线，与地址锁存器门控端 G 连接。

(2) $\overline{PSEN}$：输出低电平时，用于片外 ROM 读选通控制，与片外 ROM 输出允许端 $\overline{OE}$ 连接。

(3) $\overline{EA}$：用作输入，用于选择读片内/片外 ROM。$\overline{EA}$ = 1，读片内 ROM；$\overline{EA}$ =0，读片外 ROM。一般情况下，有且使用片内 ROM 时，$\overline{EA}$ 接 V_{CC}；无片内 ROM 或仅使用片外 ROM 时，$\overline{EA}$ 接地。

(4) $\overline{RD}$：输出有效电平时，用于读片外 RAM 选通，执行 MOVX 读指令时，RD 会自动有效，与片外 RAM 读允许端 $\overline{OE}$ 连接。

(5) $\overline{WR}$：输出有效电平时，用于写片外 RAM 选通，执行 MOVX 写指令时，WR 会自动有效，与片外 RAM 写允许端 $\overline{WE}$ 连接。

(6) P2.X：并行扩展片外 RAM 和 I/O 时，通常需要片选控制，一般由 P2 口高位地址线承担。

3) 并行扩展寻址方式

存储器片内存储单元地址由与存储器地址线直接连接的地址线确定；存储器芯片地址由高位地址线产生的片选信号确定。

当存储器芯片多于一片时，为了避免误操作，必须利用片选信号来分别确定各芯片的地址分配。产生片选信号的方法有线选法和译码法两种。

(1) 线选法。

线选法是指高位地址线直接连到存储器芯片的片选端。线选法片选存储器如图 5-2 所示，其中 I、II、III 芯片为 2 KB × 8 位。

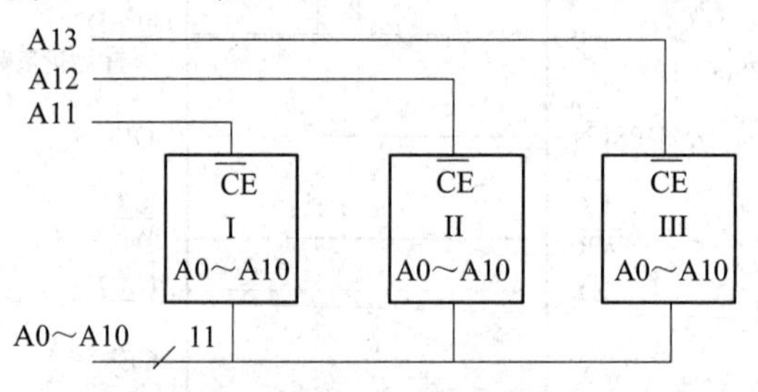

图 5-2　线选法片选存储器

下面以芯片 I 为例来说明如何确定其内部存储地址。

① 要确定芯片 I 的地址，首先需要对其 $\overline{CE}$ 端给有效电平，即低电平，同时芯片 II 和芯片 III 的 $\overline{CE}$ 端为高电平，这样就可以确定 A13～A11 的状态，即 110(A11～A13 中只允许有一根为低电平，另外两根必须为高电平，否则出错)。

② 低位地址线 A0～A10 为片内寻址，其范围为 00000000000～11111111111。

③ A14、A15 为无关位，可任取，一般取“1”。

根据以上方法可以确定芯片 I 的地址范围为 1111000000000000～1111011111111111，转换成十六进制表示为 F000H～F7FFH；同理，芯片 II 和芯片 III 的地址范围也以上述方法确定。线选法所得存储器芯片地址如表 5-1 所示。

表 5-1　线选法所得存储器芯片地址

	二进制数																十六进制数
	无关位		片外地址线			片内地址线											
	A15	A14	A13	A12	A11	A10	A9	A8	A7	A6	A5	A4	A3	A2	A1	A0	
芯片 I	1	1	1	1	0	0	0	0	0	0	0	0	0	0	0	0	F000H
	⋮			⋮							⋮						⋮
	1	1	1	1	0	1	1	1	1	1	1	1	1	1	1	1	F7FFH

续表

	二进制数																十六进制数
	无关位		片外地址线			片内地址线											
	A15	A14	A13	A12	A11	A10	A9	A8	A7	A6	A5	A4	A3	A2	A1	A0	
芯片 II	1	1	1	0	1	0	0	0	0	0	0	0	0	0	0	0	E800H
	⋮			⋮							⋮						⋮
	1	1	1	0	1	1	1	1	1	1	1	1	1	1	1	1	EFFFH
芯片 III	1	1	0	1	1	0	0	0	0	0	0	0	0	0	0	0	D800H
	⋮			⋮							⋮						⋮
	1	1	0	1	1	1	1	1	1	1	1	1	1	1	1	1	DFFFH

从上述确定的芯片地址范围来看，存储地址不连续，而且存在地址重复问题，不过实际操作过程中，多个芯片的选通不是同时进行的，所以不会出现地址冲突现象。

线选法优点是连接简单；缺点是芯片地址空间不连续，存在地址重叠现象。因此，线选法适用于扩展存储容量较小的场合。

(2) 译码法。

译码法就是使用地址译码器对系统的片外地址进行译码，以译码输出作为存储器芯片的片选信号。常用的译码器有74LS138、74LS139、74LS154等。

译码法又分为完全译码和部分译码两种。完全译码是指地址译码器使用了全部地址线，地址与存储单元一一对应，也就是1个存储单元只占用1个唯一的地址。部分译码是指地址译码器仅使用了部分地址线，地址与存储单元不一一对应，也就是1个存储单元占用了几个地址。

图5-3是完全译码方式下片选存储器，其中I、II、III芯片为2KB×8位。

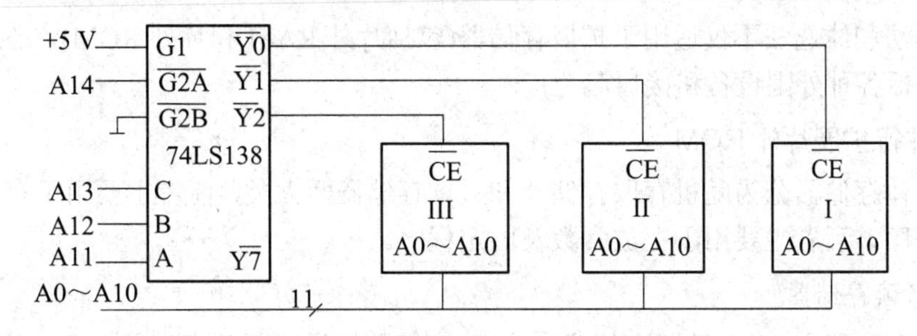

图5-3　完全译码方式片选存储器

下面同样以芯片I为例来说明译码方式下如何确定其存储地址。

从图5-3中可知，片选存储器芯片通过一个74LS138译码器实现。芯片I的地址，通过74LS138译码器$\overline{Y0}$控制$\overline{CE}$端，也为低电平，同时芯片II和芯片III的$\overline{CE}$端为高电平，需要$\overline{Y0}$～$\overline{Y2}$的输出状态为011，根据74LS138译码器的特性可知，当74LS138译码器输入端CBA = 000时，$\overline{Y0}$～$\overline{Y2}$的输出是011，即A13～A11为000。

低位地址线A0～A10为片内寻址，其范围为00000000000～11111111111。

A14连接74LS138译码器的$\overline{G2A}$端，根据选通方式可知A14必须为0。

A15为无关位，可任取，一般取“1”。

根据以上方法芯片 I 的地址范围为 1000000000000000～1000011111111111，转换成十六进制表示为 8000H～87FFH；同理，可得到芯片 II 和芯片 III 的地址范围。译码法所得存储器芯片地址如表 5-2 所示。

表 5-2　译码法所得存储器芯片地址

	二进制数																十六进制数
	无关位	片外地址线				片内地址线											
	A15	A14	A13	A12	A11	A10	A9	A8	A7	A6	A5	A4	A3	A2	A1	A0	
芯片 I	1	0	0	0	0	0	0	0	0	0	0	0	0	0	0	0	8000H
	⋮		⋮								⋮						⋮
	1	0	0	0	0	1	1	1	1	1	1	1	1	1	1	1	87FFH
芯片 II	1	0	0	0	1	0	0	0	0	0	0	0	0	0	0	0	8800H
	⋮		⋮								⋮						⋮
	1	0	0	0	1	1	1	1	1	1	1	1	1	1	1	1	8FFFH
芯片 III	1	0	0	1	0	0	0	0	0	0	0	0	0	0	0	0	9000H
	⋮		⋮								⋮						⋮
	1	0	0	1	0	1	1	1	1	1	1	1	1	1	1	1	97FFH

译码法与线选法相比，硬件电路稍复杂，需要使用译码器，但可充分利用存储空间，完全译码时还可避免地址重叠现象，局部译码因部分高位地址线未参与译码，因此仍存在地址重叠现象。

译码法的另一个优点是当译码器输出端留有剩余端线未用时，便于继续扩展存储器或 I/O 口接口电路。

译码法和线选法不仅适用于扩展存储器(包括片外 RAM 和片外 ROM)，还适用于扩展 I/O 口(包括各种外围设备和接口芯片)。

3. 并行扩展片外 ROM

半导体存储器分为随机存取存储器和只读存储器两大类，前者主要用于存放暂存数据及调试程序，后者主要用于存放常数及固定程序。

1) 只读存储器

只读存储器由 MOS 管阵列构成，以 MOS 管的接通或断开来存储二进制信息。按照程序要求确定 ROM 存储阵列中各 MOS 管状态的过程称为 ROM 编程。根据编程方式的不同，ROM 可分为以下 4 种。

(1) 掩膜 ROM。

掩膜 ROM 简称为 ROM，其编程是由半导体制造厂家完成的，即在生产过程中进行编程。一般在产品定型后使用，可以降低成本。

(2) 可编程 ROM (PROM)。

PROM 芯片出厂时并没有任何程序信息，应用程序可由用户一次性编程写入，但只能编程一次。PROM 芯片与掩膜 ROM 相比，有了一定的灵活性。

(3) 可擦除 ROM (EPROM 或 EEPROM)。

可擦除 ROM 芯片的内容可以由用户编程写入，并允许反复擦除，重新编程写入。

EPROM 为紫外线可擦除 ROM。EEPROM 为电可擦除 ROM。EEPROM 芯片每个字节可改写万次以上，信息的保存期大于 10 年。EPROM 和 EEPROM 芯片(如 EPROM2764(8 KB)、27128(16 KB)、27256(32 KB)、27512(64 KB)和 EEPROM2864(8 KB))给计算机应用系统带来很大的方便，不仅可以修改参数，而且断电后能保存数据。

(4) Flash ROM。

Flash ROM 是在 EPROM、EEPROM 基础上发展起来的一种具有非易失性的电可擦除型存储器。其特点是可快速在线修改其存储单元中的数据，标准改写次数可达 1 万次，而成本却比普通 EEPROM 低得多，因而可替代 EEPROM。与 EPROM 相比，EEPROM 的写入速度较慢，而 Flash ROM 的读写速度都很快，存取时间可达 70 ns。由于其性能比 EEPROM 要好，所以目前大有取代 EEPROM 的趋势。

2) EPROM2764 芯片

EPROM2764(Erasable Programmable Read Only Memory)是一种典型的紫外线可擦除 ROM。该芯片为双列直插式 28 个引脚的标准芯片，容量为 8 KB × 8 位。在 MCS-51 单片机中常用于扩展程序存储器。EPROM2764 的引脚(如图 5-4 所示)功能如下：

A12～A0：13 位地址线，地址线的引脚数目由芯片的存储容量来定；

Q7～Q0：8 位数据引脚；

$\overline{CE}$：片选信号，低电平有效；

$\overline{OE}$：输出允许信号，当 $\overline{OE}$ 有效时，输出缓冲器打开，被寻址单元的内容才能被允许输出；

$\overline{P}$：编程允许信号，低电平有效；

V_{PP}：编程电源，芯片编程时，该端加上编程电压(+25 V 或 +12 V)；正常使用时，该端加 +5 V 电源。

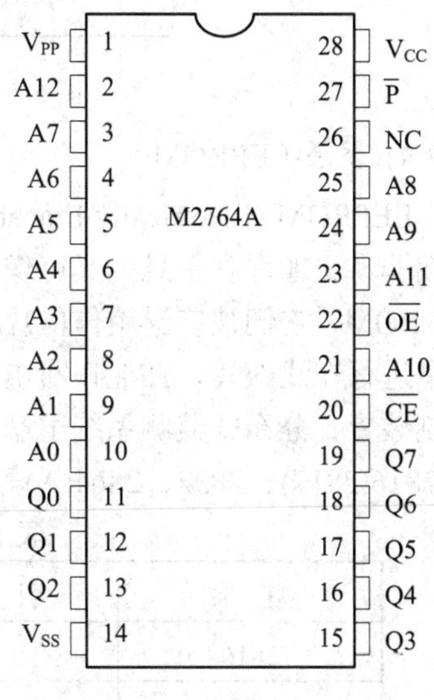

图 5-4 EPROM2764 芯片引脚

3) 扩展 EPROM

(1) 地址线：低 8 位地址由 80C51 P0.0～P0.7 与 74373 D0～D7 端连接，ALE 有效时 74373 锁存该低 8 位地址，并从 Q0～Q7 输出，与 EPROM 芯片低 8 位地址 A0～A7 相接。高位地址视 EPROM 芯片容量大小而定，2764 需 5 位，P2.0～P2.4 与 2764 A8～A12 相连；27128 需 6 位，P2.0～P2.5 与 27128 A8～A13 相连。

(2) 数据线：由 80C51 地址/数据复用总线 P0.0～P0.7 直接与 EPROM 数据线 D0～D7 相连。

(3) 控制线：

ALE——80C51 ALE 端与 74373 门控端 G 相连，专用于锁存低 8 位地址。

片选端——由于只扩展一片 EPROM，因此一般不用片选，EPROM 片选端 $\overline{CE}$ 直接接地。

输出允许端——EPROM 的输出允许端 $\overline{OE}$ 直接与 80C51 $\overline{PSEN}$ 相连，80C51 的 $\overline{PSEN}$

信号用于控制 EPROM $\overline{OE}$ 端。

$\overline{EA}$——有且使用片内 ROM 时，$\overline{EA}$ 接 V_{CC}；无片内 ROM 或仅使用片外 ROM 时，$\overline{EA}$ 接地。图 5-5 所示为芯片 2764 与 80C51 的典型连线图。

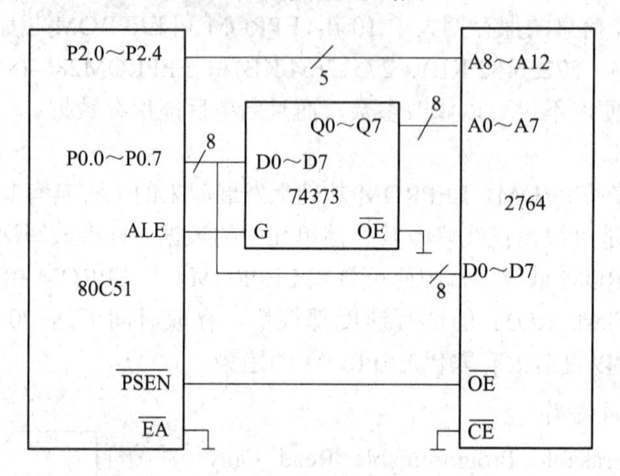

图 5-5　芯片 2764 与 80C51 的典型连线图

4) 扩展 EEPROM

EEPROM (Electrically Erasable Programmable Read Only Memory)既可像 EPROM 那样长期非易失地保存信息，又可像 RAM 那样随时用电改写，近年来出现了快擦的 FLASH EEPROM，它们被广泛用作单片机的程序存储器和数据存储器。其主要优点是能在应用系统中进行在线改写，并能在断电情况下保存数据而不需要保护电源，因此，在智能仪表、控制装置、分布式监测系统子站、开发装置中得到广泛应用。常用的 EEPROM 芯片主要有 2816(2817)、2832、2864(A)等，如表 5-3 所示。

表 5-3　常用的 EEPROM 芯片

型　号	引 脚 数	容量/字节	引脚兼容的存储器
2816	24	2 KB	2716，6116
2817	28	2 KB	
2864	28	8 KB	2764，6264
28C256	32	32 KB	27C256
28F512	32	64 KB	27C512
28F010	32	128 KB	27C010
28F020	32	256 KB	27C020
28F040	32	512 KB	27C040

常见的 EEPROM 芯片为 2864A 型芯片，下面介绍 2864A 型芯片用作片外 ROM 的工作原理和使用方法。

(1) 将 EEPROM2864A 用作片外 ROM。

EEPROM2864A 是 8 KB × 8 位电擦除可编程只读存储器，NMOS28 引脚封装芯片。其引脚结构如图 5-6 所示。各引脚功能为：A12～A0 是地址线，I/O7～I/O0 是双向数据线，

$\overline{CE}$是片选线，$\overline{OE}$是输出允许线，$\overline{WE}$是写入允许线，RDY/$\overline{BUSY}$是忙/闲状态标志，V_{CC}是+5V直流供电，GND是接地引脚。2864A读取时间最大为250ns，标准字节写入时间是10ms。2864有5种工作方式可供选择(如表5-4所示)，当读出时，$\overline{CE}$为低电平0，$\overline{OE}$为低电平0，$\overline{WE}$为高电平1；当写入时，$\overline{CE}$为低电平0，$\overline{OE}$为高电平1，$\overline{WE}$为低电平0；当$\overline{CE}$为高电平1，$\overline{CE}$、$\overline{OE}$为任意时，芯片在维持状态。

表5-4　2864A 工作方式选择

方式	$\overline{CE}$	$\overline{OE}$	$\overline{WE}$	I/O7～I/O0	RDY/$\overline{BUSY}$
读　出	0	0	1	数据输出	高阻
写　入	0	1	0	数据输入	低
维　持	1	×	×	高阻	高阻
禁止写	×	0	×	高阻/数据输出	高阻
禁止写	×	×	1	高阻/数据输出	高阻

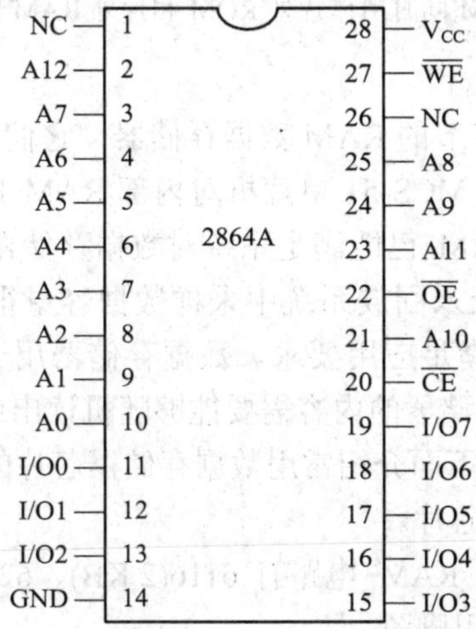

图5-6　EEPROM2864A芯片引脚

图5-7所示是EEPROM2764A作为ROM存储器扩展典型连接电路。其数据总线、地址总线和控制总线与2864A型存储器扩展基本相同，在这里不再叙述。

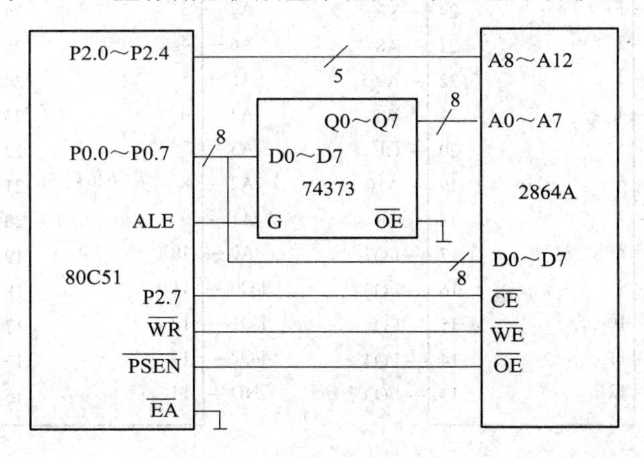

图5-7　2864A作为片外ROM时与80C51的典型连接电路

(2) 将 EEPROM2864A 同时用作片外 ROM 和片外 RAM。

图 5-8 是 EEPROM2864A 同时用作片外 ROM 和片外 RAM 的典型连接电路。

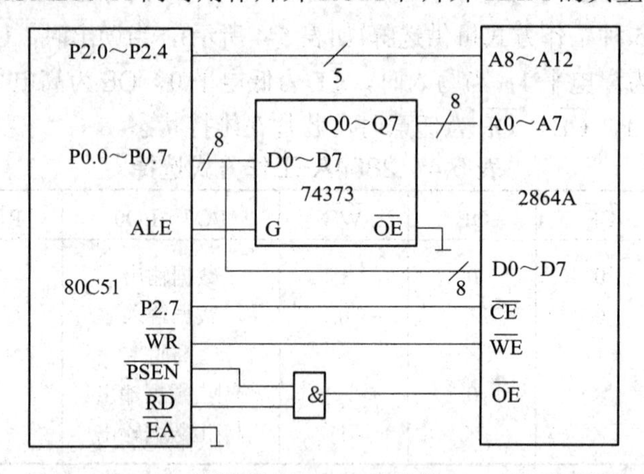

图 5-8　EEPROM 同时用作片外 ROM 和片外 RAM 的典型连接电路

5) 并行扩展片外 RAM

80C51 单片机内有 128 字节的 RAM 数据存储器，它们可以作为工作寄存器、堆栈、软件标志和数据缓存器使用。MCS-51 单片机对内部 RAM 具有丰富的操作指令。对大多数控制性应用场合，内部 RAM 已能满足系统对数据存储器的要求。对需要大容量数据缓存器的应用系统，如语音录入回放系统中采样数据容量很大，就需要在单片机外部扩展大容量的数据存储器才能满足应用要求。数据存储器用于存储现场采集的原始数据、运算结果等，所以外部数据存储器的内容需要能够随机读出或写入，通常采用半导体静态随机存取存储器 RAM 电路。下面介绍常用数据存储器芯片的工作原理和使用方法。

(1) 常用静态数据存储器芯片。

目前，单片机系统常用的 RAM 电路有 6116(2 KB)、6264(8 KB)、62128(16 KB)。图 5-9 所示为常用数据存储器的引脚图。

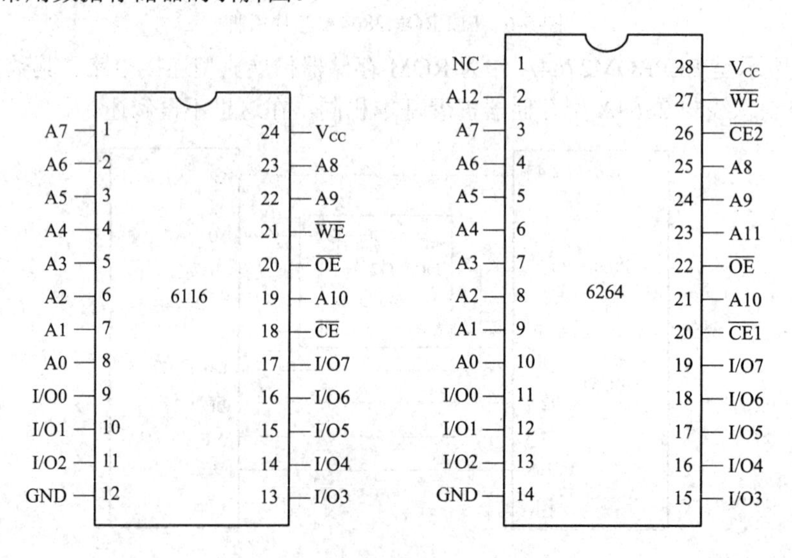

图 5-9　常用数据存储器的引脚图

引脚符号功能如下：

Ai～A0：地址线，6116 芯片地址线数量为 10，6264 芯片地址线数量为 12；

I/O7～I/O0：8 位数据线；

$\overline{\text{CE}}$：片选信号，低电平有效；

$\overline{\text{OE}}$：数据输出允许信号，当$\overline{\text{OE}}$有效时，输出缓冲器打开，被寻址单元的内容才能被读出；

$\overline{\text{WE}}$：写信号，低电平有效。

(2) 访问数据存储器常用控制信号。

MCS-51 单片机访问数据存储器扩展的常用控制信号如下：

ALE——地址锁存信号，用以实现对低 8 位地址的锁存；

$\overline{\text{WR}}$——片选数据存储器写信号；

$\overline{\text{RD}}$——片选数据存储器读信号。

(3) 数据存储器一般的扩展方法。

MCS-51 单片机扩展的外部数据存储器读/写数据时，主要考虑如何将所用的控制信号 ALE、$\overline{\text{WR}}$、$\overline{\text{RD}}$信号及地址线与数据存储器连接。在扩展一片外 RAM 时，应将$\overline{\text{WR}}$引脚与 RAM 芯片的$\overline{\text{WR}}$引脚连接，$\overline{\text{RD}}$引脚与芯片$\overline{\text{OE}}$引脚连接。ALE 信号的作用与外扩程序存储器的作用相同，即锁存低 8 位地址。

图 5-10 所示为用 RAM6116 芯片扩展 2 KB 数据存储器电路。图中 RAM 6116 芯片的 8 位数据线接 MCS-51 单片机的 P0 口，RAM6116 芯片的 A0～A10 接 MCS-51 单片机扩展的地址线 A0～A10，RAM 6116 芯片的片选信号$\overline{\text{CE}}$接地。数据存储器的地址可以为 0000H～07FFH，也可以为 0800H～0FFFH 等多块空间。如果系统中有多片 RAM 6116 芯片，则各个芯片的片选信号必须外接译码器的输出端。

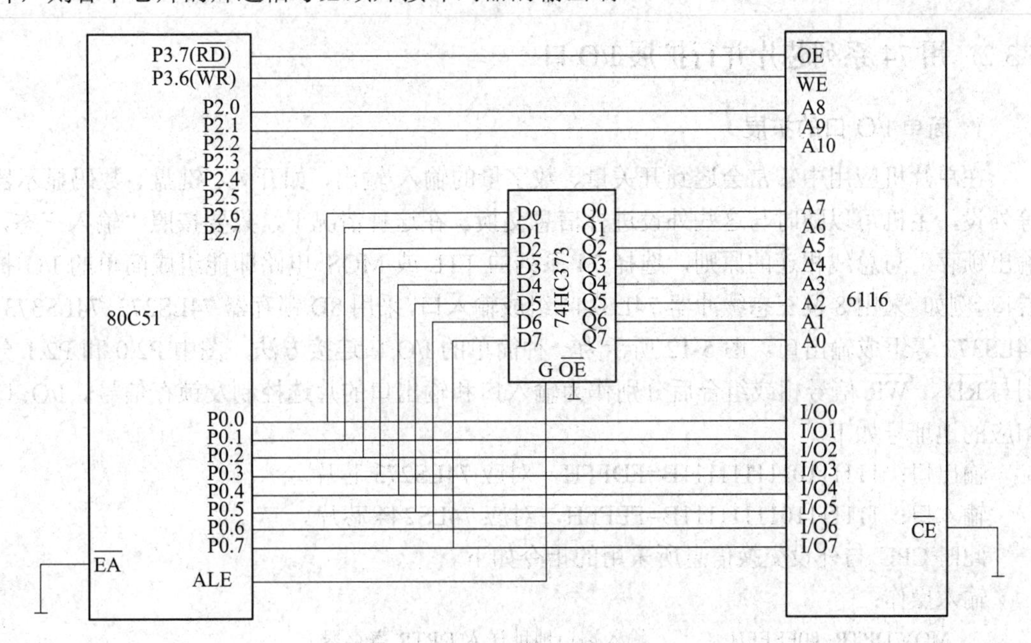

图 5-10　6116 芯片扩展 2 KB 数据存储器

(4) 同时扩展片外 ROM 和片外 RAM 存储器。

80C51 同时扩展片外 ROM 和片外 RAM 时典型连接电路如图 5-11 所示。

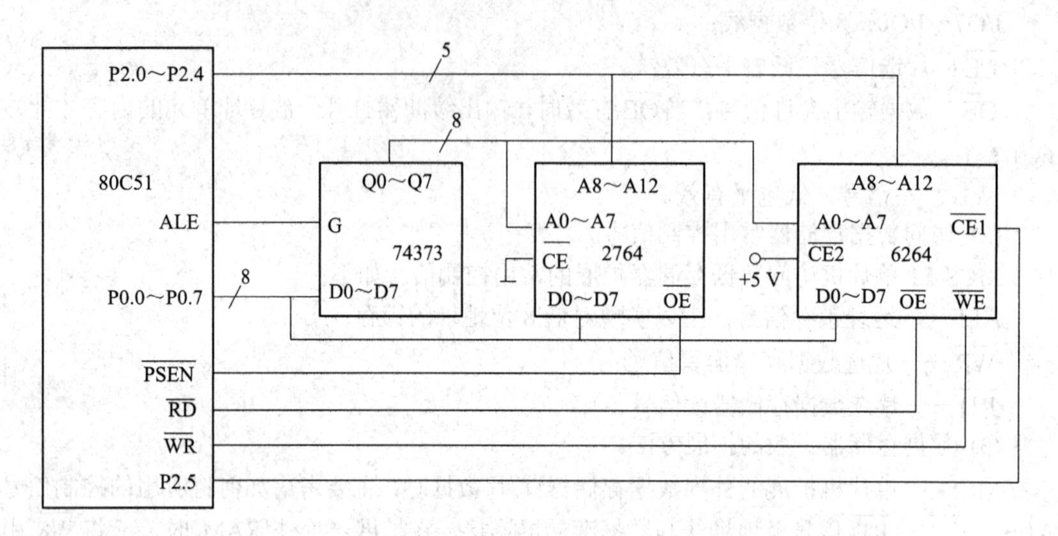

图 5-11　80C51 同时扩展片外 ROM 和片外 RAM 存储器的典型连接电路

该电路中地址线、数据线仍按 80C51 一般扩展片外 ROM 时的方式连接。

因片外 ROM 只有一片，无需片选。2764 $\overline{CE}$ 直接接地，始终有效。片外 RAM 虽然也只有一片，但系统可能还要扩展 I/O 口，而 I/O 口与片外 RAM 是统一编址的，因此一般需要片选，6264 $\overline{CE1}$ 接 P2.5，$\overline{CE2}$ 直接接 V_{CC}，这样 6264 的地址范围为 C000H～DFFFH，P2.6、P2.7 可留给扩展 I/O 口片选用。读外 ROM 执行 MOVC 指令，由 $\overline{PSEN}$ 控制 2764 $\overline{OE}$，读写外 RAM 执行 MOVX 指令，由 $\overline{RD}$ 控制 6264 $\overline{OE}$，$\overline{WR}$ 控制 6264 $\overline{WE}$。

5.3.2　用 74 系列芯片并行扩展 I/O 口

1. 简单 I/O 口的扩展

在单片机应用中常常会遇到开关量、数字量的输入/输出，如开关、键盘、数码显示器等外设，主机可以随时与这些外设进行信息交换。在这种情况下，只要按照“输入三态，输出锁存”与总线相连的原则，选择 74 系列的 TTL 或 MOS 电路即能组成简单的 I/O 扩展口。例如，采用 8 位三态缓冲器 74LS244 组成输入口，采用 8D 锁存器 74LS273、74LS373、74LS377 等组成输出口。图 5-12 所示为一种简单的 I/O 口连接方法，图中 P2.0 和 P2.1 分别与 $\overline{RD}$ 、$\overline{WR}$ 信号相或组合后分别作为输入口和输出口的片选控制及锁存信号。I/O 口相应的地址号如下。

输出口：1111110111111111B=FDFFH，对应 74LS273 芯片。

输入口：1111111011111111B=FEFFH，对应 74LS244 芯片。

此时 CPU 与外设交换信息所采用的指令如下。

输入操作：

```
MOV DPTR, #0FEFFH        ; 输入端口地址送入 DPTR 寄存器
MOVX A, @DPTR            ; 输入数据在 A 寄存器中
```

输出操作：

```
MOV A, #DATA            ; 输出数据
MOV DPTR, #0FDFFH       ; 输出端口地址送入 DPTR 寄存器
MOVX @DPTR, A           ; 输出数据
```

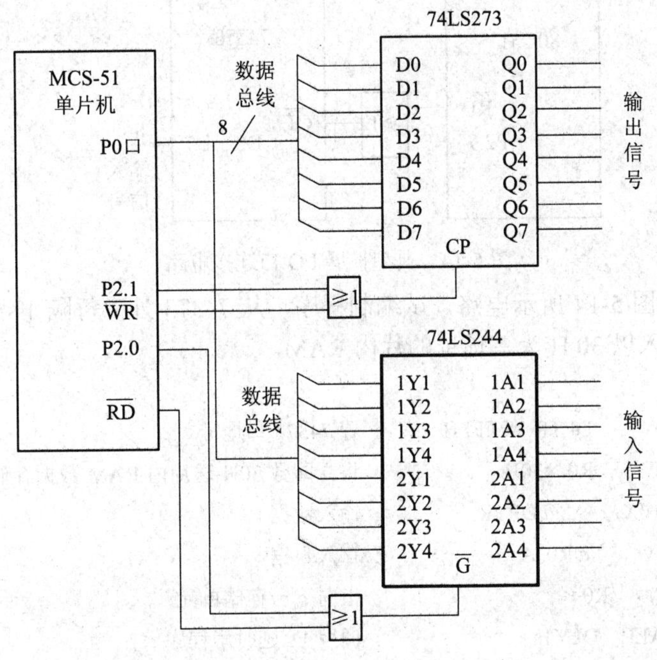

图 5-12　简单的扩展 I/O 连接方式

2. 74373 扩展输入口

74373 是 8D 三态同相锁存器，内部有 8 个相同的 D 触发器，D0～D7 为其 D 输入端；Q0～Q7 为其 Q 输出端；G 为门控位；$\overline{OE}$ 为输出允许端；加上电源端 V_{CC} 和接地端 GND，共 20 个引脚，如图 5-13 所示。

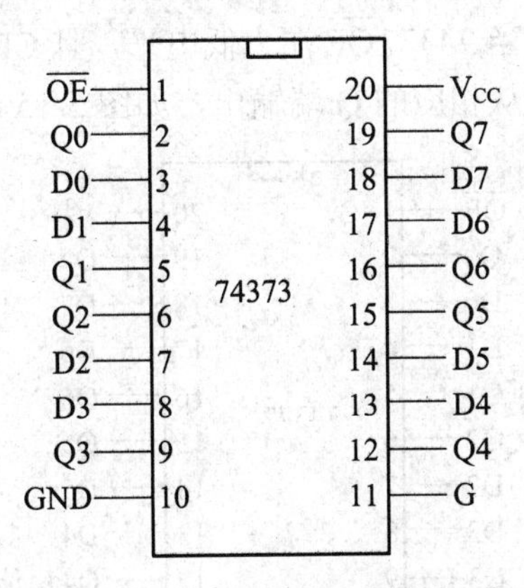

图 5-13　74373 引脚示意图

图 5-14 为典型扩展 I/O 口连接电路，G 接高电平，门控始终有效；从 D0～D7 输入的信号能直达 Q0～Q7 输出缓冲器待命；由 80C51 的 $\overline{RD}$ 和 P2.7(一般用 P2.0～P2.7 为宜)经

过或门与 74373 $\overline{OE}$ 端相连。用 74373 扩展 80C51 输入口的优点是线路简单、价格低廉、编程方便。

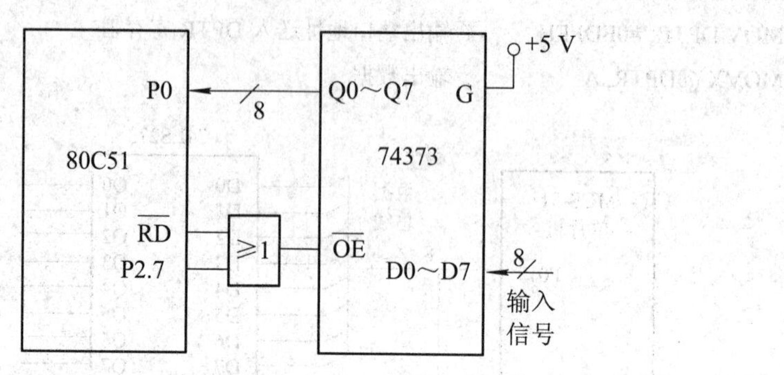

图 5-14　典型扩展 I/O 口连接电路

例 5-1　根据图 5-14 所示电路，试编制程序，从 74373 外部每隔 1 s 读入一个数据，共 16 个数据，存入以 30 H 为首地址的片内 RAM。

编程如下：

```
IND:    MOV     DPTR, #7FFFH      ; 置 74373 口地址
        MOV     R0, #30H          ; 将立即数 30H 送片内 RAM 数据存储区首地址
IND0:   MOVX    A, @DPTR          ; 输入数据
        MOV     @R0, A            ; 存入数据
        INC     R0                ; 指向下一存储单元
        LCALL   DLY1s             ; 调用 1s 延时子程序
        CJNE    R0, #40H, IND0    ; 判断 16 个数据是否读完,未完则继续循环
        RET
```

3. 74377 扩展输出口

74377 为带有输出允许控制的 8 个 D 触发器。D0～D7 为 8 个 D 触发器的 D 输入端；Q0～Q7 是 8 个 D 触发器的 Q 输出端；时钟脉冲输入端 CLK，上升沿触发，8D 共用；$\overline{OE}$ 为输出允许端，低电平有效。当 74377 $\overline{OE}$ 端为低电平，且 CLK 端有正脉冲时，在正脉冲的上升沿，D 端信号被锁存，从相应的 Q 端输出，如图 5-15 所示。

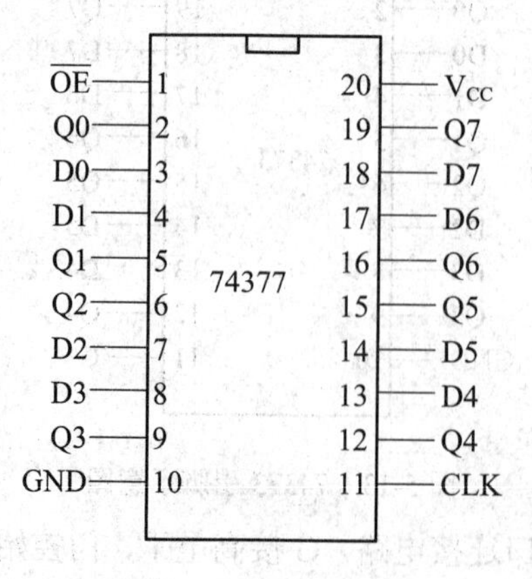

图 5-15　74377 引脚示意图

80C51 单片机的 $\overline{WR}$ 和 P2.5 分别与 74377CLK 端和输出允许端 $\overline{OE}$ 相接。P2.5 决定 74377 地址为 DFFFH。

例 5-2　根据图 5-16 所示电路图试编制程序，从 74377 连续输出 16 个数据，输出数据区首址 30H。

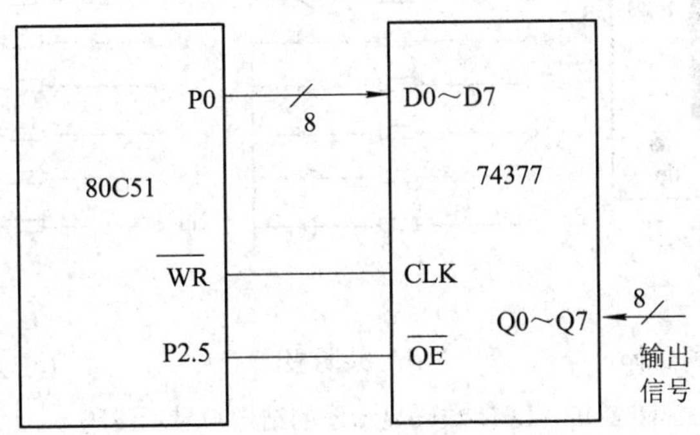

图 5-16　典型应用电路图

编程如下：

```
OUTD:  MOV    DPTR, #0DFFFH    ; 置 74377 口地址
       MOV    R0, #30H         ; 将立即数 30H 送片内 RAM 数据存储区首地址
       MOV    R2, #10H         ; 置数据长度
OUT1:  MOV    A, @R0           ; 读数据
       MOVX   @DPTR, A         ; 输出数据
       INC    R0               ; 指向下一存储单元
       DJNZ   R2, OUT1         ; 判断 16 个数据是否输出完成,未完则继续循环
       RET
```

5.3.3　LED 显示技术

1. LED 数码管结构

七段 LED 显示器(数码管)是发光器件的一种。常用的 LED 发光器件有两类：数码管和点阵。数码管内部由 7 个条形发光二极管和 1 个小圆点发光二极管组成，根据各管的亮暗组合成字符。常见数码管有 10 根引脚，引脚排列如图 5-17(a)所示。其中 COM 为公共端，a～g 为 LED 数码管的七个发光二极管。加正电压的二极管发光，加零电压的不能发光，不同亮暗的组合就能形成不同的数字，这种组合称为字段码。

根据内部发光二极管的接线形式可分为共阴极和共阳极两种。使用时，共阴极数码管公共端接地，共阳极数码管公共端接电源。每段发光二极管需 5～10 mA 的驱动电流才能正常发光，一般需加限流电阻控制电流的大小。

(1) 共阴极接法：把发光二极管的阴极连在一起构成公共阴极，使用时公共阴极接地，每个发光二极管的阳极通过电阻与输入端相连，如图 5-17(b)所示。

(2) 共阳极接法：把发光二极管的阳极连在一起构成公共阳极，使用时公共阳极接+5 V 电源，每个发光二极管的阴极通过电阻与输入端相连，如图 5-17(c)所示。

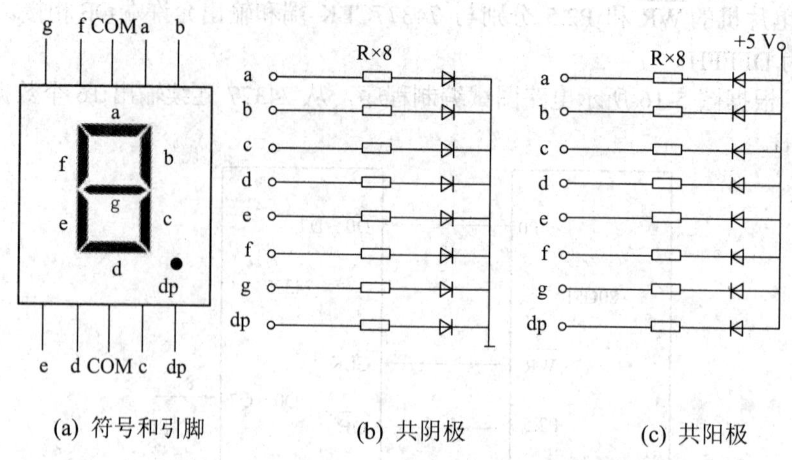

图 5-17　LED 数码显示器的结构与显示段码

2. LED 数码显示器的显示段码

显示字符是要为 LED 显示器提供显示段码(或称字形代码)，组成一个“8”字形字符的 7 段，再加上 1 个小数点位，共计 8 段，因此提供给 LED 显示器的显示段码为 1 字节。各段码位的对应关系如表 5-5 所示。

表 5-5　段码位的对应关系

段码段	D7	D6	D5	D4	D3	D2	D1	D0
位码段	dp	g	f	e	d	c	b	a

由上述对应关系组成的七段 LED 显示器字形码如表 5-6 所示。

表 5-6　七段 LED 显示器字形码

字　形	共阳极段码	共阴极段码	字　形	共阳极段码	共阴极段码
0	C0H	3FH	9	90H	6FH
1	F9H	06H	A	88H	77H
2	A4H	5BH	b	83H	7CH
3	B0H	4FH	C	C6H	39H
4	99H	66H	d	A1H	5EH
5	92H	6DH	E	86H	79H
6	82H	7DH	F	8EH	71H
7	F8H	07H	空白	FFH	00H
8	80H	7FH	P	8CH	73H

3. 显示方式及接口

1) 静态显示

80C51 单片机采用 74LS138 作为静态显示选择控制，根据程序的不同触发，对应的

LED 数码管显示对应的数字，具体连接电路如图 5-18 所示。

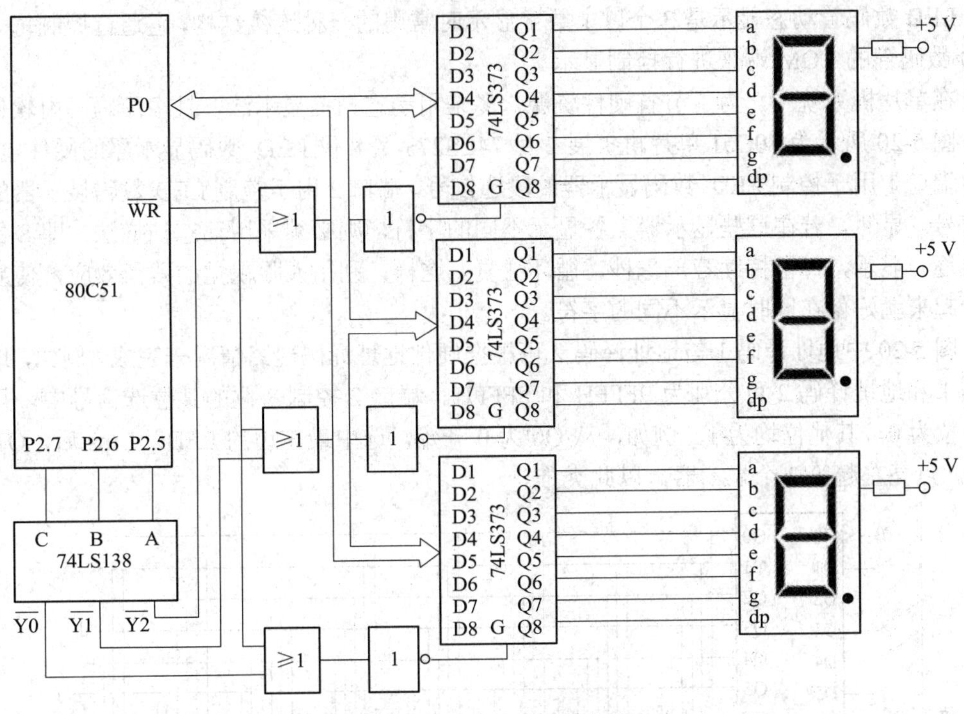

图 5-18　并行接口显示电路

80C51 利用本身串口也可以实现 LED 数码管的静态显示功能，具体连接电路如图 5-19 所示。

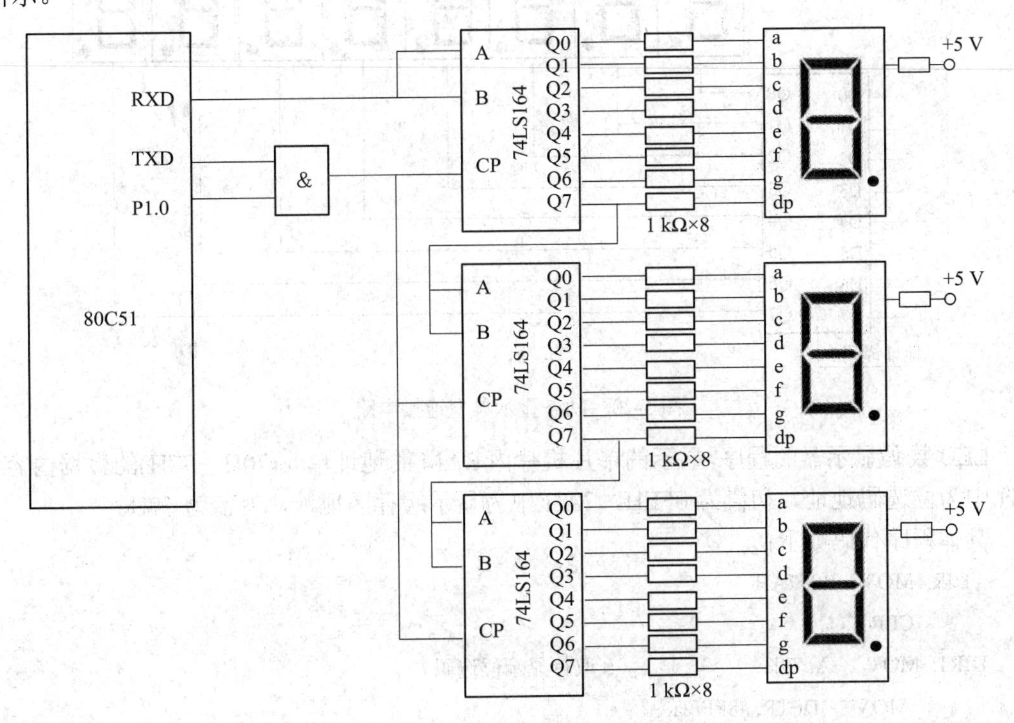

图 5-19　串行接口显示电路

2) 动态显示

LED 数码管动态显示是 3 个以上数字显示时常用的一种连接结构，它通过控制每一个 LED 数码管的 COM 端来进行控制显示。

在单片机系统中，为了节省硬件资源，多采用动态扫描显示法，且字形码可由软件产生。图 5-20 所示为 80C51 单片机扩展 2 片 74LS273 及 8 位 LED 数码显示器的硬件电路。图中端口 1 用于控制 LED 数码显示器的段选信号，端口 2 用于控制 LED 数码显示器的位选信号。显然，若在这些显示器上各显示不同的字符，则必须采用动态扫描法，即 8 位显示器逐一显示，每位持续若干毫秒，循环往复。这样，利用人眼视觉的残留效应，使显示器看起来就好像在同时显示不同的字符。

图 5-20 中地址译码 1 与地址译码 2 可根据硬件地址译码电路情况来完成。例如，地址译码 1 和地址译码 2 可分别为 9FFFH 和 8FFFH。端口 2 控制 8 位的某位选信号中，只输出一位为 0，其他位均为 1。例如，从 Q0 为 0 开始，选中最左边的 LED。1 ms 后，Q1 输出 0，点亮左起第 2 个显示器，以此类推。

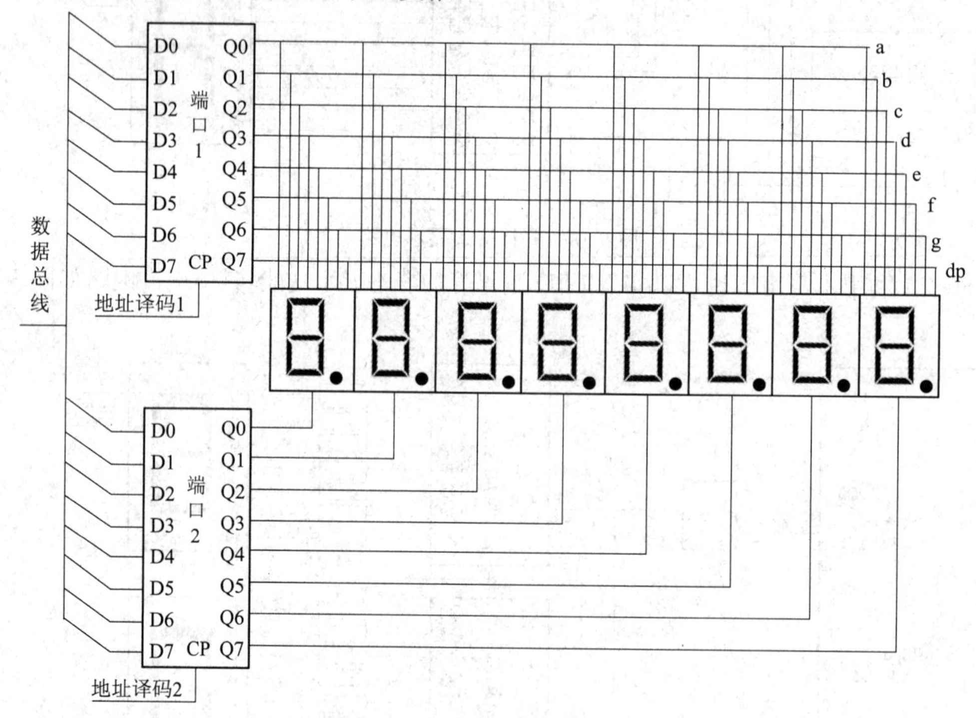

图 5-20　动态显示典型连接电路

LED 数码显示器的程序，显示的单片机片内 RAM 的地址单元(70H～77H)的数据内容，79H 中为位选码地址，初值为 0FEH，7AH 中为显示缓存区地址，初值为 70H。

具体程序代码如下：

```
DIR:  MOV   R0, 7AH
      CLR   C
DIR1: MOV   A, 79H              ; 取待显示位选码
      MOV   DPTR, #8FFFH
```

```
        MOVX    @DPTR, A            ; 输出位选码
        MOV     A, @R0              ; 取显示缓存区的显示数值
        MOV     DPTR,#TAB
        MOVC    A, @A+DPTR          ; 取段选码
        MOV     DPTR, #9FFFH
        MOVX    @DPTR, A            ; 输出段选码
        INC     7AH                 ; 修改待显示数据单元地址
        MOV     A, 79H
        RL      A                   ; 修改位选码地址，指向下一个数码管
        MOV     79H, A
        CJNE    A, #0FEH, RETQ
        MOV     7AH, #70H           ; 显示段指针赋初值
        MOV     79H, #00FEH         ; 显示位指针赋初值
RETQ:   RET
  TAB: DB 3FH, 06H, 5BH, 4FH, 66H, 6DH, 7DH, 07H, 7FH, 6FH ; 显示段码 0～9
```

5.4 任务实施

1. 分组讨论、制订方案

填写计划单，如表 5-7 所示。

表 5-7　生产线产品计件显示控制任务计划单

<table>
<tr><td>姓　名</td><td>班　级</td><td>任务分工</td><td rowspan="5">完成任务所用设备、工具、仪器仪表</td><td>设备名称</td><td>设备功能</td></tr>
<tr><td></td><td></td><td></td><td></td><td></td></tr>
<tr><td></td><td></td><td></td><td></td><td></td></tr>
<tr><td></td><td></td><td></td><td></td><td></td></tr>
<tr><td></td><td></td><td></td><td></td><td></td></tr>
<tr><td colspan="6">查、借阅资料</td></tr>
<tr><td colspan="2">资 料 名 称</td><td colspan="2">资 料 类 别</td><td>签　名</td><td>日　期</td></tr>
<tr><td colspan="2"></td><td colspan="2"></td><td></td><td></td></tr>
<tr><td colspan="2"></td><td colspan="2"></td><td></td><td></td></tr>
<tr><td colspan="6">项 目 调 试</td></tr>
<tr><td colspan="6">① 硬件电路设计

② 绘制流程图</td></tr>
</table>

续表

<table>
<tr><td colspan="4">③ 编制源程序

④ 任务实施工作总结</td></tr>
<tr><td rowspan="2">调试过程问题记录</td><td rowspan="2" colspan="2"></td><td>记录人</td></tr>
<tr><td></td></tr>
<tr><td colspan="2">签名：</td><td>日期</td><td></td></tr>
</table>

2. 设计电路并接线

根据任务要求绘制硬件电路图，如图 5-21 所示。

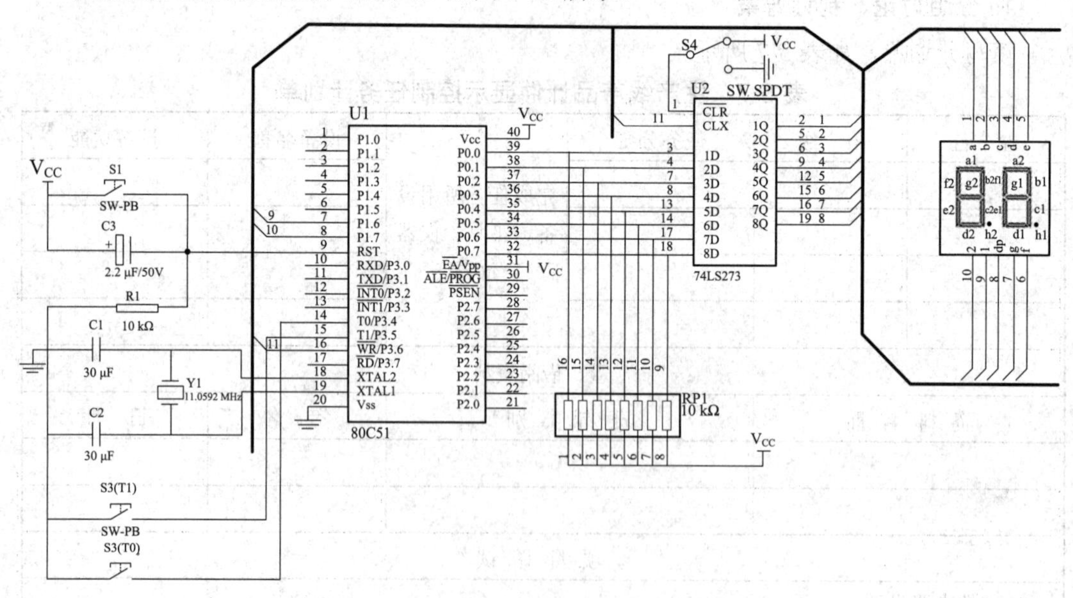

图 5-21　生产线产品计件显示控制任务硬件电路

3. 画流程图、编写源程序

1) 画流程图

根据任务要求，画出如图 5-22 所示流程图。

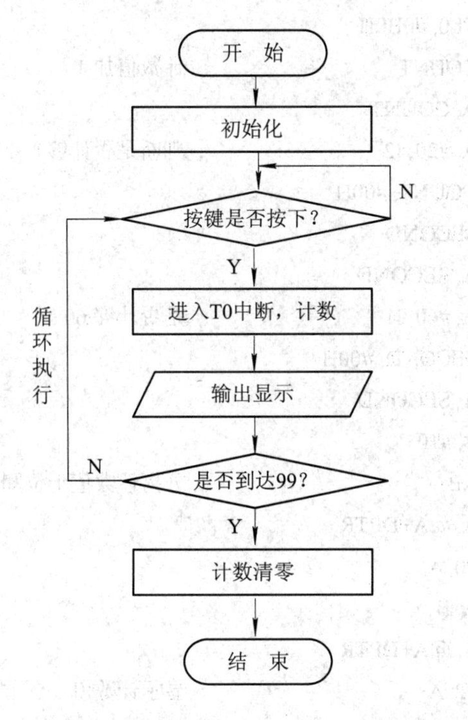

图 5-22　生产线产品计件显示控制流程图

2) 编写源程序

汇编程序如下：

```
        SECOND  EQU     30H
        COUNT   EQU     31H
        ORG     0000H
        LJMP    START
        ORG     000BH                   ; 定时器 0 中断入口
        LJMP    INT_T0
START:  MOV     SECOND, #00H
        MOV     COUNT, #00H
        MOV     DPTR, #TABLE            ; 段码表首地址
        MOV     P0, #3FH                ; 数码管显示初始化
        MOV     P2, #3FH
        MOV     TMOD, #01H              ; 设置定时器 0 工作方式
        MOV     TH0, #(65536-50000)/256 ; 定时 50 ms
        MOV     TL0, #(65536-50000) MOD 256
        SETB    TR0                     ; 启动定时/计数器 T0
        MOV     IE, #82H                ; 开中断
        LJMP    $                       ; 等待中断
INT_T0: MOV         TH0, #3CH
```

```
        MOV     TL0, #0B0H
        INC     COUNT               ; 计数值加 1
        MOV     A, COUNT
        CJNE    A, #20, I2          ; 判断是否计够 1 s
        MOV     COUNT, #00H
        INC     SECOND
        MOV     A, SECOND
        CJNE    A, #60, I1          ; 是否计够 60 s
        MOV     SECOND, #00H
    I1: MOV     A, SECOND
        MOV     B, #10
        DIV     AB                  ; 分离计数值十位和个位
        MOVC    A, @A+DPTR
        MOV     P0, A
        MOV     A, B
        MOVC    A, @A+DPTR
        MOV     P2, A               ; 显示计数值
    I2: RETI                        ; 中断返回
  TABLE: DB   3FH, 06H, 5BH, 4FH, 66H
        DB   6DH, 7DH, 07H, 7FH, 6FH
        END
```

C51 程序如下：

```
#include<reg51.h>                  //包含访问 sfr 库函数 reg51.h
unsigned char count1=0;            //中断计数器
unsigned char count2=0;            //计数器变量
usigned char code table[ ]={0x3f, 0x06, 0x5b, 0x4f, 0x66,
                           0x6d, 0x7d, 0x07, 0x7f, 0x6f};        // LED 显示字符
timer0() interrupt 1{              // T0 中断函数
    count1++;                      //计数器增 1
    if(count1==20){                //将 1 s 分为 20 个 50ms
        count1=0; count2++;
    }
    if(count2==99) count2=0;       //计数器达到 99 时清零
    P0=table[count2/10];           //显示十位数字
    P2=table[count2%10];           //显示个位数字
    TH0=0X3C;TL0=0XB0;}

main()                             //主函数
{
```

```
    TMOD=0X01;              //设置 T0 为工作方式 1
    TH0=0X3C;               //设置计数初值
    TL0=0XB0;
    P0=table[count2/10];    //显示十位数字
    P2=table[count2%10];    //显示个位数字
    ET0=1;                  //开启 T0 中断
    EA=1;                   //开启 CPU 中断
    TR0=1;                  //运行 T0
    While(1);
}
```

4. 软件、硬件联调

通过硬件接线和软件程序，调试程序运行结果。

根据结果描述现象，分析程序。

5. 写工作总结

略。

5.5　检 查 评 价

填写考核单，如表 5-8 所示。

表 5-8　生产线产品计件显示控制任务考核单

<table>
<tr><td colspan="2">任务名称：循环彩灯的控制</td><td>姓名</td><td></td><td>学号</td><td></td><td>组别</td><td></td></tr>
<tr><td>项目</td><td>评 分 标 准</td><td>评分</td><td colspan="2">同组评价得分</td><td colspan="3">指导教师评价得分</td></tr>
<tr><td rowspan="2">电路设计
(30 分)</td><td>① 正确设计硬件电路(原理错误每处扣 2 分)</td><td>15 分</td><td colspan="2"></td><td colspan="3"></td></tr>
<tr><td>② 按原理图正确接线(带电接线、拆线每次扣 5 分，接错一处扣 2 分)</td><td>15 分</td><td colspan="2"></td><td colspan="3"></td></tr>
<tr><td rowspan="5">程序编写及调试(40 分)</td><td>① 正确绘制程序流程图(每画错一处扣 2 分)</td><td>10 分</td><td colspan="2"></td><td colspan="3"></td></tr>
<tr><td>② 正确使用 KEIL 编程软件建立项目工程及程序文件，并存储到指定盘符下的文件夹中(不能正确完成此项操作，每次扣 5 分)</td><td>5 分</td><td colspan="2"></td><td colspan="3"></td></tr>
<tr><td>③ 根据 KEIL 编程软件编译提示修改程序错误(调试过程中不会查找错误，每次扣 5 分)</td><td>5 分</td><td colspan="2"></td><td colspan="3"></td></tr>
<tr><td>④ 灵活使用多种调试方法</td><td>10 分</td><td colspan="2"></td><td colspan="3"></td></tr>
<tr><td>⑤ 调试结果正确并且编程方法简洁、灵活</td><td>10 分</td><td colspan="2"></td><td colspan="3"></td></tr>
<tr><td>团队协作
(5 分)</td><td>小组在接线、程序调试过程中，团结协作，分工明确，完成任务(有个别同学不动手，不协作，扣 5 分)</td><td>5 分</td><td colspan="2"></td><td colspan="3"></td></tr>
</table>

续表

项目	评 分 标 准	评分	同组评价得分	指导教师评价得分
语言表达能力(5 分)	答辩、汇报语言简洁、明了、清晰，能够将自己的想法表述清楚	5 分		
拓展及创新能力(10 分)	能够举一反三，采用多种编程方法和实现途径，编程简洁、灵活	10 分		
安全文明操作(10 分)	不遵守操作规程扣 4 分	4 分		
	结束任务实施不清理现场扣 4 分	4 分		
	任务实施期间语言行为不文明扣 2 分	2 分		
总分 100 分				
综合评定得分(40%同组评分 + 60%教师评分)				
备注：				

思 考 与 练 习

1. 填空题

(1) 80C51 单片机扩展 I/O 口时占用片外(　　　　)存储器的地址。

(2) 80C51 单片机寻址外设端口时用(　　　　)寻址方式。

(3) 80C51 单片机 $\overline{PSEN}$ 控制(　　　　)存储器读操作。

(4) 12 根地址线可选(　　　　)个存储单元，32 KB 存储单元需要(　　　　)条地址线。

(5) 80C51 单片机访问片外存储器时利用(　　　　)信号锁存来自(　　　　)口的低 8 位地址信号。

(6) 74LS138 是具有 3 个输入端的译码器芯片，其输出作为片选信号时，最多可以选中(　　　　)块芯片。

2. 编程对扩展并行数据存储器芯片 62128 进行自检，若 62128 芯片的每一单元读/写正确，则把片内 RAM 中 20H 单元数据清零，否则 20H 单元内容为 62128 出错单元(或 20H 单元内容为 FFH)。

3. 画出 80C51 同时扩展 2764 和 6264 的典型连接电路，P2.7 为片选，并说明地址线、数据线和控制线的连接方法。

4. 根据第 3 题电路，编写程序实现 2764 中以 DATA1 为首地址的 20 个数据读出并写入 6264 中以 0100H 为首地址的存储单元。

5. 画出 74373 与 80C51 典型连接电路，P2.1 为片选，编写程序，实现将 74373 外部每隔 0.5 s 读入一个数据，共 8 个，存储到以 40H 为首地址的片内 RAM 中。

6. 画出 74377 与 80C51 典型连接电路，P2.5 为片选，编写程序，实现连续输出 16 个数据，数据首地址为 60H。

7. 简述单片机系统扩展的基本原则和实现方法。

8. 如何构造 80C51 单片机并行扩展的系统总线？

9. 举例说明线选法和译码法的应用特点。

10. 80C51 单片机扩展一片 2764 和一片 6264，组成一个既有程序存储器又有数据存储器的系统，请画出逻辑连接图，并说明各芯片的地址范围。

11. 在 80C51 单片机系统中，外接程序存储器和外接数据存储器共用 16 位地址线 A0～A15 和 8 位数据线 D0～D7，为什么不会发生冲突？

12. 80C51 单片机外扩多片 8 KB 8 位 RAM 芯片，要实现最大数据存储器扩展，采用 74LSl38 译码器进行地址译码，请画出扩展连接示意图，并说明各芯片的地址范围。

13. 举例说明程序存储器和数据存储器扩展的原则和方法。

14. 外接程序存储器的读信号是哪个？外接数据存储器的读信号是哪个？

15. 80C51 单片机采用哪一种 I/O 编址方式？有哪些？

任务6 矩阵键盘设计与扫描

6.1 任务描述

用实验箱上的8255A可编程并行接口芯片设计4×4矩阵键盘，要求在键盘上每按一个数字键，就用发光二极管将代码显示出来。

6.2 任务目标

1. 能力目标

(1) 能够设计扩展可编程I/O口8255A电路并编程。

(2) 培养设计矩阵键盘接口电路并编制键盘扫描程序的能力。进一步体会大型程序的编制和调试技巧。

2. 知识目标

(1) 掌握扩展可编程I/O口8255A电路的设计与编程方法。

(2) 掌握矩阵键盘接口电路的设计与编程方法。

6.3 相关知识

8255A是一种通用的可编程并行I/O接口芯片，又称可编程外设接口芯片，可由程序来改变其功能，通用性强、使用灵活。8255A是为Intel 8080/8085系列微处理设计的，也可用于其他系列单片机系统。

键盘是一种常见的输入设备，用户可以通过它向计算机输入数据或命令。根据按键的识别方法分类，键盘有编码和非编码两种。通过硬件识别的键盘称为编码键盘；通过软件识别的键盘称为非编码键盘。

本任务主要是使用可编程I/O口8255A和键盘实现一个简单电路，具体内容包括对8255A芯片的认识及扩展、键盘的认识及设计。

6.3.1 可编程I/O口8255A扩展技术

1. 8255A的内部结构及原理

8255A的内部结构(如图6-1所示)由三部分电路组成：与CPU的接口电路、内部控制逻辑电路和与外设连接的输入/输出接口电路。

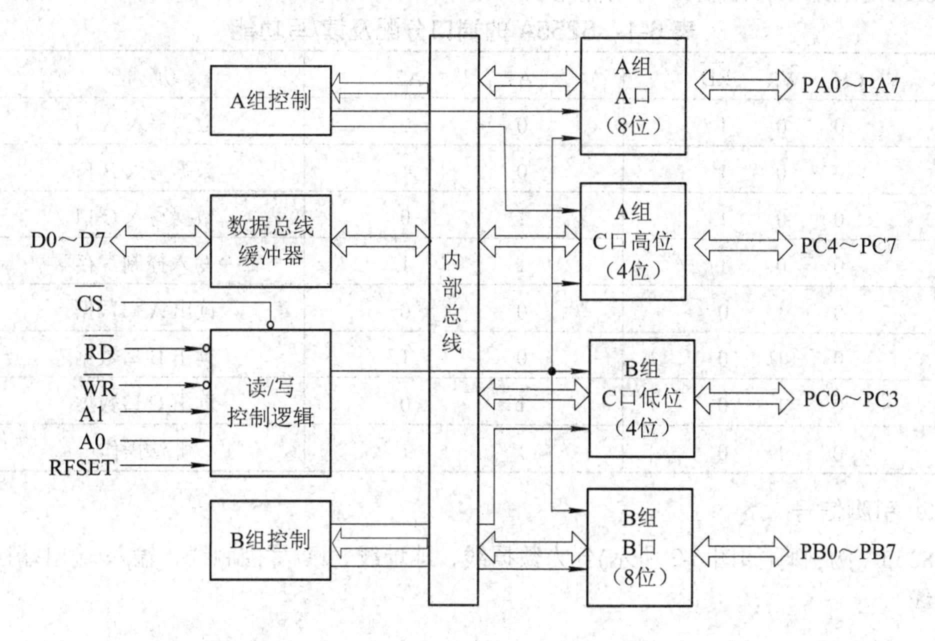

图 6-1　可编程 I/O 口 8255A 的内部结构

1) 与 CPU 的接口电路

与 CPU 的接口电路由数据总线缓冲器和读/写控制逻辑组成。

数据总线缓冲器是一个三态、双向、8 位寄存器，8 条数据线 D0～D7 与系统数据总线连接，构成 CPU 与 8255A 之间信息传送的通道，CPU 通过执行输出指令向 8255A 写入控制命令或往外设传送数据，通过执行输入指令读取外设输入的数据。

读/写控制逻辑电路用来接收 CPU 系统总线的读信号，写信号，片选信号，端口选择信号 A1、A0 和复位信号 RESET，用于控制 8255A 内部寄存器的读/写操作和复位操作。

2) 内部控制逻辑电路

内部控制逻辑包括 A 组控制与 B 组控制两部分。

A 组控制寄存器用来控制 A 口 PA0～PA7 和 C 口的高 4 位 PC4～PC7；

B 组控制寄存器用来控制 B 口 PB0～PB7 和 C 口的低 4 位 PC0～PC3。

A 组、B 组控制寄存器接收 CPU 发送来的控制命令，对 A、B、C 端口的输入/输出方式进行控制。

3) 输入/输出接口电路

8255A 片内有 A、B、C 3 个 8 位并行端口，A 口和 B 口分别有 1 个 8 位的数据输出锁存/缓冲器和 1 个 8 位数据输入锁存器，C 口有 1 个 8 位数据输出锁存/缓冲器和 1 个 8 位数据输入缓冲器，用于存放 CPU 与外部设备交换的数据。

在 8255A 的 3 个数据端口和 1 个控制端口中，数据端口既可以写入数据又可以读出数据，控制端口只能写入命令而不能读出；读/写控制信号($\overline{RD}$、$\overline{WR}$)和端口选择信号($\overline{CS}$、A1、A0)的状态组合可以实现 A、B、C 3 个端口和控制端口的读/写操作。

8255A 的端口分配及读/写功能见表 6-1。

表 6-1　8255A 的端口分配及读/写功能

$\overline{CS}$　$\overline{WR}$　$\overline{RD}$	A1　A2	功　能
0　0　1	0　0	数据写入 A 口
0　0　1	0　1	数据写入 B 口
0　0　1	1　0	数据写入 C 口
0　0　1	1　1	命令写入控制寄存器中
0　1　0	0　0	读出 A 口数据
0　1　0	0　1	读出 B 口数据
0　1　0	1　0	读出 C 口数据
0　1　0	1　1	非法操作

2. 引脚信号

8255A 的引脚(如图 6-2 所示)分为数据线、地址线、读/写控制线、输入/输出端口线和电源线。

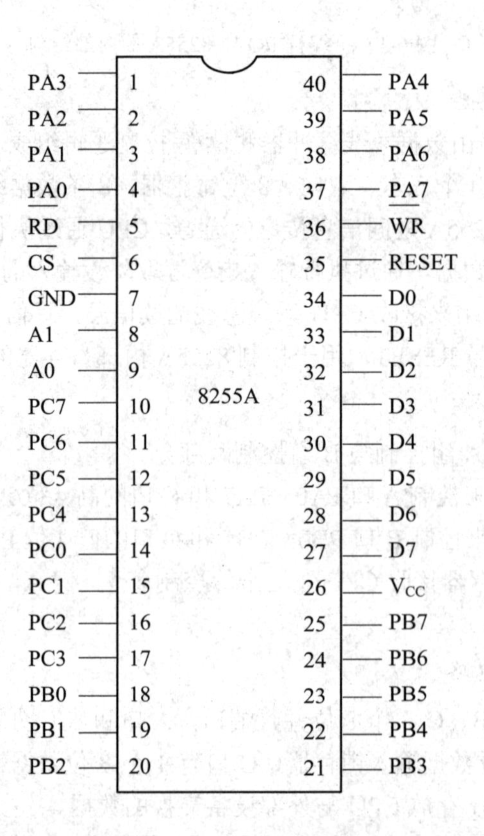

图 6-2　8255A 引脚图

(1) D7～D0：三态、双向数据线，与 CPU 数据总线连接，用来传送数据。

(2) $\overline{CS}$：片选信号线，低电平有效时，芯片被选中。

(3) A1、A0：地址线，用来选择内部端口。

(4) $\overline{RD}$：读出信号线，低电平有效时，允许数据读出。

(5) $\overline{WR}$：写入信号线，低电平有效时，允许数据写入。

(6) RESET：复位信号线，高电平有效时，将所有内部寄存器(包括控制寄存器)清零。

(7) PA0～PA7：A 口输入/输出信号线。

(8) PB0～PB7：B 口输入/输出信号线。

(9) PC0～PC7：C 口输入/输出信号线。

(10) V_{CC}：+5 V 电源。

(11) GND：电源地线。

3. 8255A 的工作方式及其初始化编程

8255A 有三种工作方式：基本输入/输出方式、单向选通输入/输出方式和双向选通输入/输出方式。

1) 8255A 的工作方式

(1) 基本输入/输出方式(Basic Input/Output)：工作方式 0。

工作方式 0 是 8255A 的基本输入/输出方式，其特点是与外设传送数据时，不需要设置专用的联络(应答)信号，可以无条件地直接进行 I/O 传送。

A、B、C 3 个端口都可以工作在方式 0。A 口和 B 口在工作方式 0 下，只能设置为以 8 位数据格式输入/输出；C 口在工作方式 0 时，可以将高 4 位和低 4 位分别设置为数据输入或数据输出方式。

工作方式 0 常用于与外设无条件数据传送或以查询方式数据传送，如图 6-3 所示。

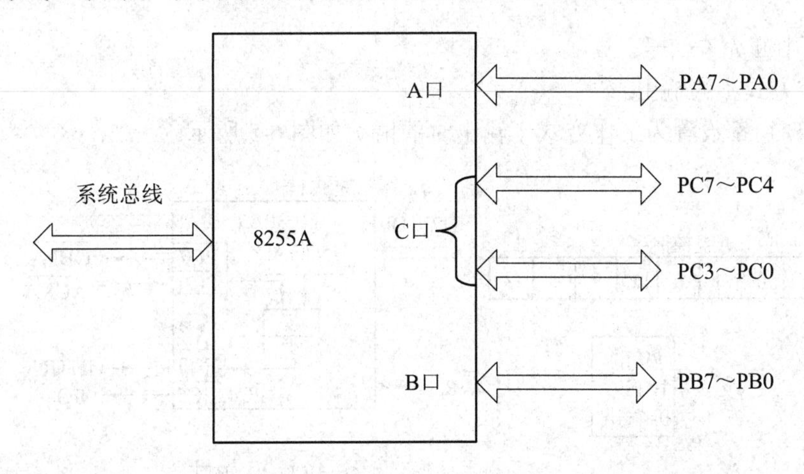

图 6-3　工作方式 0 的输入/输出

(2) 单向选通输入/输出方式(Strobe Input/Output)：工作方式 1。

工作方式 1 是一种带选通信号的单方向输入/输出工作方式，其特点是与外设传送数据时，需要联络信号进行协调，允许用查询或中断方式传送数据。

① 工作方式 1 的输入。

A 口和 B 口都设置为工作方式 1 输入时的情况如图 6-4 所示。

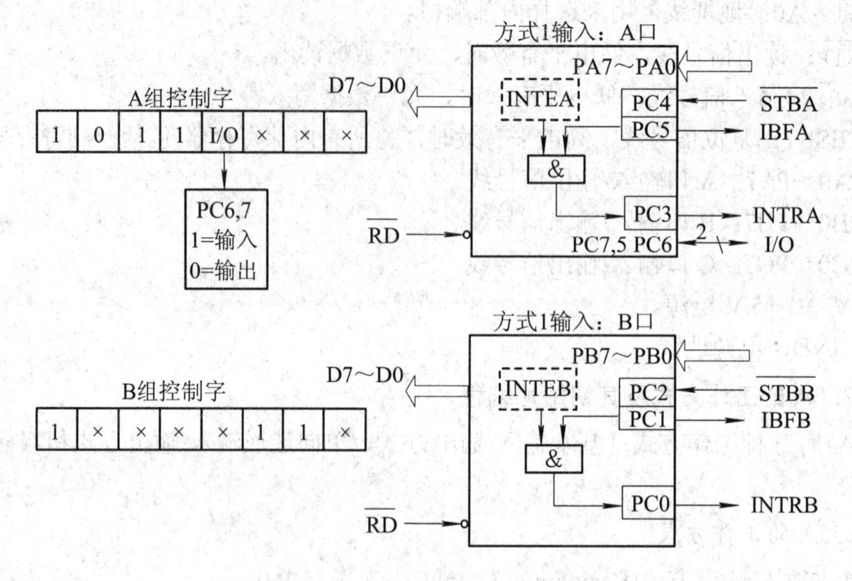

图 6-4　A 口和 B 口在方式 1 输入时的情况

当 A 口设定为以工作方式 1 输入时，A 口所用三条联络信号线是 C 口的 PC3、PC4、PC5，B 口则用了 C 口的 PC0、PC1、PC2 作为联络信号。各联络线的定义如下。

$\overline{\text{STB}}$：外设送来的输入选通信号，低电平有效。

IBF：8255A 送到外设的输入缓冲器满信号，高电平有效。

INTR：8255A 送到 CPU 或系统总线的中断请求信号，高电平有效。该信号还受 INTE 控制。

INTE：中断允许信号。

② 工作方式 1 的输出。

A 口和 B 口都设置为工作方式 1 输出时的情况如图 6-5 所示。

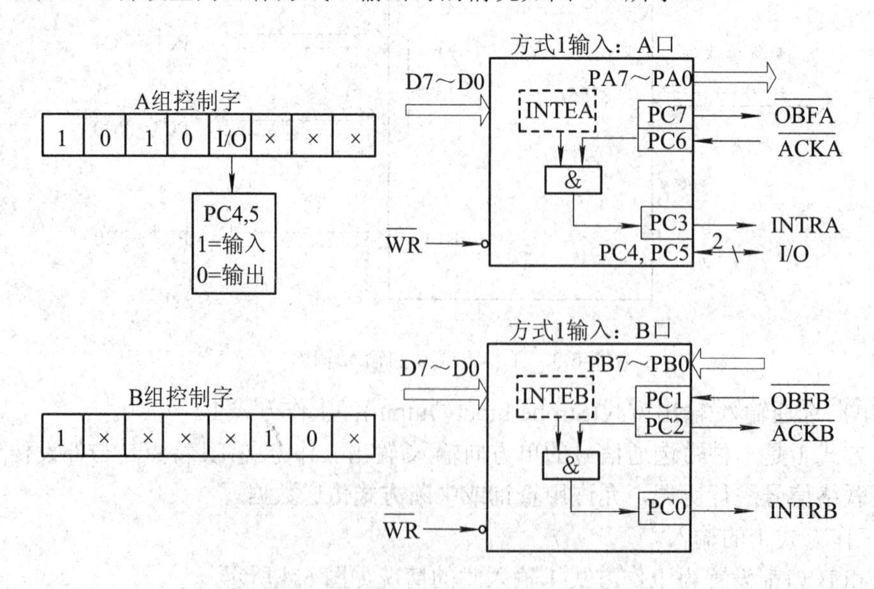

图 6-5　A 口和 B 口在方式 1 输出时的情况

当 A 口与 B 口设为以工作方式 1 输出时，也分别指定 C 口的三条线为联络信号，A 口所用三条联络信号线是 C 口的 PC3、PC6、PC7，B 口则用了 PC0、PC1、PC2。各联络线的定义如下。

$\overline{\text{OBF}}$：传送外设的输出缓冲器满信号，低电平有效。

$\overline{\text{ACK}}$：外设送来的响应信号，低电平有效。

INTR：中断请求信号，高电平有效。该信号受到 INTE 控制。

INTE：功能和输入方式一样。

(3) 双向选通输入/输出方式(Bi-directional bus)：工作方式 2。

方式 2 是一种双向选通输入/输出方式，只适用于 A 口，方式 2 下的引脚定义如图 6-6 所示。在方式 2 下，各联络信号的含义如下。

INTR：中断请求信号，高电平有效。

$\overline{\text{OBF}}$：输出缓冲器满，低电平有效。

$\overline{\text{ACK}}$：来自外设的响应信号，低电平有效。

$\overline{\text{STB}}$：来自外设的选通输入，低电平有效。

IBF：输入缓冲器满，高电平有效。

INTE：中断允许信号。

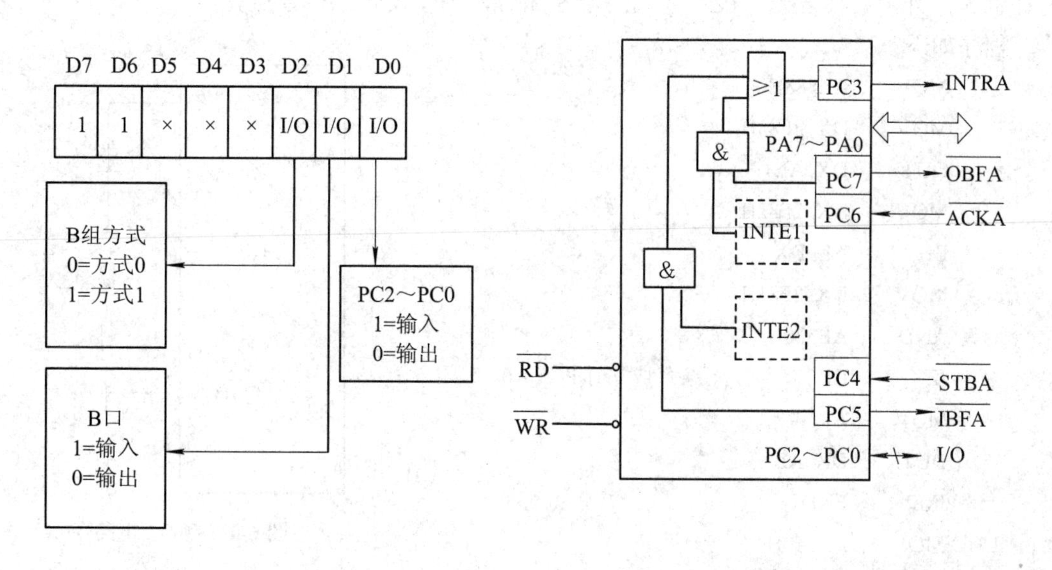

(a) 方式 2 控制字　　(b) 方式 2 引脚

图 6-6　方式 2 下的引脚定义

2) 8255A 初始化编程

8255A 的初始化编程比较简单，只需要将工作方式控制字写入控制端口即可。另外，C 口置位/复位控制字的写入只是对 C 口指定位输出状态起作用，对 A 口和 B 口的工作方式没有影响，因此只有需要在初始化时指定 C 口某一位的输出电平时，才写入 C 口置位/复位控制字。

例 6-1　设 8255A 的 A 口工作在方式 0，数据输出，B 口工作在方式 1，数据输入，编写初始化程序(设 8255A 的端口地址为 FF80H～FF83H)。

初始化程序如下：

```
MOV     DX, 0FF83H          ; 控制寄存器端口地址为 FF83H
MOV     AL, 10000110B       ;A 口方式 0，数据输出，B 口方式 1，数据输入
OUT     DX, AL              ; 将控制字写入控制端
```

例 6-2　将 8255A 的 C 口中 PC0 设置为高电平输出，PC5 设置为低电平输出，编写初始化程序(设 8255A 的端口地址为 FF80H～FF83H)。

初始化程序如下：

```
MOV     DX, 0FF83H          ; 控制端口的地址为 FF83H
MOV     AL, 00000001B       ; PC0 设置为高电平输出
OUT     DX, AL              ; 将控制字写入控制端口
MOV     AL, 00001010B       ; PC5 设置为低电平输出
OUT     DX, AL              ; 将控制字写入控制端口
```

例 6-3　如图 6-7 所示，设 8255 端口地址为 2F80～2F83H，编程设置 8255A 组、B 组均工作于方式 0，A 口输出，B 口输出，C 口高 4 位输入，低 4 位输出。读入开关 S 的状态，若 S 打开，则使发光二极管熄灭；若 S 闭合，则使发光二极管点亮。

程序如下：

```
     MOV    AL, 88H
     MOV    DX, 2F83H
     OUT    DX, AL
     MOV    DX, 2F82H
     IN     AL, DX
     MOV    DX, 2F81H
     AND    AL, 20H
     JZ     L1          ; 条件成立时 PC5 = 0，S 闭合
     MOV    AL, 0
     OUT    DX, AL
     JMP    END1
L1:  MOV    AL, 40H
     OUT    DX, AL
     END
```

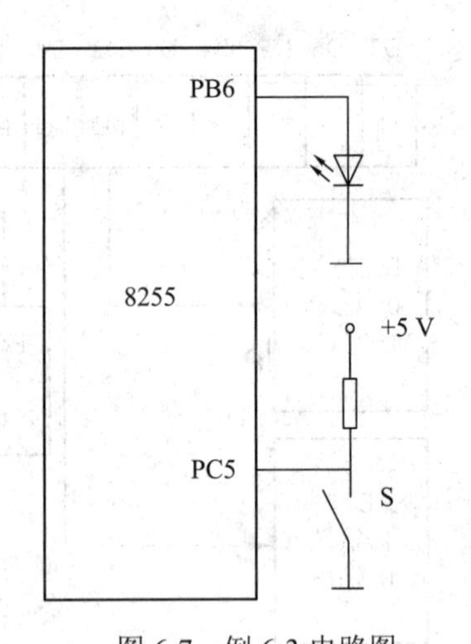

图 6-7　例 6-3 电路图

6.3.2　键盘扫描技术

1. 键盘接口概述

1) 按键的分类

按键根据结构原理可分为两类，一类是触点式开关按键，如机械式开关、导电橡胶式

开关等；另一类是无触点开关按键，如电气式按键、磁感应按键等；前者造价低，后者寿命长。目前，微机系统中最常见的是触点式开关按键。

按键根据接口原理可分为编码键盘与非编码键盘两类，这两类键盘的主要区别是识别键符及给出相应键码的方法。编码键盘主要是用硬件来实现对键的识别，非编码键盘主要是由软件来实现键盘的定义与识别。

全编码键盘能够由硬件逻辑自动提供与键对应的编码，此外，一般还具有去抖动和多键、窜键保护电路。这种键盘使用方便，但需要较多的硬件，价格较贵，一般的单片机应用系统较少采用。非编码键盘只简单地提供行和列的矩阵，其他工作均由软件完成。由于其经济实用，较多地应用于单片机系统中。下面将重点介绍非编码键盘接口。

2) 键输入原理

在单片机应用系统中，除了复位按键有专门的复位电路及专一的复位功能外，其他按键都是以开关状态来设置控制功能或输入数据。当所设置的功能键或数字键按下时，计算机应用系统应完成该按键所设定的功能，按键信息输入是与软件结构密切相关的过程。

对于一组键或一个键盘，总有一个接口电路与 CPU 相连。CPU 可以采用查询或中断方式了解有无将键输入并检查是哪一个键按下，将该键号送入累加器 ACC，然后通过跳转指令转入执行该键的功能程序，执行完后再返回主程序。

3) 按键开关去抖动问题

微机键盘通常使用机械触点式按键开关，其主要功能是把机械上的通断转换成为电气上的逻辑关系。也就是说，它能提供标准的 TTL 逻辑电平，以便与通用数字系统的逻辑电平相容。

机械式按键按下或释放时，由于机械弹性作用的影响，通常伴随有一定时间的触点机械抖动，然后其触点才稳定下来。其抖动过程如图 6-8 所示，抖动时间的长短与开关的机械特性有关，一般为 5～10 ms。

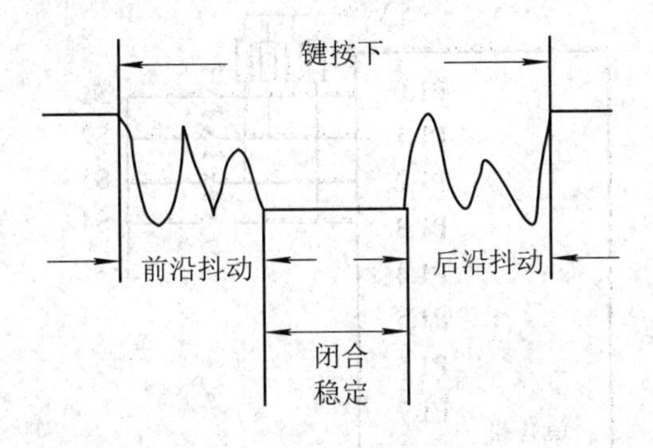

图 6-8　机械按键抖动过程

在触点抖动期间检测按键的通与断状态，可能导致判断出错，即按键一次按下或释放被错误地认为是多次操作，这种情况是不允许出现的。为了克服按键触点机械抖动所致的检测误判，必须采取去抖动措施。一般采用硬件去抖动和软件去抖动两种方式。

硬件去抖动是在键盘中附加去抖动电路，从根源上消除抖动产生的可能性，在硬件上可在按键输出端加 R-S 触发器(双稳态触发器)或单稳态触发器构成去抖动电路。

软件去抖动是在检测到有按键按下时，执行一个 10ms 左右(具体时间应视所使用的按键进行调整)的延时程序后，再确认该键电平是否仍保持闭合状态，若仍保持闭合状态，则确认该键处于闭合状态。同理，在检测到该键释放后，也应采用相同的步骤进行确认，从而可消除抖动的影响。

4) 按键的连接方式

按键与 CPU 的连接方式可分为独立式按键和矩阵式键盘。

独立式按键是直接用 I/O 口线构成的单个按键电路，其特点是每个按键单独占用一根 I/O 口线，每个按键的工作不会影响其他 I/O 口线的状态。

矩阵式键盘又称行列式键盘，它由行线和列线组成，按键位于行、列线的交叉点上，按键按下时，行线和列线连通。

5) 键盘扫描控制方式

CPU 对键盘处理控制的工作方式有三种。

程序控制扫描方式：CPU 在工作之余，调用键盘扫描子程序，响应按键输入信号要求。

定时控制扫描方式：利用定时计数器每隔一段时间产生定时中断，CPU 响应中断后对键盘进行扫描。

中断控制方式：利用外部中断源响应按键输入信号。

2. 独立按键接口

在单片机系统中，若所需按键数量少，则可采用独立式键盘。每只按键接单片机的一条 I/O 线，通过对输入线的查询，即可识别出各按键的状态。如图 6-9 所示，4 只按键分别接在 MCS-51 单片机的 P1.0～P1.3 I/O 线上。无按键按下时，P1.0～P1.3 线上均输入高电平；当某键按下时，与其相连的 I/O 线将得到低电平输入。

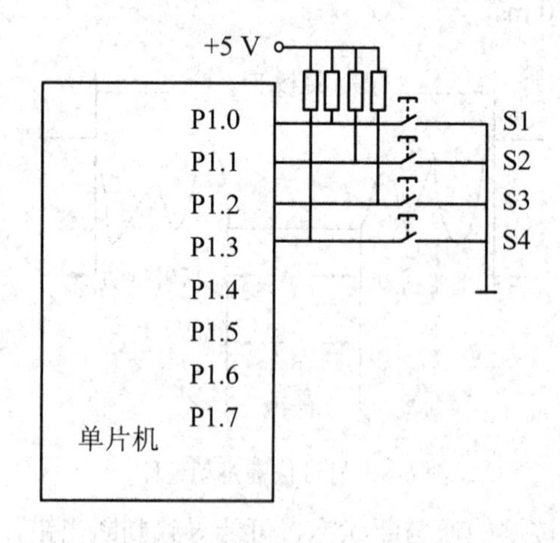

图 6-9　独立键盘接口电路

下面是查询方式的键盘程序。SS1～SS4 为功能程序入口地址标号，其地址间隔应能容纳 JMP 指令字节，PROM0～PROM3 分别为每个按键的功能程序。

```
        MOV     A, #0FFH
        MOV     P1, A           ; 置 P1 口为输入状态
```

```
START:  MOV     A, P1         ; 按键状态输入
        JNB     ACC.0, S1     ; 检测 0 号键是否按下，当按键按下时转 S1
        JNB     ACC.1, S2     ; 检测 1 号键是否按下，当按键按下时转 S2
        JNB     ACC.2, S3     ; 检测 2 号键是否按下，当按键按下时转 S3
        JNB     ACC.3, S4     ; 检测 3 号键是否按下，当按键按下时转 S4
        JMP     START         ; 无按键按下返回，再顺次检测
  SS1:  AJMP    PROM0
  SS2:  AJMP    PROM1
  SS3:  AJMP    PROM2
  SS4:  AJIMP   PROM3
PROM0:  …                     ; S1 号键功能程序
        AJMP    START         ; S1 号键功能程序执行完返回
PROM1:  …                     ; S2 号键功能程序
        AJMP    START         ; S2 号键功能程序执行完返回
PROM2:  …                     ; S3 号键功能程序
        AJMP    START         ; S3 号键功能程序执行完返回
PROM3:  …                     ; S4 号键功能程序
        AJMP    START         ; S4 号键功能程序执行完返回
```

3. 矩阵式键盘

在单片机系统中需要安排较多的按键时，通常把按键排列成矩阵形式，这样可以节省硬件资源。例如，对于 20 个按键接口，如采用独立按键方式，则需用 20 个 I/O 口；如采用矩阵式按键方式，则需用 9 个 I/O 口。图 6-10 所示为采用 1 个 74LS244 和 1 个 74LS273 组成的 20 只按键接口电路。

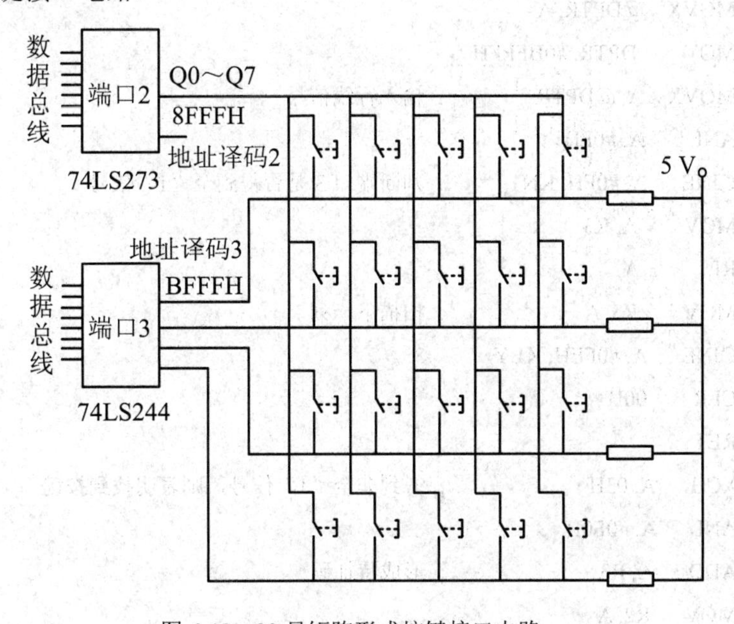

图 6-10　20 只矩阵形式按键接口电路

单片机系统中的非编码式键盘程序主要由以下几部分实现。

1) 判别是否有键按下子程序

通过该电路向所有列线(端口 2)输出低电平信号，如果列线所连接的键没有按下，则行线所接的端口 3 得到的是全“1”信号；如果有键按下，则得到非全“1”信号。

下列程序为判别是否有键按下子程序，A 寄存器内容不为 0 表示有键按下。

```
KS:  MOV    DPTR, #8FFFH       ；判别键按下子程序，A 不为 0，则有键按下
     MOV    A, #00H
     MOVX   @DPTR, A           ；向所有列线发出低电平信号
     MOV    DPTR, #0BFFFH
     MOVX   A, @DPTR           ；输入行线信号
     CPL    A
     ANL    A, #0FH
     RET
```

2) 按键的识别子程序

如果有按键按下，则需判别具体的键值。具体方法是采用逐列输出低电平，输入行线信号，判断端口 3 是否得到全“1”信号，如果得到非全“1”信号，则表明找到键。采用特征码寻找键值。下列程序为判别键值子程序。位地址 00H = 0 表示没有找到键值；位地址 00H = 1 表示找到键值。键值在 R3 寄存器中。

```
K2:   MOV   R3, #0F7H          ；按键识别子程序
KEY:  MOV   DPTR, #8FFFH
      MOV   A, R3              ；使某列为 0
      MOVX  @DPTR, A
      MOV   DPTR, #0BFFFH
      MOVX  A, @DPTR           ；输入行线信号
      ANL   A, #0FH
      CJNE  A, #0FH, KN1       ；判断端口 3 是否得到全“1”信号
      MOV   A, R3
      RL    A
      MOV   R3, A              ；扫描下一列
      CJNE  A, #0FEH, KEY
      CLR   00H
      RET
KN1:  XCH   A, 03H             ；得到非全“1”信号，则表明找到按键
      ANL   A, #0F0H
      ADD   A, R3              ；形成特征码
      MOV   R2, A
```

```
        MOV    R3, #0
LKP:    MOV    DPTR, #TG
        MOV    A, R3
        MOVC   A, @A+DPTR        ; 取某键的特征码
        CJNE   A, 02H, NEXT      ; 与形成特征码比较
        SETB   00H               ; 找到键值，在 R3 寄存器中
        MOV    A, R3
        RET
NEXT:   INC    R3
        MOV    A, R3
        CJNE   A, #14H, LKP
        CLR    00H
        RET
TG:     DB     0FEH, 0FDH, 0FBH, 0F7H      ; 特征码
        DB     0EEH, 0EDH, 0EBH, 0E7H
        DB     0DEH, 0DDH, 0DBH, 0D7H
        DB     0BEH, 0BDH, 0BBH, 0B7H
        DB     7EH, 7DH, 7BH, 77H
```

3) 键处理程序

可以利用键的散转程序实现相应的键处理程序。按键的转移首地址在 DPTR 中。常用的程序段如下：

```
        MOV    DPTR, #TBB
        MOV    A, R3
        RL     A
        JMP    @A + DPTR
TBB:    AJMP   KK1
        AJMP   KK2
        ⋮
        AJMP   KK20
```

4. 键盘、显示器组合接口

1) 硬件电路

图 6-11 是一个采用两片 74LS273 和一片 74LS244 扩展口构成的键盘、显示器组合接口电路。图中设置了 20 个按键，8 位 LED 显示器采用共阴极数码管。段选码由端口 1 提供，位选码由端口 2 提供，键盘的行输入由端口 3 提供，列输出端口与显示器的位选输出共用，行输出由 Q0～Q4 提供。显然，因为键盘与显示器共用了端口 2，与单独接口相比，节省了 I/O 口。

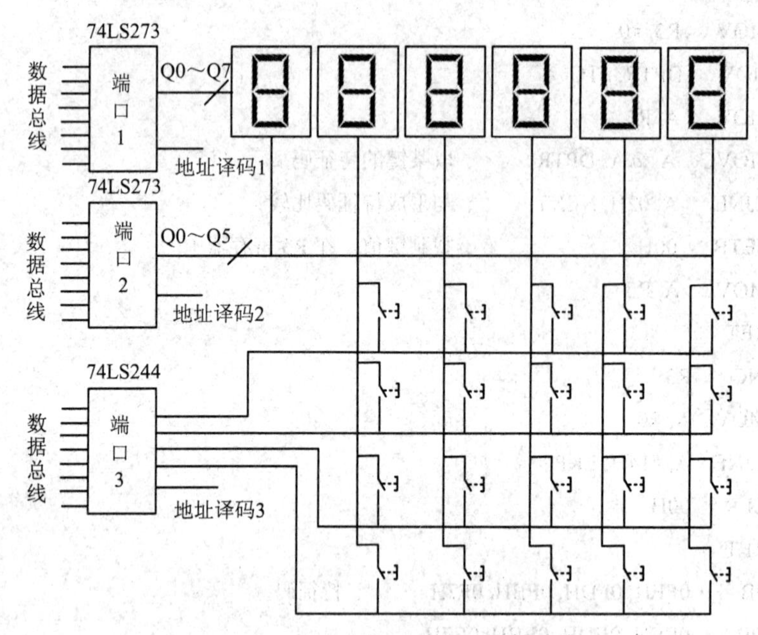

图 6-11 键盘、显示器组合接口电路

2) 软件设计

LED 采用动态显示、软件译码，键盘采用逐列扫描查询工作方式。由于键盘与显示器做成一个接口电路，因此在软件中合并考虑键盘查询与动态显示，键盘消除抖动的延时子程序可用显示子程序替代。下列程序的显示缓存区占片内 RAM 地址为 70H～77H。

```
MAIN: MOV    70H, #0              ; 显示缓存区清零
      MOV    71H, #0
      MOV    72H, #0
      MOV    73H, #0
      MOV    74H, #0
      MOV    75H, #2
      MOV    76H, #0
      MOV    77H, #0
      MOV    79H, #70H            ; 显示缓存地址
      MOV    7AH, #0FEH           ; 显示缓存位地址
      MOV    20H, #00
  KK: LCALL  DIR                  ; 调用显示子程序
      LCALL  KS                   ; 调用判别是否有键按下子程序
      JZ     KK                   ; 没有键按下，转到 KK 处
      ACALL  K2                   ; 调用 K2 键识别子程序
      JNB    00H, KK              ; 判别是否找到键值
      MOV    A, R3                ; 按键散转程序处理
      RL     A
```

```
        CLR     00H
        MOV     DPTR, #TBB
        JMP     @A+DPTR
TBB:    AJMP    KW1             ; 转到 KW1 处理程序
        AJMP    KW2             ; 转到 KW2 处理程序
        AJMP    KW3             ; 转到 KW3 处理程序
         ⋮
        AJMP    KW20            ; 转到 KW20 处理程序
KW1:    …                       ; KW1 处理程序
        AJMP    KK
KW2:    …                       ; KW2 处理程序
        AJMP    KK
KW3:    …                       ; KW3 处理程序
        AJMP    KK
         ⋮
KW20:   …                       ; KW20 处理程序
        AJMP    KK
```

6.4 任 务 实 施

1. 分组讨论、制订方案

首先填写计划单，如表 6-2 所示。

表 6-2　矩阵键盘设计与扫描任务计划单

<table>
<tr><td>姓　名</td><td>班　级</td><td>任务分工</td><td rowspan="5">完成任务所用设备、工具、仪器仪表</td><td>设备名称</td><td>设备功能</td></tr>
<tr><td></td><td></td><td></td><td></td><td></td></tr>
<tr><td></td><td></td><td></td><td></td><td></td></tr>
<tr><td></td><td></td><td></td><td></td><td></td></tr>
<tr><td></td><td></td><td></td><td></td><td></td></tr>
<tr><td colspan="6">查、借阅资料</td></tr>
<tr><td colspan="2">资 料 名 称</td><td colspan="2">资 料 类 别</td><td>签　名</td><td>日　期</td></tr>
<tr><td colspan="2"></td><td colspan="2"></td><td></td><td></td></tr>
<tr><td colspan="2"></td><td colspan="2"></td><td></td><td></td></tr>
<tr><td colspan="6">项 目 调 试</td></tr>
<tr><td colspan="6">① 硬件电路设计

② 绘制流程图</td></tr>
</table>

续表

<table>
<tr><td colspan="4">项 目 调 试</td></tr>
<tr><td colspan="4">③ 编制源程序

④ 任务实施工作总结</td></tr>
<tr><td rowspan="2">调试过程问题记录</td><td rowspan="2" colspan="2"></td><td>记录人</td></tr>
<tr><td></td></tr>
<tr><td colspan="2">签名：</td><td>日期</td><td></td></tr>
</table>

2. 设计硬件电路并接线

绘制如图 6-12 所示硬件电路图。

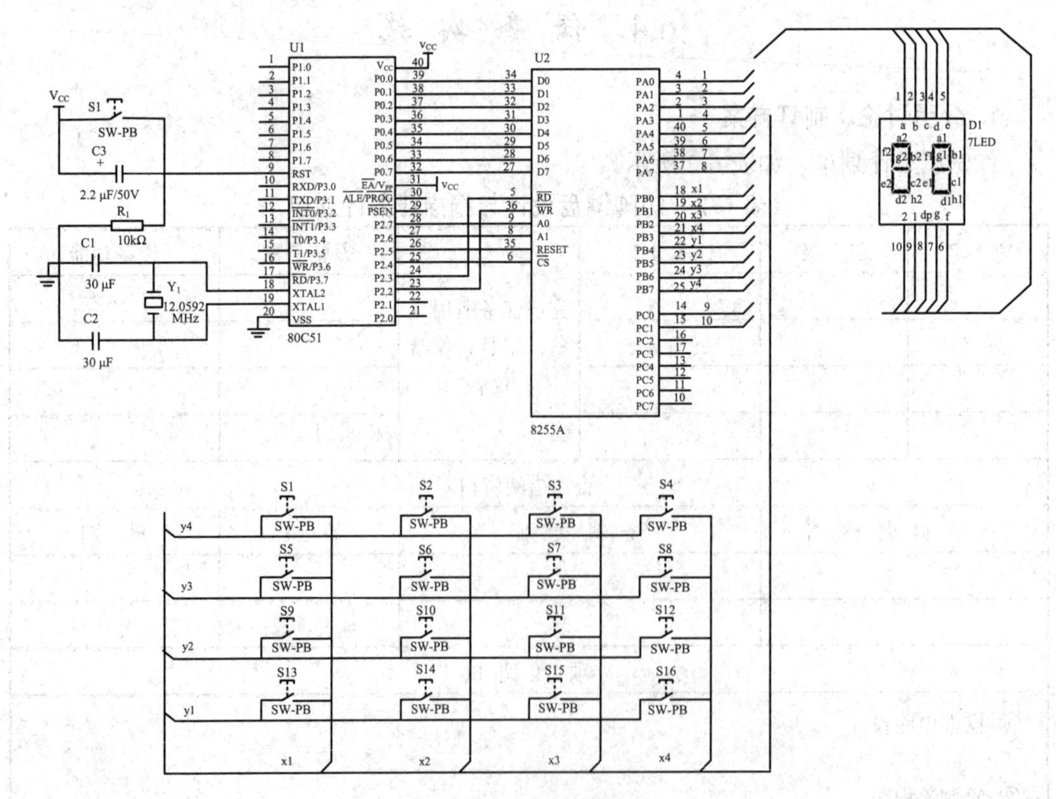

图 6-12　任务硬件电路

3. 画流程图、编写源程序

1) 画流程图

根据任务要求，画出如图 6-13 所示流程图。

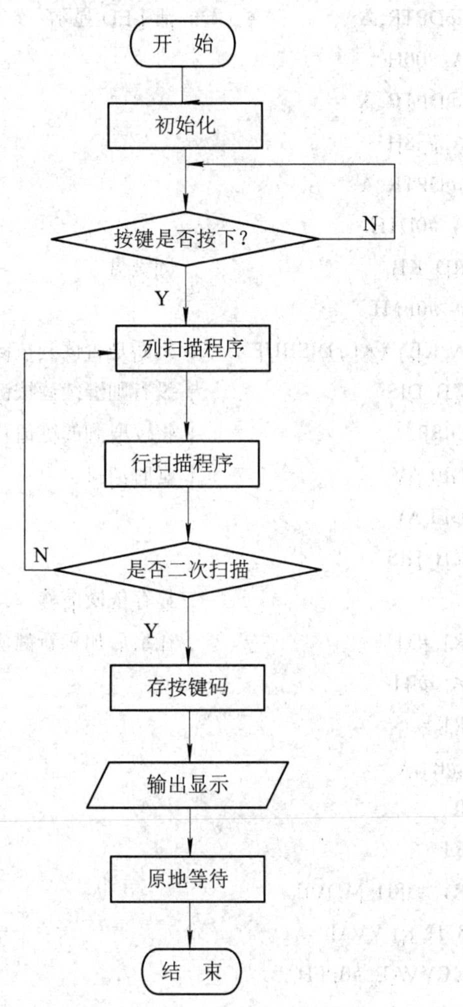

图 6-13　矩阵键盘设计与扫描流程图

2) 编写源程序

汇编程序如下：

```
        ORG     0000H
        LJMP    START
        ORG     0040H
MAIN:   MOV     SP, #60H
        LCALL   DELAY              ; 延时
        MOV     DISPTR, #30H       ; 显示缓冲区头指针
        MOV     DPTR, #D8255
        MOV     A, #90H            ; 置 8255 状态
```

```
        MOVX    @DPTR, A                ; 方式 0，PB、PC 口输出，PA 口输入
        MOV     DPTR, #Z8279            ; 置 8279 命令字
        MOV     A, #0D3H
        MOVX    @DPTR, A                ; 清 LED 显示
        MOV     A, #00H
        MOVX    @DPTR, A
        MOV     A, #38H
        MOVX    @DPTR, A
        MOV     A, #0D1H
KB_DIS: LCALL   RD_KB                   ; 读键盘
        MOV     A, #0FFH
        CJNE    A, KEYVAL, DISBUF       ; 判断是否读到按键状态
        SJMP    KB_DIS                  ; 没有则继续读按键状态
DISBUF: LCALL   DISP                    ; 将读取到的键值移入显存
        LCALL   DELAY                   ; 延时消抖
        LCALL   DELAY
        SJMP    KB_DIS
  DISP:                                 ; 显存依次前移
        MOV     R1, #31H                ; 在最后加入新键值
MOVE: MOV       A, @R1
        DEC     R1
        MOV     @R1,A
        INC     R1
        INC     R1
        CJNE    R1, #38H, MOVE
        MOV     37H, KEYVAL
        MOV     KEYVAL, #0FFH
        MOV     DPTR, #Z8279
        MOV     A, #90H
        MOVX    @DPTR, A
        MOV     R0, #08H
        MOV     R1, #30H
        MOV     DPTR, #D8279
    LP: MOV     A, @R1
        MOVX    @DPTR, A
        INC     R1
        DJNZ    R0, LP
        RET
RD_KB:                                  ; 键盘扫描
```

```
        MOV     A, #02H                 ; 扫描第一行
        MOV     DPTR, #D8255B
        MOVX    @DPTR, A
        MOV     DPTR, #D8255A
        MOVX    A, @DPTR
        MOV     R1, #00H
        CJNE    A, #0FFH, KEYCAL        ; 判断按键是否按下
        MOV     A, #01H                 ; 扫描第二行
        MOV     DPTR, #D8255B
        MOVX    @DPTR, A
        MOV     DPTR, #D8255A
        MOVX    A, @DPTR
        MOV     R1, #08H
        CJNE    A, #0FFH, KEYCAL
        SJMP    NOKEY                   ; 没有键按下
KEYCAL:                                 ; 计算键码
        MOV     R0, #08H
        SHIFT:
        RRC     A
        JNC     CALC
        INC     R1
        DJNZ    R0, SHIFT
        CALC:                           ; 换算显示码
        MOV     DPTR, #DL_DAT
        MOV     A, R1
        MOVC    A, @A+DPTR
        MOV     KEYVAL, A
        RET
NOKEY: MOV      KEYVAL, #0FFH           ; 返回无键按下标志
        RET
DELAY: MOV      R0, #0H                 ; 延时子程序
DELAY1: MOV     R1, #0H
        DJNZ    R1, $
        DJNZ    R0, DELAY1
        RET
 DL_DAT: DB 3FH, 06H, 5BH, 4FH, 66H, 6DH, 7DH, 07H; 0, 1, 2, 3, 4, 5, 6, 7
        DB 7FH, 6FH, 77H, 7CH, 39H, 5EH, 79H, 71H; 8, 9, A, B, C, D, E, F
        END
```

C51程序如下：

```
#include<reg51.h>
#define uint unsigned int
#define uchar unsigned char
#define shu P0
#define wei P2
uchar code segtab[17]={0x3f, 0x06, 0x5b, 0x4f, 0x66,
                        0x6d, 0x7d, 0x07, 0x7f, 0x6f, 0x77, 0x7c, 0x39, 0x5e, 0x79, 0x71};
void d_1ms(void)          //延时函数
{
    uint i;
    for(i=0; i<100; i++);
}
main()
{
    uchar temp_pin;
    P0=segtab[0];         //送一个初值 0，防止没键按下时出现乱码
    while(1)
    {
        P2=0xf1;                //开断码
        P1=0xf0;
        if((P1&0xf0)!=0xf0)
        {
            d_1ms();
            if((P1&=0xf0)!=0xf0)      //消抖
            {
                P1=0xfe;
                temp_pin=(P1&0xf0);
                switch (temp_pin)            //对按下的键进行判断
                {
                    case 0xe0: P0=segtab[15]; break;
                    case 0xd0: P0=segtab[14]; break;
                    case 0xb0: P0=segtab[13]; break;
                    case 0x70: P0=segtab[12]; break;
                    default: break;
                }
                P1=0xfd;
                temp_pin=(P1&0xf0);
                switch (temp_pin)
```

```
        {
            case 0xe0: P0=segtab[11]; break;
            case 0xd0: P0=segtab[10]; break;
            case 0xb0: P0=segtab[9]; break;
            case 0x70: P0=segtab[8]; break;
            default:break;
        }
        P1=0xfb;
        temp_pin=(P1&0xf0);
        switch (temp_pin)
        {
            case 0xe0: P0=segtab[7]; break;
            case 0xd0: P0=segtab[6]; break;
            case 0xb0: P0=segtab[5]; break;
            case 0x70: P0=segtab[4]; break;
            default: break;
        }
        P1=0xf7;
        temp_pin=(P1&0xf0);
        switch (temp_pin)
        {
            case 0xe0: P0=segtab[3]; break;
            case 0xd0: P0=segtab[2]; break;
            case 0xb0: P0=segtab[1]; break;
            case 0x70: P0=segtab[0]; break;
            default:break;
        }
      }
    }
  }
}
```

4. 写工作总结

略。

6.5 检 查 评 价

填写考核单，如表 6-3 所示。

表 6-3　循环彩灯的控制任务考核单

任务名称：循环彩灯的控制	姓名		学号		组别	

项目	评 分 标 准	评分分配	同组评价得分	指导教师评价得分
电路设计 (30 分)	① 正确设计硬件电路(原理错误每处扣 2 分)	15 分		
	② 按原理图正确接线(带电接线、拆线每次扣 5 分，接错一处扣 2 分)	15 分		
程序编写及调试 (40 分)	① 正确绘制程序流程图(每画错一处扣 2 分)	10 分		
	② 正确使用 KEIL 编程软件建立项目工程及程序文件，并存储到指定盘符下的文件夹中(不能正确完成此项操作，每次扣 5 分)	5 分		
	③ 根据 KEIL 编程软件编译提示修改程序错误(调试过程中不会查找错误，每次扣 5 分)	5 分		
	④ 灵活使用多种调试方法	10 分		
	⑤ 调试结果正确并且编程方法简洁、灵活	10 分		
团队协作 (5 分)	小组在接线、程序调试过程中，团结协作，分工明确，完成任务(有个别同学不动手，不协作，扣 5 分)	5 分		
语言表达能力(5 分)	答辩、汇报语言简洁、明了、清晰，能够将自己的想法表述清楚	5 分		
拓展及创新能力(10 分)	能够举一反三，采用多种编程方法和实现途径，编程简洁、灵活	10 分		
安全文明操作(10 分)	不遵守操作规程扣 4 分	4 分		
	结束任务实施不清理现场扣 4 分	4 分		
	任务实施期间语言行为不文明扣 2 分	2 分		
总分 100 分				
综合评定得分(40%同组评分 + 60%指导教师评分)				
备注				

思考与练习

1. 8255 各口设置如下：A 组与 B 组均工作于方式 0，A 口为输入，B 口为输出，C 口高位部分为输出，低位部分为输入，A 口地址设置为 40H。

(1) 写出工作方式控制字。

(2) 对 8255 进行初始化。

(3) 从 A 口输入数据，取反后从 B 口输出。

2. 设 8255 端口地址为 50H～56H 中的接口地址，试画出单片机与 8255、74LS138 译码器的接口电路。设端口 A 以工作方式 0 输入，端口 B 以工作方式 1 输出，允许 B 口中断，端口 C 输出，对 8255 初始化编程。

3. 8255A 芯片 A 口以工作方式 1 输出，B 口以工作方式 0 输入，禁止 A 口中断，8255A 芯片 A 口、B 口、C 口、控制口地址分别是 FFF8H、FFFAH、FFFCH、FFFEH，请写出初始化程序。

4. 如图 6-14 所示，分析电路中 8255A 芯片各个口的地址；A 口和 B 口工作在哪个方式下？写出 8255 初始化程序。

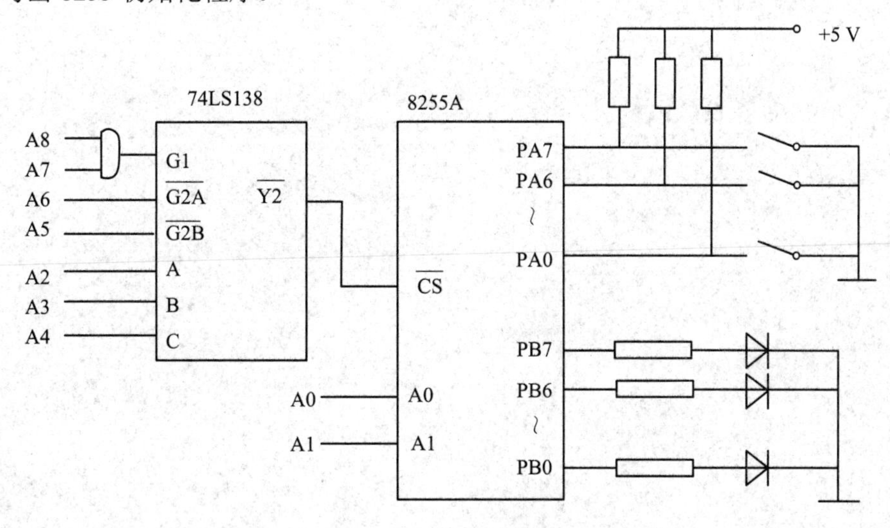

图 6-14　题 4 电路图

5. 80C51 和 8255 采用无条件传送方式，那么在中断传送方式中 8255 与单片机之间是如何连接的？

6. 8255 方式 0 的特点是什么？方式 1 的特点是什么？

7. 8255 的工作方式有几种？分别用在什么场合下？

8. 当 8255 工作在中断方式 2 时，CPU 是如何区分是输入还是输出的？

9. 单片机键盘消除抖动的方法有哪几种？

10. 单片机软件扫描方式是如何实现的？

11. 设 8255A 的 A 口、B 口、C 口和控制字寄存器的端口地址分别是 80H、82H、84H、

86H。要求 A 口工作在方式 0 输出，B 口工作在方式 0 输入，C 口高 4 位输入，低 4 位输出，试编写 8255A 初始化程序。

12. 8255A 的方式选择控制字和 C 口按位控制字的端口地址是否一样？8255A 怎样区分这两种控制字？写出 A 口作为基本输入，B 口作为基本输出的初始化程序。

13. 用 8255 芯片扩展单片机的 I/O 口。8255 的 A 口用作输入，A 口的每一位接一个开关，用 B 口作为输出，输出的每一位接一个显示发光二极管。现要求某个开关接 1 时，相应位上的发光二极管就亮(0 为亮)，试编写程序实现。

14. 已知 P1.4～P1.5 依次接按键 K1～K4，闭合时键信号为低电平，试编写按键循环扫描子程序，若按键闭合，则将闭合按键编号存入 30H 地址中。

任务 7　波形发生器的设计

7.1　任务描述

完成 80C51 和 DAC0832 芯片的连接，设计 D/A 接口电路并编制转换程序，产生正锯齿波、方波、三角波，三种波形轮流显示，用示波器观察波形，读取波形的幅值和周期，与程序设计相比较。

7.2　任务目标

1. 能力目标

(1) 熟悉 D/A 转换器的性能指标。

(2) 掌握并行 D/A 转换芯片 DAC0832 的性能指标。

(3) 掌握单片机与 DAC0832 的连线。

(4) 掌握 D/A 转换的程序设计。

(5) 能够正确使用 D/A 转换和示波器。

2. 知识目标

(1) 学会直通、单缓冲和双缓冲三种方式的编程。

(2) 学会产生锯齿波、三角波、方波；了解产生正弦波的方法。

7.3　相关知识

7.3.1　D/A 转换器概述

1. D/A 转换器

D/A 转换器是一种能把数字量转换为模拟量的电子器件。A/D 转换器则相反，它能把模拟量转换为相应的数字量。在单片机系统中，常常需要用到 A/D 和 D/A 转换器。它们的功能及其在实时控制系统中的地位如图 7-1 所示。被控实体的过程信号可以是电量(如电压、电流、功率和开关量等)，也可以是非电量(如温度、压力、流量、位移、速度和密度等)，其数值是随着时间连续变化的。过程信号由变送器和各类传感器变换成相应的模拟电量，然后经过图中的多路开关汇集给 A/D 转换器，再由 A/D 转换器转换为相应的数字量送给单片机。单片机对过程信息进行运算和处理，把过程信息进行当地显示并打印，以输出被控实体的工作状况或发生故障的时间、地点和性质。另一方面，单片机还把处理后的数字量送入 D/A 转换器，变换为相应的模拟量，对被控对象实施控制和调整，使之始终处于最佳工作状态。

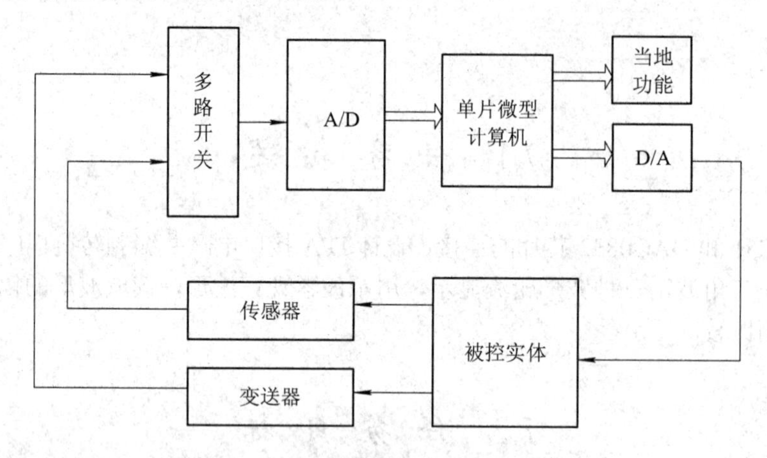

图 7-1　单片机和被控实体间的接口示意图

上述分析表明：A/D 转换器在单片机控制系统中主要用于数据采集，向单片机提供被控对象的各种实时参数，以便单片机对被控对象进行监视；D/A 转换器用于模拟控制，通过机械或者电气手段对被控对象进行调整和控制。因此，A/D 和 D/A 转换器是架设在单片机和被控实体之间的桥梁，在单片机控制系统中占据极为重要的地位。

2. D/A 转换器的原理

4 位 T 型电阻网络型 D/A 转换器如图 7-2 所示。

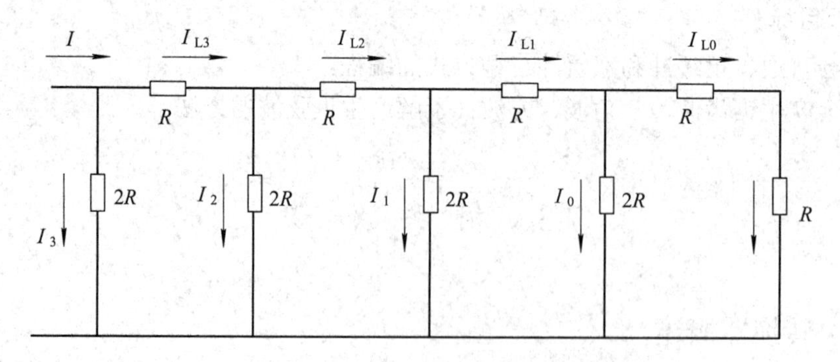

图 7-2　4 位 T 型电阻网络型 D/A 转换器

通过分析图 7-2 可得

$$I=\frac{V_{REF}}{R}，\ I=I_{L3}+I_3，\ I_{L3}=I_3，\ I_{L2}=I_2，\ I_{L1}=I_1，\ I_{L0}=I_0$$

$$I_{L0}=\frac{1}{16}I，\ I_{L1}=\frac{1}{8}I，\ I_{L2}=\frac{1}{4}I，\ I_{L3}=\frac{1}{2}I$$

对图 7-2 所示电路进行变化，得到图 7-3 所示电路。

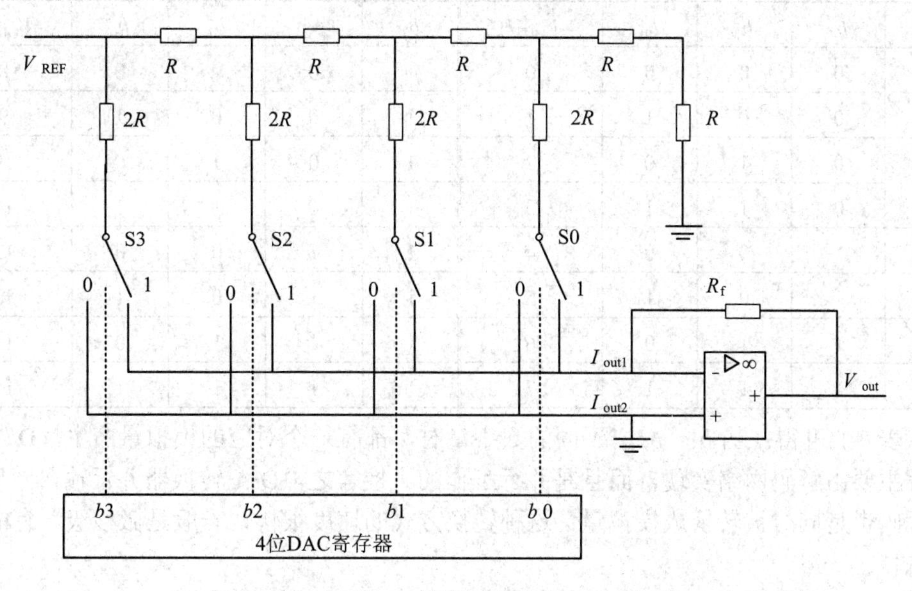

图 7-3　4 位 T 型电阻网络型 D/A 转换器变换电路

S3～S0 为电子开关，受 4 位 DAC 寄存器中的 $b3$～$b0$ 控制，为了分析问题，设 $b3$、$b2$、$b1$、$b0$ 全部为“1”，故 S3、S2、S1、S0 全部和“1”端相连，根据克希荷夫定律，有

$$I_3=\frac{V_{\text{REF}}}{2R}=2^3\frac{V_{\text{REF}}}{2^4R} \tag{7-1}$$

$$I_2=\frac{I_3}{2}=2^2\frac{V_{\text{REF}}}{2^4R} \tag{7-2}$$

$$I_1=\frac{I_2}{2}=2^1\frac{V_{\text{REF}}}{2^4R} \tag{7-3}$$

$$I_0=\frac{I_1}{2}=2^0\frac{V_{\text{REF}}}{2^4R} \tag{7-4}$$

事实上，S3～S0 的状态是受 $b3$～$b0$ 控制的，并不一定全是“1”。若它们中有些位为“0”，则 S3～S0 中相应的开关会因为与“0”端相连而无电流流入运算放大器的反向端。因此，可得

$$I_{\text{OUT1}}=b_3I_3+b_2I_2+b_1I_1+b_0I_0=(b_3 2^3+b_2 2^2+b_1 2^1+b_0 2^0)\cdot\frac{V_{\text{REF}}}{2^4R} \tag{7-5}$$

选取 $R_{\text{f}}=R$，并考虑运算放大器为虚拟地，故

$$I_{\text{RF}}=-I_{\text{OUT1}}$$

则可以得到

$$\text{V}_{\text{OUT}}=I_{\text{RF}}R_{\text{f}}=-(b_3 2^3+b_2 2^2+b_1 2^1+b_0 2^0)\frac{V_{\text{REF}}}{2^4}=-B\frac{V_{\text{REF}}}{16} \tag{7-6}$$

取 b_3、b_2、b_1、b_0 为不同的值，则得到不同的 V_{OUT} 值，见表 7-1。

表 7-1　4 位 T 型电阻网络型 D/A 转换器真值表

b_3	b_2	b_1	b_0	$-V_{OUT}/16$	b_3	b_2	b_1	b_0	$-V_{OUT}/16$
0	0	0	0	0	1	0	0	0	8
0	0	0	1	1	1	0	0	1	9
0	0	1	0	2	1	0	1	0	10
0	0	1	1	3	1	0	1	1	11
0	1	0	0	4	1	1	0	0	12
0	1	0	1	5	1	1	0	1	13
0	1	1	0	6	1	1	1	0	14
0	1	1	1	7	1	1	1	1	15

从表 7-1 可得：当 b_3～b_0 取不同的数字量时，都有一个对应的模拟量产生。D/A 转换的过程主要由解码网络实现，而且是并行工作的。换言之，D/A 转换器并行输入数字量，每位代码也是同时被转换成模拟量。这种转换方式的速度很快，一般是微秒级，有的可达几十毫秒。

D/A 转换器的原理很简单，可以总结为“按权展开，然后相加”。D/A 转换器要把输入数字量中的每位都按其权值分别转换成模拟量，并通过运算放大器求和相加，因此 D/A 转换器内部必须有一个解码网络，以实现按权值分别进行 D/A 转换。

解码网络通常有两种，即二进制加权电阻网络和 T 型电阻网络。在二进制加权电阻网络中，每位二进制位的 D/A 转换是通过相应位加权电阻实现的，这必然导致加权电阻阻值差别极大，尤其是在 D/A 转换器位数较大时差别更明显。因此，现在 D/A 转换器几乎全部采用 T 型电阻网络进行解码活动。

7.3.2　D/A 转换器的主要参数

通常，D/A 转换器可以直接从单片机输入数字量，并转换为模拟量推动执行机构动作，以控制被控实体的工作过程。这个过程需要 D/A 转换器输出的模拟量能够随着输入的数字量的变化而变化，即输出模拟量 V_{OUT} 能够直接反映数字量 B 的大小，其关系为：

$$V_{OUT} = B \times V_R \tag{7-7}$$

式中，V_R 是常量，由参考电压 V_{REF} 决定；B 为数字量，通常为 8 位或者 12 位，由 D/A 转换器的型号决定。

D/A 转换器的主要参数如下。

(1) 分辨率：D/A 能够转换的二进制数的位数，位数越多分辨率也越高。分辨率等于输入数字量变化 1 时输出模拟量变化的大小。对于一个 N 位的 D/A 转换器，分辨率=模拟量输出满量程值/2N。

(2) 线性度：当数字量变化时，D/A 转换器的输出量按比例关系变化的程度。理想 D/A 转换器是线性的，但实际上有误差，模拟输出偏离理想输出的最大值称为线性误差。通常，线性度不应超出 ±1 LSB/2。

(3) 转换精度：D/A 转换器实际输出电压与理论值之间的误差。一般采用数字量的最低有效位作为衡量单位，如分辨率为20mV，则精度为±10mV。

(4) 建立时间：从数字量输入到完成D/A转换，输出达到最终值并稳定所需的时间。电流型D/A转换器转换较快，一般在几微秒至几百微秒之间。电压型转换器的转换较慢，取决于运算放大器的响应时间。

(5) 温度系数：在满刻度输出的条件下，温度每升高一度，输出变化的百分数。该项指标表明了温度变化对D/A转换精度的影响。较好的D/A转换器工作温度范围为–40℃～85℃，较差的为0℃～70℃。

7.3.3　D/A转换器的分类及DAC0832芯片介绍

目前，市场上出售的D/A转换器有两大类：一类在电子电路中使用，不带使能端和控制端，只有数字量输入和模拟量输出线；另一类是专为微型计算机设计的，带有使能端和控制端，可以直接与微型计算机接口相连。

能与微型计算机接口相连的DAC芯片有内部带数据锁存器和不带数据锁存器之分，也有8位、10位和12位之分。DAC0832是能与微型计算机连接的DAC芯片的一种，由美国国家半导体公司(National Scmiconductor Corporation)研制，其同系列芯片还有DAC0830和DAC0831，都是8位芯片，可以相互替换。

1. DAC0832芯片的主要功能和引脚

DAC0832有两个寄存器：输入寄存器和DAC寄存器。当输入数字量到达寄存器时，并不进行D/A转换；当输入数字量从DAC寄存器送出时，才开始进行D/A转换，这种内部结构为双缓冲方式。

DAC0832 输入数字量可工作在单缓冲、双缓冲和直通三种方式，单缓冲方式只需向DAC0832写一次数字量就可以启动D/A转换，双缓冲方式则每一数字量需向DAC0832写两次才可启动D/A转换。DAC0832输入数字量工作在哪种方式由引脚接法来决定。将$\overline{\text{WR2}}$和$\overline{\text{XFER}}$引脚直接接地，即单缓冲方式下输出的模拟量的极性与DAC0832所接参考电压的极性有关，D/A转换器输出模拟电压可通过外接运算放大器改变。

DAC0832的内部结构及引脚功能见图7-4。

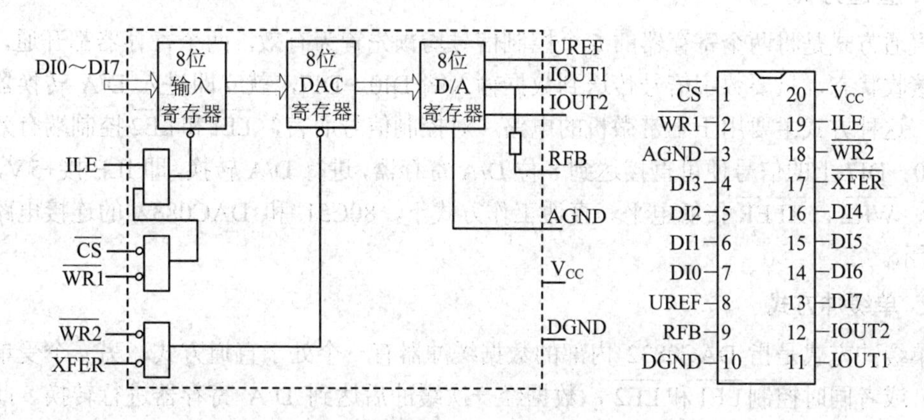

图7-4　DAC0832的内部结构及引脚

DAC0832 引脚功能如下。

DI0～DI7：数据输入线，TLL 电平。

ILE：数据锁存允许控制信号输入线，高电平有效。

$\overline{CS}$：片选信号输入线，低电平有效。

$\overline{WR1}$：输入寄存器的写选通信号。

$\overline{XFER}$：数据传送控制信号输入线，低电平有效。

$\overline{WR2}$：DAC 寄存器写选通输入线。

IOUT1：电流输出线。当输入全为 1 时 IOUT1 值最大。

IOUT2：电流输出线。其值与 IOUT1 值之和为一常数。

RFB 反馈信号输入线，芯片内部有反馈电阻。

V_{CC}：电源输入线(+5 V～+15 V)。

UREF：基准电压输入线(−10 V～+10 V)。

AGND：模拟地，模拟信号和基准电源的参考地。

DGND：数字地，两种地线在基准电源处共地比较好。

2. DAC0832 的主要性能指标

- 分辨率：8 位；
- 输出电流稳定时间：1 μs；
- 非线性误差：0.20%FSR；
- 温度系数：2×10^{-6}/℃；
- 逻辑输入电平：TTL；
- 功耗：20 mW；
- 电源：+5 V～+15 V；
- 工作方式：直通、单缓冲和双缓冲。

7.3.4　DAC0832 的工作方式

80C51 和 DAC0832 有三种连接方式：直通方式、单缓冲方式和双缓冲方式。

1. 直通方式

直通方式是将两个寄存器的 5 个控制信号均预先置为有效，两个寄存器都开通，处于数据接收状态，只要数字信号传送到数据输入端 DI0～DI7，就立即进入 D/A 转换器进行转换，这种方式主要用于不带微机的电路。对控制信号而言，$\overline{LE1}$ 和 $\overline{LE2}$ 控制端有效，那么 DI0～DI7 上的信号便可直接达到 8 位 D/A 寄存器，进行 D/A 转换，即 ILE 接+5 V，$\overline{CS}$、$\overline{WR1}$、$\overline{WR2}$、$\overline{XFER}$ 接低电平。直通工作方式下，80C51 和 DAC0832 的连接电路如图 7-5 所示。

2. 单缓冲方式

单缓冲方式是指 DAC0832 内部的数据缓冲器有一个处于直通方式，另一个受单片机控制，或者同时控制 $\overline{LE1}$ 和 $\overline{LE2}$，数据经一次缓冲后达到 D/A 寄存器进行转换。此方式适用于只有一路模拟量输出或几路模拟量异步输出的情形。单缓冲工作方式下，80C51 和

DAC0832 的连接电路如图 7-6 所示。

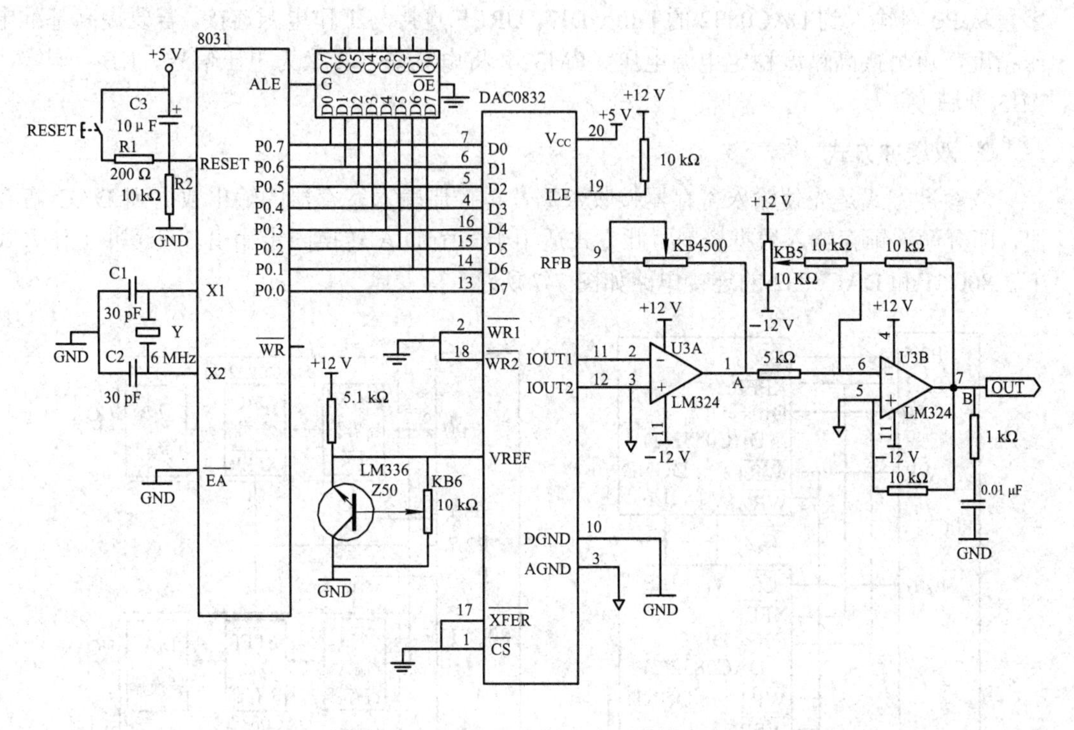

图 7-5　DAC0832 直通方式下连接电路

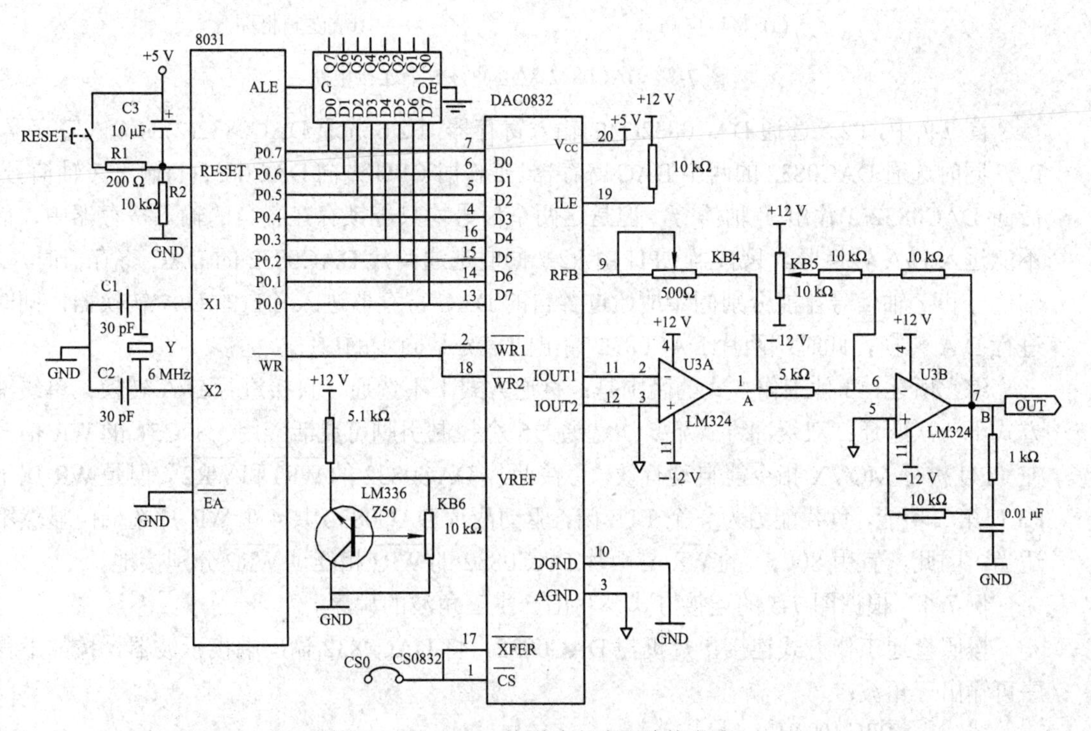

图 7-6　DAC0832 单缓冲方式下连接电路

图 7-6 中，DAC0832 作为 80C51 的一个扩展 I/O 口，地址为 7FFFH。80C51 输出的数字量从 P0 口输入到 DAC0832 的 DI0～DI7，UREF 直接与工作电源连接，若要提高基准电压精度，可另接高精度稳定电源电压。LM324 将电流信号转换为电压信号，KB4 调零，KB5 调满度。

3. 双缓冲方式

双缓冲方式是先使输入寄存器接收数据，再控制输入寄存器的输出数据到 DAC 寄存器，即分两次锁存输入数据资料。此方式适用于多个 D/A 转换同步输出。双缓冲工作方式下，80C51 和 DAC0832 的连接电路如图 7-7 所示。

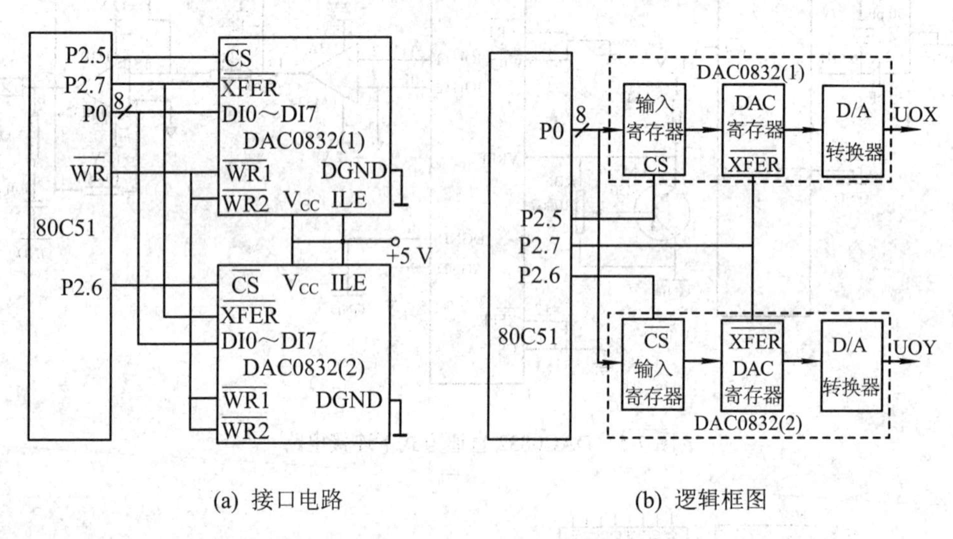

(a) 接口电路　　　　(b) 逻辑框图

图 7-7　DAC0832 双缓冲方式下连接电路

图 7-7 中，P2.5 选通 DAC0832(1)的输入寄存器，P2.6 选通 DAC0832(2)的输入寄存器，P2.7 同时选通 DAC0832 的两个 DAC 寄存器。工作时 CPU 先向 DAC0832(1)输出 *X* 轴信号，后向 DAC0832(2)输出 *Y* 轴信号，但是这两个信号均只能锁存在各自的输入寄存器中，而不能进入 D/A 转换器。只有当 CPU 由 P2.7 同时选通两片 DAC0832 的 DAC 寄存器时，*X* 轴信号和 *Y* 轴信号才能分别同步地通过各自的 DAC 寄存器进入各自的 D/A 转换器，同时进行 D/A 转换，此时从两片 DAC0832 输出的信号是同步的。

综上所述，3 种工作方式的区别是：直通方式下不选通，直接进行 D/A 转换；单缓冲方式下一次选通；双缓冲方式下二次选通。5 个控制引脚可灵活应用。80C51 的 $\overline{\text{WR}}$ 信号在 CPU 执行 MOVX 指令能自动有效，可接两片 DAC0832 的 $\overline{\text{WR1}}$ 和 $\overline{\text{WR2}}$，但是 $\overline{\text{WR}}$ 属于 P3 口第二功能，负载能力为 4 个 TTL 门，驱动两片 DAC0832 共 4 个 $\overline{\text{WR}}$ 片选端门显然不适当。因此，宜用 80C51 的 $\overline{\text{WR}}$ 与两片 DAC0832 的 $\overline{\text{WR1}}$ 相连，$\overline{\text{WR2}}$ 分别接地。

例 7-1　根据图 7-5 的连接方式，写出产生三角波的程序。

按照直通工作方式连接单片机与 DAC0832，将 DAC0832 输出端接示波器，按如下程序可输出三角波：

```
        ORG 1000H
START:  MOV DPTR #7FFFH         ; 选中 0832
```

```
        MOV A, #00H             ; D/A 数据初值
UP:     MOVX @DPTR, A           ; 转换(2TCY)
        INC A                   ; 数据上升(1TCY)
        LCALL DELAY             ; 调用延时(2TCY + t)
        JNZ UP                  ; 未到最大值转换(2TCY)
DOWN:   DEC A                   ; 数据下降
        LCALL DELAY             ; 调用延时
        MOVX @DPTR, A           ; 转换
        JNZ DOWN                ; 未到最小值转换
        SJMP UP                 ; 一个周期结束，继续
DELAY:  MOV R7, #100            ; 延时子程序(t = (1 + 2 × 100)TCY)
        DJNZ R7, $
        RET
        END
```

在上述程序中，累加器 A 中的值分别从 00H 逐次加到 FFH，然后从 FFH 逐级减小到 00H，循环不止。

那么，每次变化之间所需要的时间为

$$T_1 = (2 + 1 + 2 + t + 2)T_{CY} = (7 + t)T_{CY} = 208T_{CY}$$

若已知 $f_{ous} = 12\,\text{MHz}$，那么

$$T_{CY} = 1\,\mu\text{s},\ T_1 = 208\,\mu\text{s}$$

三角波从 00H 加到 FFH，再从 FFH 减到 00H，这是一个周期，那么该三角波的周期

$$T = T_1 \times 2 \times 256 = 512 \times 208\,\mu\text{s} \approx 106.5\,\text{ms} \approx 0.1\,\text{s}$$

三角波的幅值由运算放大电路的输出值决定。

C51 程序如下：

```
#include<reg51.h>              //头文件包含访问 sfr 库函数 reg51.h
#include<absacc.h>             //头文件包含绝对地址访问库函数 absacc.h
void sanjiao()                 //无类型三角波产生子函数
{
    unsigned char a=0;         //定义无符号字符型变量 a
    while(a!=0)                //当 a 不等于 255 时循环执行
    {XBYTE[0xCFA0]=a++;}       //输出值每次循环加 1
    while(a!=255)              //当 a 不等于 0 时循环执行
    {XBYTE[0xCFA0]=--a;}       //输出值每次循环减 1
}
void main()                    //无类型主函数
{
    sanjiao();                 //调用三角波产生子函数
}
```

例 7-2　根据图 7-6 所示电路图输出锯齿波(如图 7-8(a)所示)，幅度为 $U_{REF}/2=2.5\,V$，试编写程序。

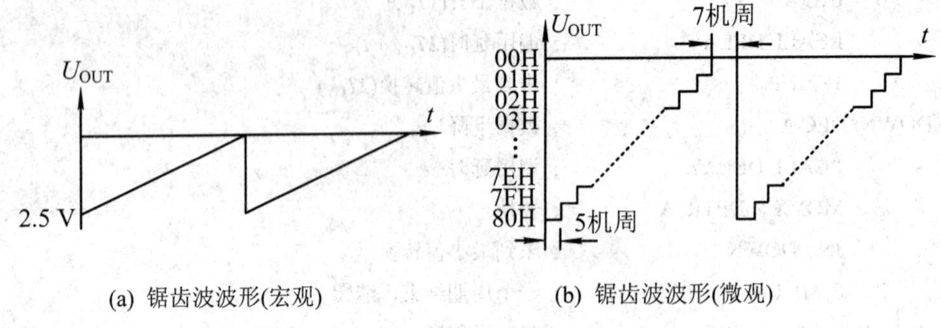

(a) 锯齿波波形(宏观)　　(b) 锯齿波波形(微观)

图 7-8　输出锯齿波波形

汇编程序如下：

```
START:   MOV     DPTR, #7FFFH        ; 置 DAC0832 地址
LOOP1:   MOV     R7, #80H            ; 置锯齿波幅值(1 机周)
LOOP2:   MOV     A, R7               ; 读输出值(1 机周)
         MOVX    @DPTR, A            ; 输出(2 机周)
         DJNZ    R7, LOOP2           ; 判断周期是否结束(2 机周)
         SJMP    LOOP1               ; 循环输出(2 机周)
```

C51 程序如下：

```
#include<reg51.h>                    //头文件包含访问 sfr 库函数 reg51.h
#include<absacc.h>                   //头文件包含绝对地址访问库函数 absacc.h
void main()                          //无类型主函数
{
   unsigned char i;                  //定义无符号字符型变量 i
   while(1)                              //反复循环，不断输出锯齿波
   {
      for(i=0; i<128; i++)               //循环，输出一个锯齿波
         XBYTE[0x7fff]=(0x80-i);         //输出值依次减 1
   }
}
```

说明：U_{REF} 的值为 +5 V，对应于 100H，$U_{REF}/2$ 值对应于 80 H，锯齿波的幅值为 80 H，存于 R7 中。每次输出后递减，由于 CPU 控制相邻两次输出需要一定时间，上述程序为 5 机周，因此，输出的锯齿波从微观上看并不连续，而是有台阶的锯齿波。如图 7-8(b)所示，台阶平台为 5 机周，台阶高度为满量程电压$/2^8 = 5\,V / 2^8 = 0.0195\,V$，从宏观上看相当于一个连续的锯齿波。

上述电路称为单极性输出，单极性输出的 U_O 正负极由 U_{REF} 的极性确定。当 U_{REF} 的极性为正值，U_O 为负；当 U_{REF} 的极性为负值，U_O 为正。若要实现双极性输出，则可再加一个运放电路。

例 7-3　根据图 7-7 所示电路编程，DAC0832(1)和 DAC0832(2)输出端接运放后，分别接图形显示器 *X* 轴和 *Y* 轴偏转放大器输入端，实现同步输出，更新图形显示器光点位置。已知 *X* 轴信号和 *Y* 轴信号已分别存于 30H、31H 中。

汇编程序如下：

```
DOUT: MOV    DPTR, #0DFFFH   ; 置 DAC0832(1)输入寄存器地址
      MOV    A , 30H         ; 取 X 轴信号
      MOVX   @DPTR, A        ; 将 X 轴信号送至 DAC0832(1)输入寄存器
      MOV    DPTR, #0BFFFH   ; 置 DAC0832(2)输入寄存器地址
      MOV    A, 31H          ; 取 Y 轴信号
      MOVX   @DPTR, A        ; 将 Y 轴信号送至 DAC0832(2)输入寄存器
      MOV    DPTR, #7FFFH    ; 置 DAC0832(1)、DAC8032(2)寄存器地址
      MOVX   @DPTR, A        ; 同步 D/A，输出 X、Y 轴信号
      RET                    ;
```

C51 程序如下：

```
#include<reg51.h>                    //头文件包含访问 sfr 库函数 reg51.h
#include<absacc.h>                   //头文件包含绝对地址访问库函数 absacc.h
void main()                          //无类型主函数
{
    XBYTE[0xdfff]=DBYTE[0x30];       // X 轴信号输出至 DAC0832(1)
    XBYTE[0xbfff]=DBYTE[0x31];       // Y 轴信号输出至 DAC0832(2)
    XBYTE[0x7fff]=1;                 //两片 DAC0832 同步 D/A，输出 X、Y 轴信号
}
```

7.4　任务实施

1. 分组讨论、制订方案

首先填写计划单，如表 7-2 所示。

表 7-2　波形发生器的设计任务计划单

<table>
<tr><td>姓　名</td><td>班　级</td><td>任务分工</td><td rowspan="5">完成任务所用设备、工具、仪器仪表</td><td>设备名称</td><td>设备功能</td></tr>
<tr><td></td><td></td><td></td><td></td><td></td></tr>
<tr><td></td><td></td><td></td><td></td><td></td></tr>
<tr><td></td><td></td><td></td><td></td><td></td></tr>
<tr><td></td><td></td><td></td><td></td><td></td></tr>
<tr><td colspan="6">查、借阅资料</td></tr>
<tr><td colspan="2">资 料 名 称</td><td colspan="2">资 料 类 别</td><td>签名</td><td>日期</td></tr>
<tr><td colspan="2"></td><td colspan="2"></td><td></td><td></td></tr>
<tr><td colspan="2"></td><td colspan="2"></td><td></td><td></td></tr>
</table>

续表

<table>
<tr><td colspan="3">项 目 调 试</td></tr>
<tr><td colspan="3">① 硬件电路设计

② 绘制流程图

③ 编制源程序

④ 任务实施工作总结</td></tr>
<tr><td rowspan="2">调试过程问题记录</td><td rowspan="2"></td><td>记录人</td></tr>
<tr><td></td></tr>
<tr><td colspan="2">签名:</td><td>日期</td></tr>
</table>

2. 设计电路并接线

波形发生器电路图如图 7-9 所示。

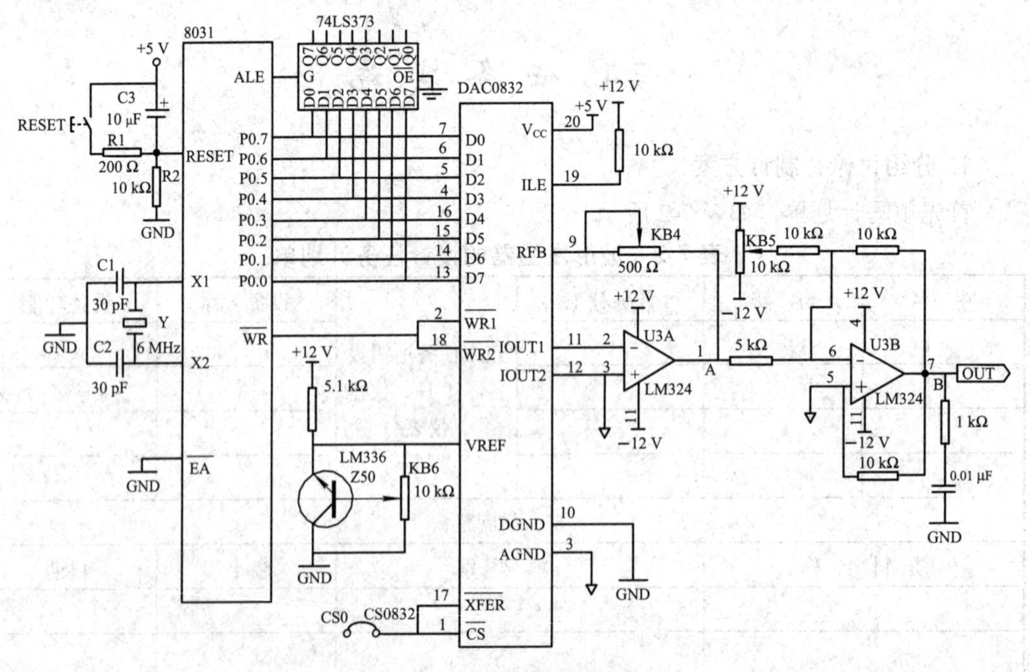

图 7-9　波形发生器电路图

3. 画流程图、编写源程序

流程图如图 7-10 所示(方波输出和三角波输出参阅锯齿波输出可绘出具体流程图)。

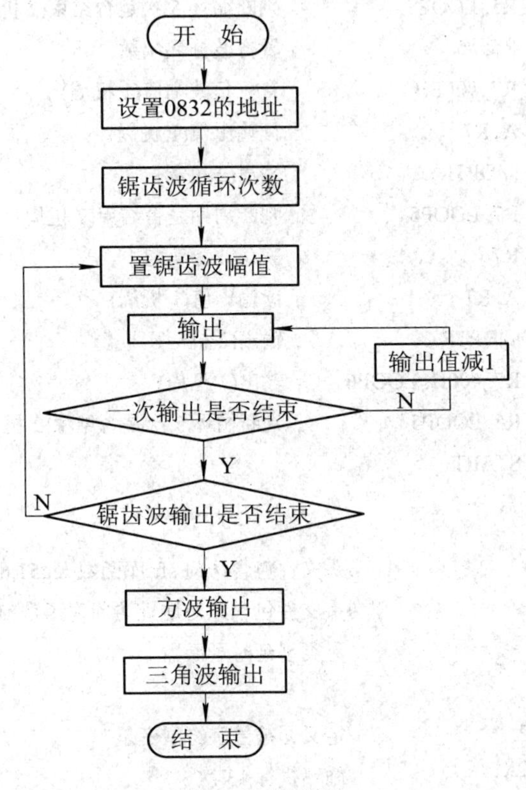

图 7-10　流程图

汇编程序如下：

```
START: MOV      DPTR, #0CFA0H     ; 置 DAC0832 地址
       MOV      R5, #5            ; 置锯齿波循环次数
LOOP1: MOV      R7, #80H          ; 置锯齿波幅值(1 机周)
LOOP2: MOV      A, R7             ; 读输出值(1 机周)
       MOVX     @DPTR, A          ; 输出(2 机周)
       DJNZ     R7, LOOP2         ; 判断周期是否结束(2 机周)
       DJNZ     R5, LOOP1         ; 判断循环 5 次(2 机周)
       MOV      R5, #5            ; 置方波循环次数
LOOP3: MOV      R7, #0FFH         ; 置方波幅值(1 机周)
       MOV      A, R7             ; 读输出值(1 机周)
       MOVX     @DPTR, A          ; 输出(2 机周)
       MOV      R6, #50H          ; 置输出方波的时间(1 机周)
       DJNZ     R6, $             ; 判断周期是否结束(2 机周)
       MOV      R7, #00H          ; 置方波幅值(1 机周)
       MOV      A, R7             ; 读输出值(1 机周)
       MOVX     @DPTR, A          ; 输出(2 机周)
```

```
        MOV     R6, #50H            ; 置输出方波的时间(1 机周)
        DJNZ    R6, $               ; 判断周期是否结束(2 机周)
        DJNZ    R5, LOOP3           ; 判断循环 5 次是否结束(2 机周)
        MOV     R5, #5              ; 置方波循环次数
LOOP4:  MOV     R7, #0FFH           ; 置三角波幅值(1 机周)
LOOP5:  MOV     A, R7               ; 读输出值(1 机周)
        MOVX    @DPTR, A            ; 输出(2 机周)
        DJNZ    R7, LOOP5           ; 判断周期是否结束(2 机周)
LOOP6:  INC     R7                  ; 三角波幅值增 1
        MOV     A, R7               ; 读输出值(1 机周)
        MOVX    @DPTR, A            ; 输出(2 机周)
        CJNE    R7, #00H, LOOP6     ; 输出(2 机周)
        DJNZ    R5, LOOP5           ; 判断循环 5 次是否结束(2 机周)
        SJMP    START
```

C51 程序如下：

```
#include<reg51.h>               //头文件包含访问 sfr 库函数 reg51.h
#include<absacc.h>              //头文件包含绝对地址访问库函数 absacc.h
void delay()                    //无类型延时子函数
{
    unsigned char j;            //定义无符号字符型变量 j
    for(j=0; j<13; j++)         //循环执行 13 次
    {;}
}
void sanjiao()                  //无类型三角波产生子函数
{
    unsigned char a=0;          //定义无符号字符型变量 a
    while(a!=255)               //当 a 不等于 255 时循环执行
    {
        XBYTE[0xCFA0]=a++;      //输出值每次循环加 1
    }
    while(a!=0)                 //当 a 不等于 0 时循环执行
    {
        XBYTE[0xCFA0]=--a;      //输出值每次循环减 1
    }
}
void juchi()                    //无类型锯齿波产生子函数
{
    unsigned char i=128;        //定义无符号字符型变量 i，并赋初值 128
```

```
        while(i!=0)                    //i 不等于 0 时进入循环,i 等于 0 时退出循环
        {
            XBYTE[0xCFA0]=i;           //输出波形值
            i--;                       //每次循环输出值减 1
        }
    }
    void fangbo()                          //无类型方波产生子函数
    {
        XBYTE[0xCFA0]=0x00;                //输出方波低电平
        delay();                           //延时 0.2 ms
        XBYTE[0xCFA0]=0xff;                //输出方波低电平
        delay();
    }                                      //延时 0.2 ms
    void main()                            //无类型主函数
    {
        unsigned char l, m, k;             //定义无符号字符型变量 l、m、k
        while(1)                           //无限循环执行
        {
            for(l=0; l<5; l++)
                juchi();                   //锯齿波循环输出 5 次
            for(m=0; m<5; m++)
                fangbo();                  //方波循环输出 5 次
            for(k=0; k<5; k++)
                sanjiao();                 //三角波循环输出 5 次
        }
    }
```

4. 软件、硬件联调

1) 编译、连接及常用调试命令

编译、连接及常用调试命令参见 1.4 节。

2) 结果现象

在硬件电路接线正确，源程序编写并编译正确，无指令语法错误的前提下，最终任务实施现象同任务描述。

3) 任务实施注意事项

任务实施注意事项如下：

单片机进行并行扩展之后，P0 口接 DAC0832 的 D0～D7；DAC0832 的片选信号 CS0832 接系统的地址端 CS0，地址为 CFA0H；DAC0832 的输出端 OUT 接示波器探头，DAC0832 的接地端 GND 接示波器公共地端。(注：有的单片机实训装置已经接好了地址与数据线，只需要接片选端和示波器即可。)

7.5 检 查 评 价

填写考核单，如表 7-3 所示。

表 7-3　波形发生器的设计任务考核单

<table>
<tr><td colspan="2">任务名称：波形发生器的设计</td><td>姓名</td><td>学号</td><td>组别</td></tr>
<tr><td>项目</td><td>评 分 标 准</td><td>评分</td><td>同组评价得分</td><td>指导教师评价得分</td></tr>
<tr><td rowspan="2">电路设计
(30 分)</td><td>① 正确设计电路</td><td>15 分</td><td></td><td></td></tr>
<tr><td>② 按原理图正确接线(带电接线、拆线每次扣 5 分，接错一处扣 2 分)</td><td>15 分</td><td></td><td></td></tr>
<tr><td rowspan="5">程序调试
(40 分)</td><td>① 正确建立文件夹、文件名(不能正确建立文件夹、文件名，每次扣 5 分)</td><td>5 分</td><td></td><td></td></tr>
<tr><td>② 会查找错误(调试过程中不会查找错误，每次扣 5 分)</td><td>5 分</td><td></td><td></td></tr>
<tr><td>③ 灵活使用各种调试方法</td><td>10 分</td><td></td><td></td></tr>
<tr><td>④ 画流程图</td><td>10 分</td><td></td><td></td></tr>
<tr><td>⑤ 调试结果正确并且编程方法简洁、灵活</td><td>10 分</td><td></td><td></td></tr>
<tr><td>团队协作
(10 分)</td><td>小组在接线、程序调试过程中，团结协作，分工明确，完成任务(有个别同学不动手，不协作，扣 10 分)</td><td>10 分</td><td></td><td></td></tr>
<tr><td>拓展能力
(10 分)</td><td>能够举一反三，采用多种编程方法，编程简洁、灵活</td><td>10 分</td><td></td><td></td></tr>
<tr><td rowspan="3">安全文明意识
(10 分)</td><td>① 不遵守操作规程扣 4 分</td><td>4 分</td><td></td><td></td></tr>
<tr><td>② 结束不清理现场扣 4 分</td><td>4 分</td><td></td><td></td></tr>
<tr><td>③ 不讲文明礼貌扣 2 分</td><td>2 分</td><td></td><td></td></tr>
<tr><td colspan="2">总　分</td><td>100 分</td><td></td><td></td></tr>
<tr><td colspan="3">综合评定得分(40%同组评分 + 60%指导教师评分)</td><td></td><td></td></tr>
<tr><td>备　注</td><td colspan="4"></td></tr>
</table>

思考与练习

1. D/A 转换器是一种能把____________转换为____________的电子器件。

2. DAC0832 是一个__________位的 D/A 转换器。

3. 对于一个 8 位的 D/A 转换器，其分辨率是__________。

4. DAC0832 有两个寄存器，分别是__________寄存器和__________寄存器。

5. DAC0832 的 $\overline{XFER}$ 引脚功能是__________。

6. 80C51 和 DAC0832 有三种连接方式，分别是__________方式、__________方式和__________方式。

7. 根据图 7-5 所示的连接方式以及下列程序说出输出的是什么波形？该波形的周期是多少？

```
            ORG 1000H
START:  MOV DPTR #7FFFH            ; 选中 0832
            MOV A, #00H                ; D/A 数据初值
    UP:  MOVX @DPTR, A             ; 转换(2 机周)
            INC A                      ; 数据上升(1 机周)
            LCALL    DELAY             ; 调用延时(2 机周)
            JNZ UP                     ; 未到最大值转换(2 机周)
DOWN: DEC A                          ; 数据下降
            LCALL    DELAY             ; 调用延时
            MOVX @DPTR, A              ; 转换
            JNZ DOWN                   ; 未到最小值转换
            SJMP    UP                 ; 一个周期结束,继续
DELAY: MOV R7, #200                  ; 延时子程序(t = (1 + 2 × 200)TCY)
            DJNZ R7, $
            RET
        END
```

8. 若输出参考电压为 5 V，先输出数字量分别为 80H、FFH、30H 时的输出电压是多少？

9. 三角波的幅值和周期如何调整？

10. 如何使用 DAC0832 输出一个正弦波？

任务 8　直流电机的 PWM 调速控制

8.1　任务描述

对被控对象(微型直流电机)进行 PWM 调速控制。通过调节实验台上的电位器旋钮，给单片机一个模拟量，单片机进行 A/D 转换后，根据模拟量的大小，控制单片机输出脉冲的脉宽，进而控制直流电动机的转速。可以看到的现象如下：

(1) 当旋钮旋至最小的时候，电机的转速最低。

(2) 随着旋钮的旋动，电机的转速逐渐增大。

(3) 当旋钮旋至最大时，电机的转速最大。

8.2　任务目标

1. 能力目标

(1) 能够设计扩展可编程 A/D 转换器电路并掌握常用开关量的驱动方法。

(2) 具备设计 A/D 转换电路并编制键盘扫描程序的能力。

2. 知识目标

(1) 掌握 A/D 转换器的主要性能指标及分类。

(2) 掌握并行 ADC0809 芯片的引脚功能。

(3) 可以进行单片机与 ADC0809 的典型连线与编程。

(4) 掌握常用开关量的驱动方法及单片机系统隔离方法。

8.3　相关知识

8.3.1　A/D 转换器的主要性能指标及分类

1. A/D 转换器的主要性能指标

A/D 转换的过程如图 8-1 所示。

从图 8-1 可见，A/D 转换的基本功能是把模拟量转换为 *N* 位数字量，主要性能指标如下。

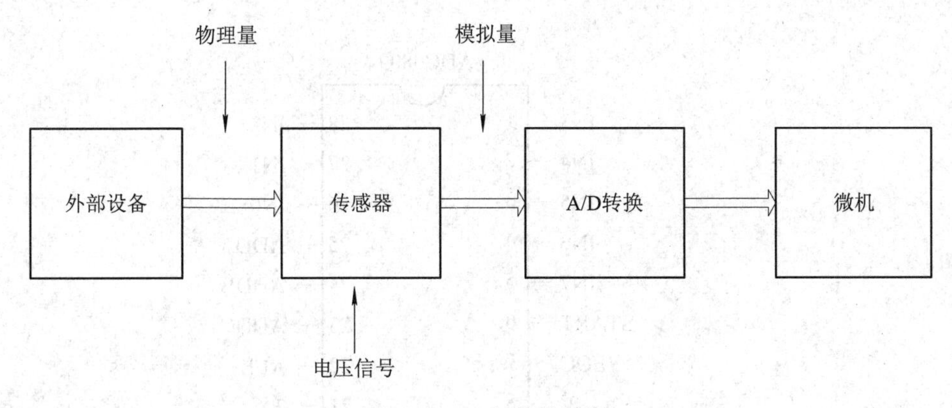

图 8-1　A/D 转换的过程

1) 转换精度

转换精度通常用分辨率和量化误差来描述。

(1) 分辨率 = $U_{\mathrm{REF}} / 2^N$，表示输出数字量变化一个相邻数码所需输入模拟电压的变化量。

(2) 量化误差是指零点和满度校准后，在整个转换范围内的最大误差，通常以相对误差的形式出现。以 LSB 为单位，如 8 位 A/D 转换器基准电压为 5 V 时，1 LSB ≈ 20 mV，量化误差为 ±1 LSB/2 ≈ ±10 mV。

2) 转换时间

转换时间是指 A/D 转换器完成一次 A/D 转换所需的时间，时间越短，表示适应输入信号快速变化能力越强。

2. A/D 转换器的分类

(1) 按照转换原理分为逐次逼近式、双积分式和 V/F 变换式。

(2) 按照信号传输形式分为并行 A/D 和串行 A/D。

3. ADC0809 的芯片引脚及主要性能指标

ADC0809 是 8 通道 8 位 CMOS 逐次逼近式 A/D 转换器，是美国国家半导体公司产品。其主要性能指标如下。

- 分辨率：8 位；
- 转换时间：100 μs；
- 温度范围：−40℃～+85℃；
- 可使用单一的 +5 V 电源；
- 可直接与 CPU 连接；
- 输出带锁存器；
- 逻辑电平与 TTL 兼容。

8.3.2　并行 ADC0809 芯片的引脚功能

ADC0809 共有 28 个引脚(见图 8-2)，其主要引脚信号如下。

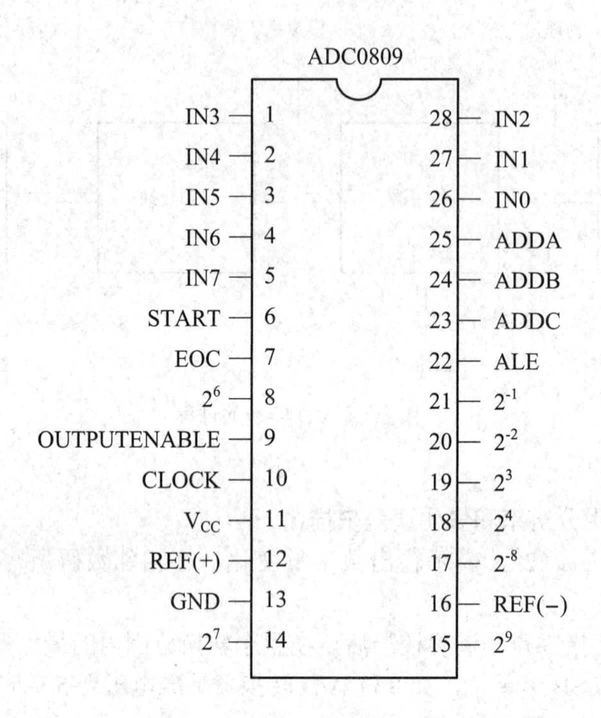

图 8-2　并行 ADC0809 芯片的引脚

ADDA、ADDB、ADDC：3 位地址码输入端。8 路模拟信号转换选择由 ADDA、ADDB、ADDC 决定。

IN0～IN7：8 路模拟信号输入端。

START：启动 A/D 转换引脚，当 START=1 时，开始启动 A/D 转换。

EOC：A/D 转换结束引脚，转换结束该引脚输出高电平。

OE(OUTPUTENABLE 引脚)：输出允许控制，该引脚用于控制选通三态门。当 OE=1 时三态门打开，模/数转换后得到的数字量才可通过三态门到达数据总线，进而被读入 CPU。

CLOCK：外加时钟输入引脚，其频率为 50～800 kHz，使用时常接 500～600 kHz。

ALE：模拟通道锁存信号，当此引脚由低电平到高电平跳变时将加到 ADDA、ADDB、ADDC 引脚的数据锁存并选通相应的模拟通道。

REF(+)、REF(−)：正、负基准电压输入端。

V_{CC}：正电源输入端。

GND：接地端。

8.3.3　单片机与 ADC0809 的典型连线与编程

A/D 转换可以用中断、查询和延时等待三种方式编制程序。

1. 中断方式

首先，单片机通过地址输出控制 ADC0809 芯片中的 ADDA、ADDB、ADDC 引脚电平，即可选中 ADC0809 芯片 IN0～IN7 中的某一个通道，随后使 ADC0809 芯片的 START

引脚有效，启动 A/D 转换；A/D 转换结束后，ADC0809 芯片的 EOC 引脚输出一个高电平信号，该信号通过一个非门电路连接至单片机的外部中断源，向 CPU 提出中断请求，告诉单片机本次 A/D 转换已经结束，可以将转换结束后的数字量读取回单片机内部，以便进行下一步的数据处理；单片机收到中断请求后，进行中断响应和中断处理，使 ADC0809 芯片的 OE 引脚为高电平，此时芯片的三态门打开，将转换结束的数字量通过三态门送至数据总线，单片机通过数据总线将转换结果送至内部累加器 ACC 中，再进行下一步的处理。ADC0809 的 EOC 端经非门后连接至单片机的 $\overline{\text{INT0}}$ 引脚，如图 8-3 所示。一定要注意非门的连接方向，当转换结束后，向单片机的外部中断 1 提出中断请求，在中断响应中，将转换后的值送至指定的地方。

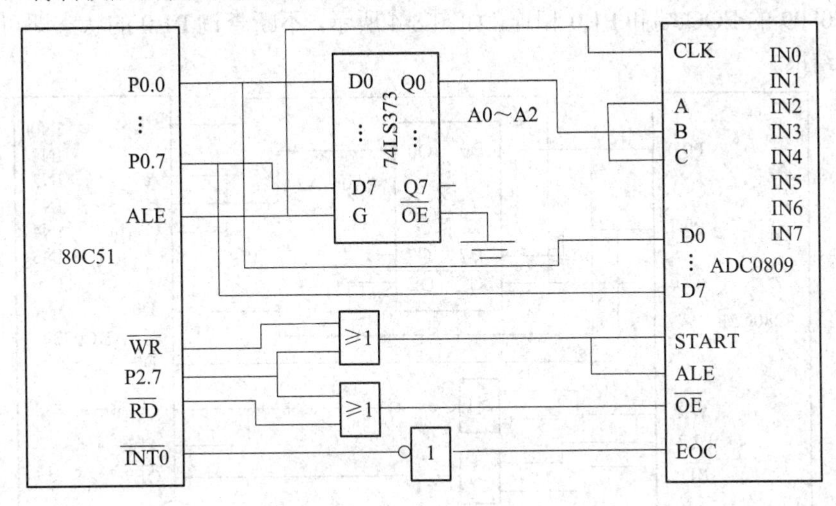

图 8-3　中断方式

汇编程序如下：

```
         ORG     0000H
         SJMP    MAIN
         ORG     0003H
         SJMP    CLINT0
         ORG     0100H
MAIN:    MOV     IE, #10000001B      ；外部中断 0 开中断
         MOV     IP, #00000001B      ；设置优先级
         MOV     A, #00H             ；累加器 A 置 0
         MOV     DPTR, #0CFA0H       ；置 0809 通道 0 地址
LOOP:    MOVX    @DPTR, A            ；启动 A/D
         SJMP    $                   ；等待中断，或者执行其他程序
CLINT0:  MOVX    A, @DPTR            ；A/D 已结束，读 A/D 值
         MOV     P1, A               ；将转换后的值送到 P1 口显示
         RETI                        ；中断返回
```

2. 查询方式

首先，单片机通过地址输出控制 ADC0809 芯片中的 ADDA、ADDB、ADDC 引脚电平，即可选中 ADC0809 芯片 IN0～IN7 中的某一个通道；随后使 ADC0809 芯片的 START 引脚有效，启动 A/D 转换；A/D 转换结束后，ADC0809 芯片的 EOC 引脚输出一个高电平，该信号连接至单片机的 I/O 端口上。

由于 EOC 引脚连接至单片机的 I/O 端口上，单片机就需要不断查询该 I/O 端口上的状态，若为高电平，意味着本次 A/D 转换已经结束，可以将转换结束后的数字量读取回单片机内部，以便进行下一步的数据处理；单片机使 ADC0809 芯片的 $\overline{OE}$ 引脚为高电平，此时芯片的三态门打开，将转换结束的数字量通过三态门送至数据总线，单片机通过数据总线将转换结果送至内部累加器 ACC 中，再进行下一步的处理。

ADC0809 的 EOC 端和 P1.0 相连，如图 8-4 所示，不断查询 P1.0 的状态即可得知 A/D 转换是否结束。

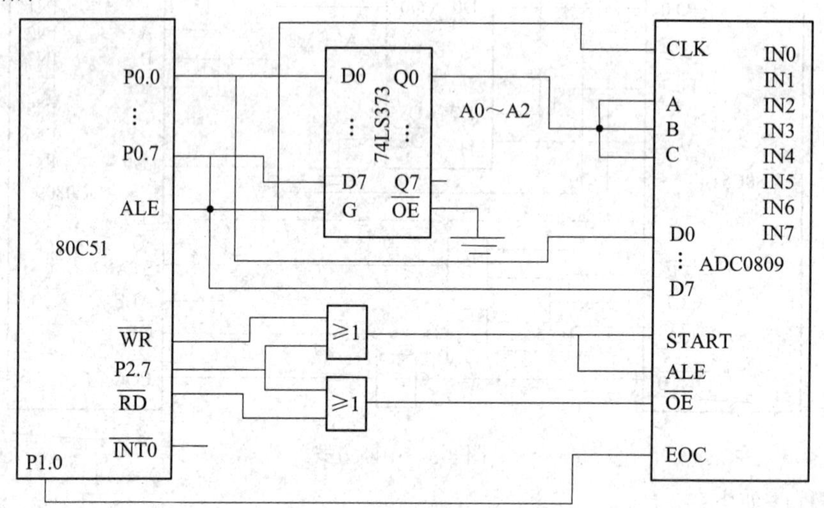

图 8-4　查询方式

汇编程序如下：

```
MAIN:  SETB    P1.0              ; 置 P3.1 输入态
       MOV     DPTR, #0CFA0H     ; 置 0809 通道 0 地址
LOOP:  MOVX    @DPTR, A          ; 启动 A/D
       JNB     P1.0, $           ; 查询 A/D 转换是否结束？未结束则继续查询等待
       MOVX    A, @DPTR          ; A/D 已结束，读 A/D 值
       MOV     @R0, A            ; 将转换后的值送到 R0 所指的地址单元中
       INC     R0                ; 地址加 1
       SJMP    LOOP              ; 继续进行 A/D 转换
       RET                       ;
```

3. 延时等待方式

ADC0809 的 EOC 端不必和 80C51 相连接，如图 8-5 所示，而是根据时钟频率计算出 A/D 转换时间，略微延长后直接读取 A/D 转换值(延长时间大于 128 μs)。

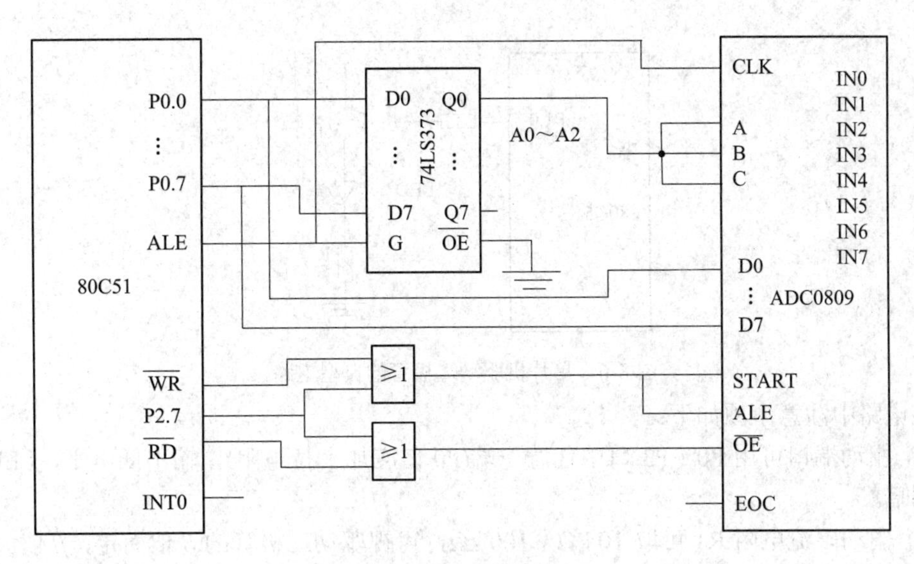

图 8-5　延时等待方式

汇编程序如下：

```
MAIN:   MOV     A, #00H         ; 累加器 A 置 0
        MOV     DPTR, #0CFA0H   ; 置 0809 通道 0 地址
LOOP:   MOVX    @DPTR, A        ; 启动 A/D
        LCALL   DELAY           ; 调用延时程序
        MOVX    A, @DPTR        ; A/D 已结束，读 A/D 值
        MOV     @R0, A          ; 将转换后的值送到 R0 所指的地址单元中
        INC     R0              ; 地址加 1
        SJMP    LOOP            ; 继续进行 A/D 转换
        RET                     ;
DELAY:  MOV     R7, #100        ; 设置 R7 的值
DEL1:   MOV     R6, #198        ; 设置 R6 的值
        NOP
        DJNZ    R6, $
        DJNZ    R7, DEL1        ; 延时时间大于 128 μs
        RET
```

8.3.4　常用开关量的驱动方法及单片机系统隔离方法

1. 驱动发光二极管

常见发光二极管的驱动电流一般为 5～10 mA，而单片机 I/O 口的输出电流一般为几十微安，加正向电压，导通之后的管压降为 1～2 V，单片机驱动二极管的典型电路如图 8-6 所示。

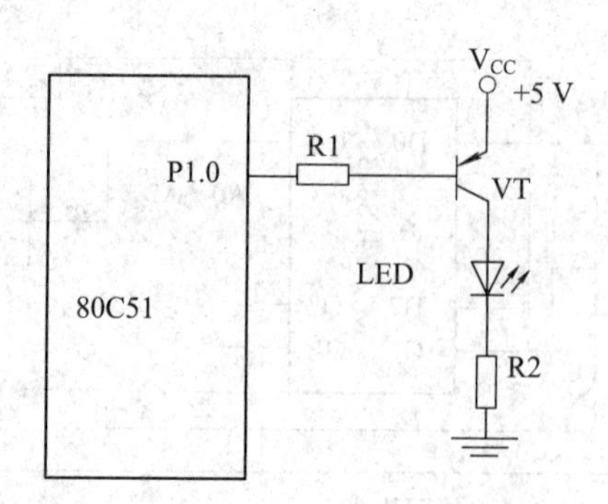

图 8-6　单片机驱动二极管的典型电路

该电路中注意事项如下：

(1) 驱动端口可用 P0～P3 口中任意一端(P0 口应加上拉电阻)，输出低电平，LED 亮，反之则暗。

(2) 驱动限流电阻 R1 可取 10 kΩ～100 kΩ，可视驱动三极管的 β 值而定，β 值大，则 R1 可略大。R1 大，可减小流过 80C51 的电流，降低功耗。

(3) 驱动晶体管 VT，灌电流驱动时，应选取 PNP 三极管，一般选取 9014、9012。9014 的 β 值较大，集电极电流 I_{cm} 较小；9012 的 β 值略小，I_{cm} 较大。

(4) 发光二极管限流电阻 R2 可根据其电流而定，电流一般取 5～10 mA，电流大，则亮度高。

2. 驱动继电器

驱动继电器主要考虑下列两个因素。

(1) 继电器线圈额定电压。

若额定电压为 5 V、6 V，则按照图 8-7 连接；若额定电压大于 6 V，则按照图 8-8 连接；若额定电压为 AC 220 V，则应用光耦合器。

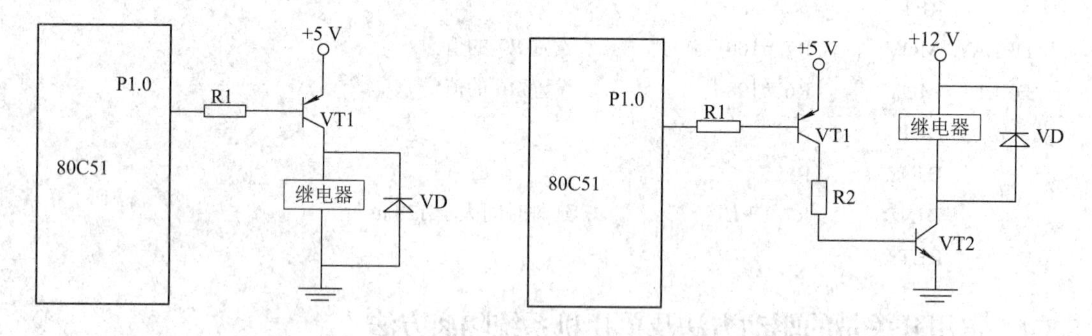

图 8-7　驱动继电器 1　　　　图 8-8　驱动继电器 2

(2) 继电器线圈驱动电流。

一般来讲，额定电压低，驱动电流大；触点容量大，驱动电流大。可根据线圈驱动电流大小，选用有足够输出电流的晶体三极管，且三极管的 β 值要大，β 值大时，80C51 的驱动电流可小一些。需要指出的是，要适当选取 R1，R1 过大，驱动电流不足，继电器会出现“颤抖”。

二极管 VD 的作用是防止换路时继电器产生感应电压损坏晶体三极管。

3. 光电隔离接口

在单片机控制系统中，有时要将强电回路与单片机弱电供电回路隔离，以有效抑制强电干扰信号。常见的隔离方式是变压器耦合和光耦合，变压器耦合只能用于传送交变信号，且体积大、重量重、功耗大，还会产生电磁干扰。光耦合既能用于传送交变信号，又能用于传送直流信号，且体积小、重量轻、功耗小、抗干扰强。

光耦合器件有多种类型，最常用的是光敏二极管构成的光耦合器，图 8-9 和图 8-10 是 80C51 与光耦合器的典型连接电路。

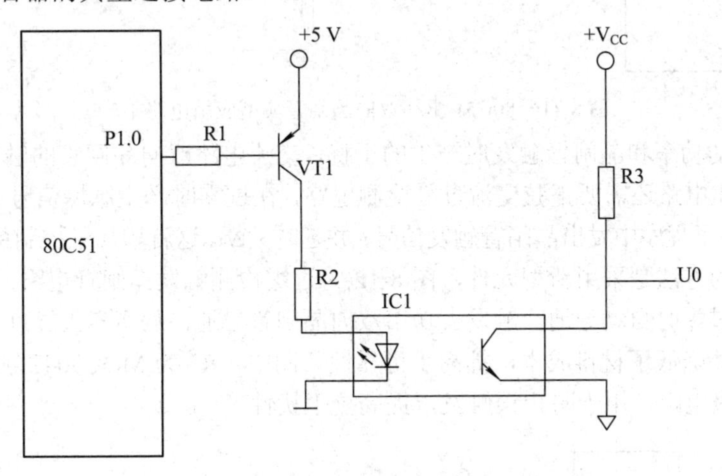

图 8-9　80C51 与光耦合器的典型连接电路 1

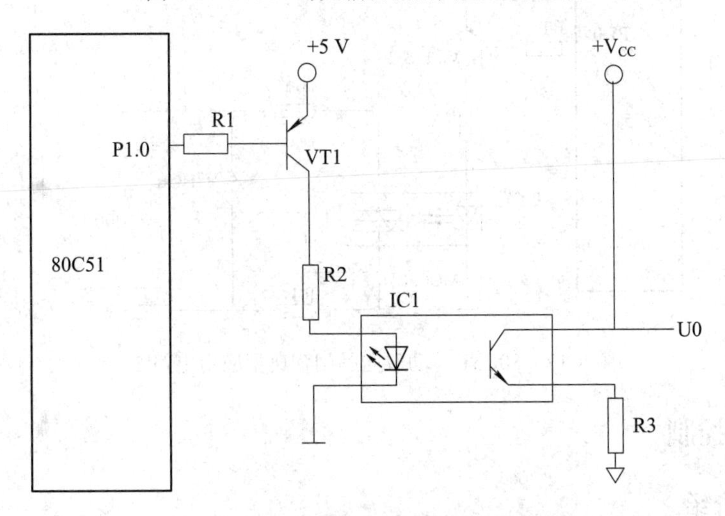

图 8-10　80C51 与光耦合器的典型连接电路 2

需要指出的是：① 光耦合器中的发光二极管驱动电流较大，应用晶体三极管或者有足够输出电流的门电路扩大 80C51 的输出电流；② 既然是隔离，强电回路的接地端与弱电回路的接地端就不能连接在一起。

4. 驱动晶闸管

晶闸管是常用于单片机控制系统中交流强电回路的执行元件，一般来讲，需要光耦合器隔离驱动，图 8-11 为驱动双向晶闸管典型应用电路。

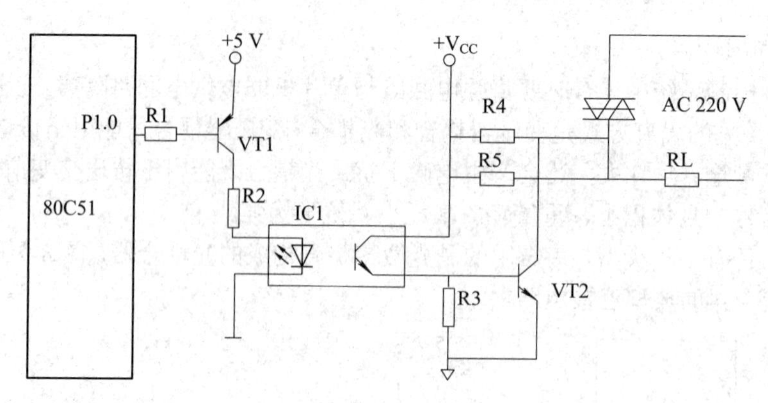

图 8-11　80C51 驱动双向晶闸管典型应用电路 1

为减小驱动功率和晶闸管触发时产生的干扰，交流电路双向晶闸管的触发常采用过零触发，因此上述电路还需要正弦交流过零检测电路，在过零时产生脉冲信号引发 80C51 中断，在中断服务子程序中发出晶闸管触发信号，并延时关断。这就增加了控制系统的复杂性，一种较为简单的方法是采用新型元件，图 8-12 为过零检测触发晶闸管电路，MOC3041 能在正弦波交流过零时自动导通，触发大功率双向晶闸管导通，从而省去了过零检测及触发等辅助电路，并降低了材料成本，提高了可靠性。图中，R3 为 MOC3041 触发限流电阻，R4 为 BCR 门级电阻，用于防止误触发，提高抗干扰性。

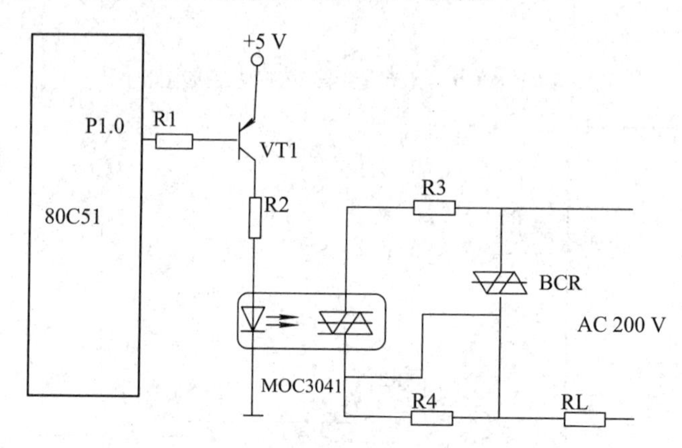

图 8-12　80C51 驱动双向晶闸管典型应用电路 2

8.3.5　PWM 控制

1. PWM 介绍

PWM 是通过控制固定电压的直流电源开关频率，改变负载两端的电压，从而达到控制要求的一种电压调整方法。PWM 可以应用在很多方面，如电机调速、温度控制、压力控制等。

在 PWM 驱动控制的调整系统中，按一个固定的频率来接通和断开电源，并且根据需要改变一个周期内“接通”和“断开”时间的长短，通过改变直流电机电枢上电压的“占空比”来达到改变平均电压大小的目的，从而控制电动机的转速。也正因为如此，PWM 又被称为“开关驱动装置”。

2. PWM信号发生电路设计

PWM波可以由具有PWM输出的单片机通过编程来产生，也可以采用PWM专用芯片来实现，当PWM波的频率太高时，它对直流电机驱动的功率管要求太高，而当它的频率太低时，其产生的电磁噪声就比较大。在实际应用电路中，PWM波的频率在18 kHz左右时效果最好。

8.4　任务实施

1. 数字温度计模拟显示

1) 分组讨论，制订方案

首先填写计划单，如表8-1所示。

表8-1　数字温度计模拟显示任务计划单

<table>
<tr><td>姓　名</td><td>班　级</td><td>任务分工</td><td rowspan="5">完成任务所用设备、工具、仪器仪表</td><td>设备名称</td><td>设备功能</td></tr>
<tr><td></td><td></td><td></td><td></td><td></td></tr>
<tr><td></td><td></td><td></td><td></td><td></td></tr>
<tr><td></td><td></td><td></td><td></td><td></td></tr>
<tr><td></td><td></td><td></td><td></td><td></td></tr>
<tr><td colspan="6">查、借阅资料</td></tr>
<tr><td colspan="2">资 料 名 称</td><td colspan="2">资 料 类 别</td><td>签　名</td><td>日　期</td></tr>
<tr><td></td><td></td><td></td><td></td><td></td><td></td></tr>
<tr><td></td><td></td><td></td><td></td><td></td><td></td></tr>
<tr><td colspan="6">项 目 调 试</td></tr>
<tr><td colspan="6">① 硬件电路设计
② 绘制流程图
③ 编制源程序
④ 任务实施工作总结</td></tr>
<tr><td>调试过程问题记录</td><td colspan="4"></td><td>记录人</td></tr>
<tr><td colspan="4">签名：</td><td>日期</td><td></td></tr>
</table>

2) 设计电路并接线

根据任务要求绘制硬件电路图，如图 8-13 所示。

(1) 将单片机的 P1.0～P1.7 接到发光二极管 L1～L8，ADC0809 的 IN0 接到 AN0 上，试将输入的模拟量转换为数字量并通过发光二极管显示，然后对转换公式进行验证。

(2) 通过 I/O 端口将 LED 与单片机连接，ADC0809 的 IN0 接到 AN0 上，模拟温度传感器的转换的电压值，试将输入的模拟量转换为数字量并通过发光二极管显示，然后对转换公式进行验证。

注意：有的单片机实训装置已经接好了单片机与 ADC0809 的接线，只需要接片选端、模拟信号输入和发光二极管即可。

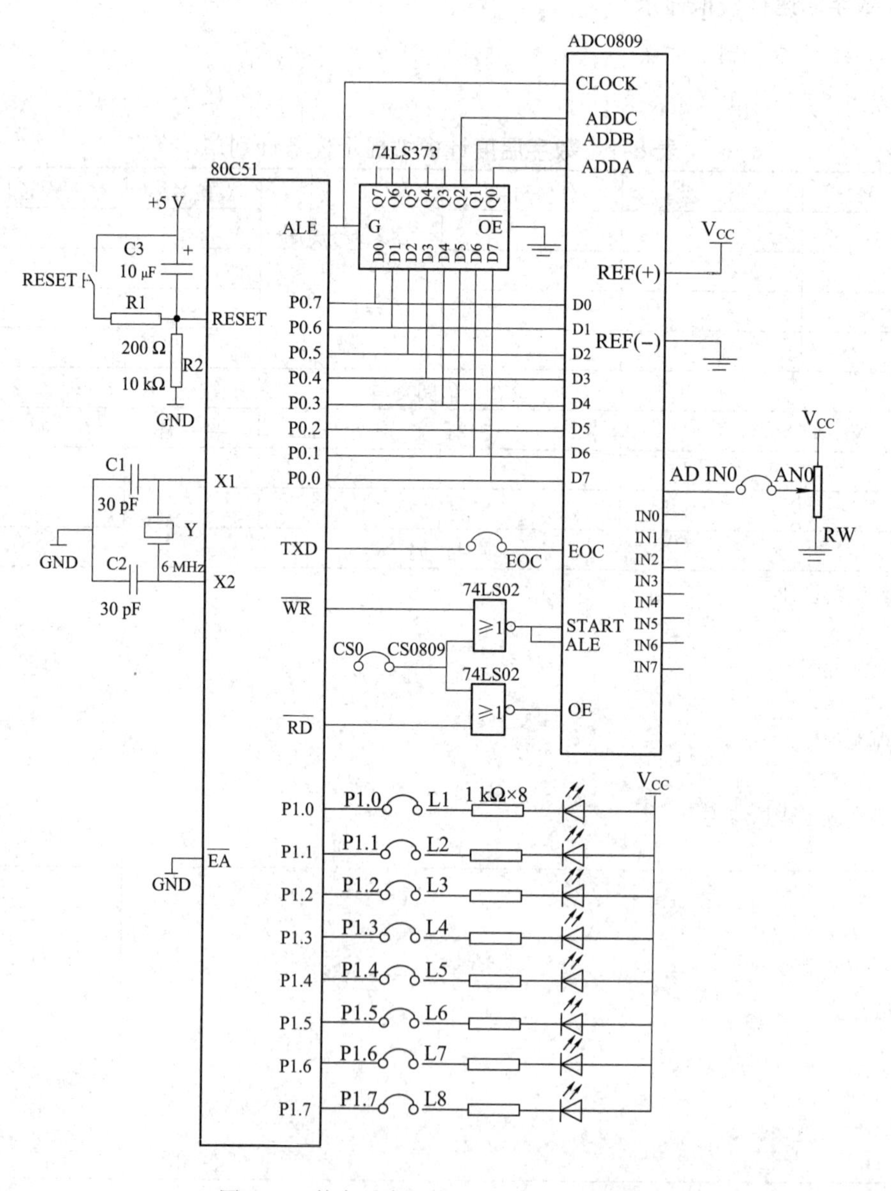

图 8-13　数字温度计模拟显示硬件电路图

3) 画流程图、建立工程项目及编写源程序

(1) 画流程图。根据任务要求画出如图 8-14 所示流程图。

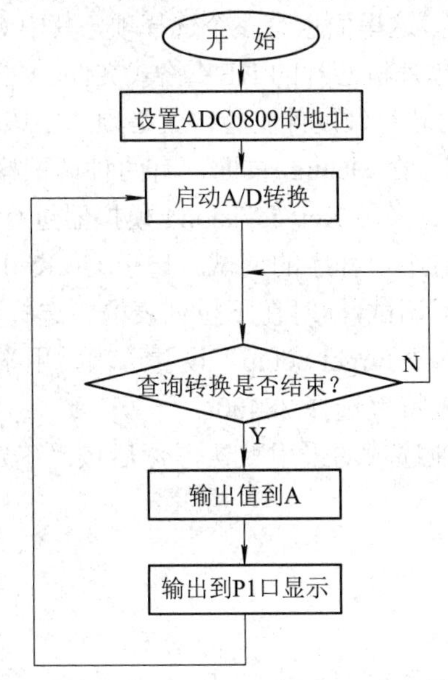

图 8-14　数字温度计模拟显示流程图

(2) 工程项目建立。

① 启动 Keil μVision4 软件的集成开发环境，进入编程界面。

② 创建源程序文件。执行“文件/新建”即可在项目窗口的右侧打开一个新的文本编辑窗口，默认文件名为“Text1”，在该窗口中可以输入汇编语言的源程序(汇编语言源程序一般用“asm”为扩展名)。

③ 建立工程文件。执行“工程”菜单下的“New μVision Project”命令，打开创建新工程(Create New Project)对话框，要求给将要建立的工程起一个名字，存在指定盘建立的文件夹中，在编辑框的文件名中输入一个名字(假设为实验二)，不需要扩展名，点击“保存”按钮即可。

选择目标 CPU(即所选用芯片的型号)，选择 Atmel 公司。点击 Atmel 前面的“+”号，展开该层，点击选中其中的 AT89C51，然后点击“确定”按钮，回到主界面。在弹出的“是否添加 Startup Code”的提示对话框中选择“否”。

在工程窗口中的“目标 1-源组 1”下添加源文件，点击鼠标右键，出现一个下拉菜单，在菜单中选择“添加文件到组‘源组 1’…”，该对话框下面的“文件类型”默认为 C source file(*.c)，也就是以 C 为扩展名的文件，而我们的文件是以 asm 为扩展名的，所以在列表框中找不到 program1.asm，要将文件类型改掉。点击对话框中“文件类型”后的下拉列表，找到并选中“Asm Source File(*.a51,*.asm)”，这样，在列表框中就可以找到 program1.asm 文件，双击 program1.asm 文件，将文件加入项目。

④ 工程详细设置。首先把鼠标放在左边“工程窗口”的“目标 1”上，点击鼠标右键，出现一个下拉菜单，在菜单中选择“为目标‘目标 1’设置选项…”，点击“确定”后出现一个对话框，这个对话框共有 11 个标签。

首先设置“Target 标签”。设置所选目标 CPU 的最高可用频率值，Xtal 后面的数值是

晶振频率值，默认值是 24 MHz，正确设置该数值可使显示时间与实际所用时间一致，一般将其设置成与用户的硬件所用晶振频率相同，这里设置为 12 MHz。

其次设置“OutPut 标签”。这里面也有多个选择项，其中 Creat Hex file 用于生成可执行代码文件(可以用编程器写入单片机芯片的 HEX 格式文件，文件的扩展名为.HEX)，默认情况下该项未被选中，如果要写芯片做硬件实验，就必须选中该项，其他均采用默认即可。

最后设置“Debug 标签”。在 Debug 页面，有两种调试模式，即模拟器调试和仿真器调试。选中 Use Simulator 时是采用 Keil μVision4 模拟器进行调试，即在 Keil μVision4 环境下仅用软件方式即可完成对用户程序的调试。选中 UseKeil Monitor-51 Driver 时是采用 Keil 公司提供的监控程序进行调试，同时在下拉列表框中选择 Keil Monitor-51 Driver 选项。再点击“settings”按钮，进入“Target Setup”设置选项，用于选择仿真器与计算机的通信端口，选择串行口 COM3，波特率选择 38400。

设置好以上几项后，其他选项均采用默认，然后按“确定”，返回主界面，至此工程文件建立并设置完毕。

(3) 编写源程序。

汇编语言程序如下：

```
        ORG     0000H
        SJMP    MAIN
        ORG     0100H
MAIN:   SETB    P3.1                ; 置 P3.1 输入态
        MOV     DPTR, #0CFA0H       ; 置 ADC0809 通道 0 地址
LOOP:   MOVX    @DPTR, A            ; 启动 A/D
        JNB     P3.1, $             ; 查询 A/D 转换是否结束，未完则继续查询等待
        MOVX    A, @DPTR            ; A/D 已结束，读 A/D 值
        MOV     P1, A               ; 将转换后的值送到 P1 口显示
        SJMP    LOOP                ; 继续进行 A/D 转换
        RET                         ;
```

C51 语言程序如下：

```
#include<reg51.h>                   //头文件包含访问 sfr 库函数 reg51.h
#include<absacc.h>                  //头文件包含绝对地址访问库函数 absacc.h
sbit P31=P3^1;                      //把 P3.1 定义为位变量 P31
void ad_change()                    //无类型子函数 ad_change
{  unsigned char i=0;               //定义无符号字符型变量 i,并赋初值 0
   P31=1;                           //置 P3.1 输入态
   while(1)                         //无限循环执行
   {  XBYTE[0xcfa0+i]=i;            //置 ADC0809 通道 0 地址,并启动 A/D 转换
      while(!P31);                  //等待 P3.1 A/D 转换完毕信号
      P1=XBYTE[0xcfa0];}}           //将转换后的值送到 P1 口显示
void main()                         //无类型主函数
{ad_change();}                      //调用 A/D 转换子函数 ad_change
```

4) 硬件、软件联调

(1) 编译、连接及常用调试命令。

编译、连接及常用调试命令参见 1.4 节。

(2) 结果记录。

用万用表测量输入的模拟信号为 2.5 V，计算转换后的值为_____，指示灯的值为_____。旋动模拟信号的旋钮，调节电压值，看指示灯反映的值的变化。

5) 写工作总结

2. 直流电机的 PWM 调速控制

1) 分组讨论，制订方案

首先要求填写计划单，如表 8-2 所示。

表 8-2 直流电机的 PWM 调速控制

<table>
<tr><td>姓 名</td><td>班 级</td><td>任务分工</td><td rowspan="5">完成任务所用设备、工具、仪器仪表</td><td>设备名称</td><td>设备功能</td></tr>
<tr><td></td><td></td><td></td><td></td><td></td></tr>
<tr><td></td><td></td><td></td><td></td><td></td></tr>
<tr><td></td><td></td><td></td><td></td><td></td></tr>
<tr><td></td><td></td><td></td><td></td><td></td></tr>
<tr><td colspan="6">查、借阅资料</td></tr>
<tr><td colspan="2">资 料 名 称</td><td colspan="2">资 料 类 别</td><td>签 名</td><td>日 期</td></tr>
<tr><td></td><td></td><td></td><td></td><td></td><td></td></tr>
<tr><td></td><td></td><td></td><td></td><td></td><td></td></tr>
<tr><td colspan="6">项 目 调 试</td></tr>
<tr><td colspan="6">① 硬件电路设计
② 绘制流程图
③ 编制源程序
④ 任务实施工作总结</td></tr>
<tr><td rowspan="2">调试过程问题记录</td><td rowspan="2" colspan="4"></td><td>记录人</td></tr>
<tr><td></td></tr>
<tr><td colspan="4">签名:</td><td>日期</td><td></td></tr>
</table>

2) 设计电路并接线

根据任务要求绘制硬件电路图，如图 8-15 所示。

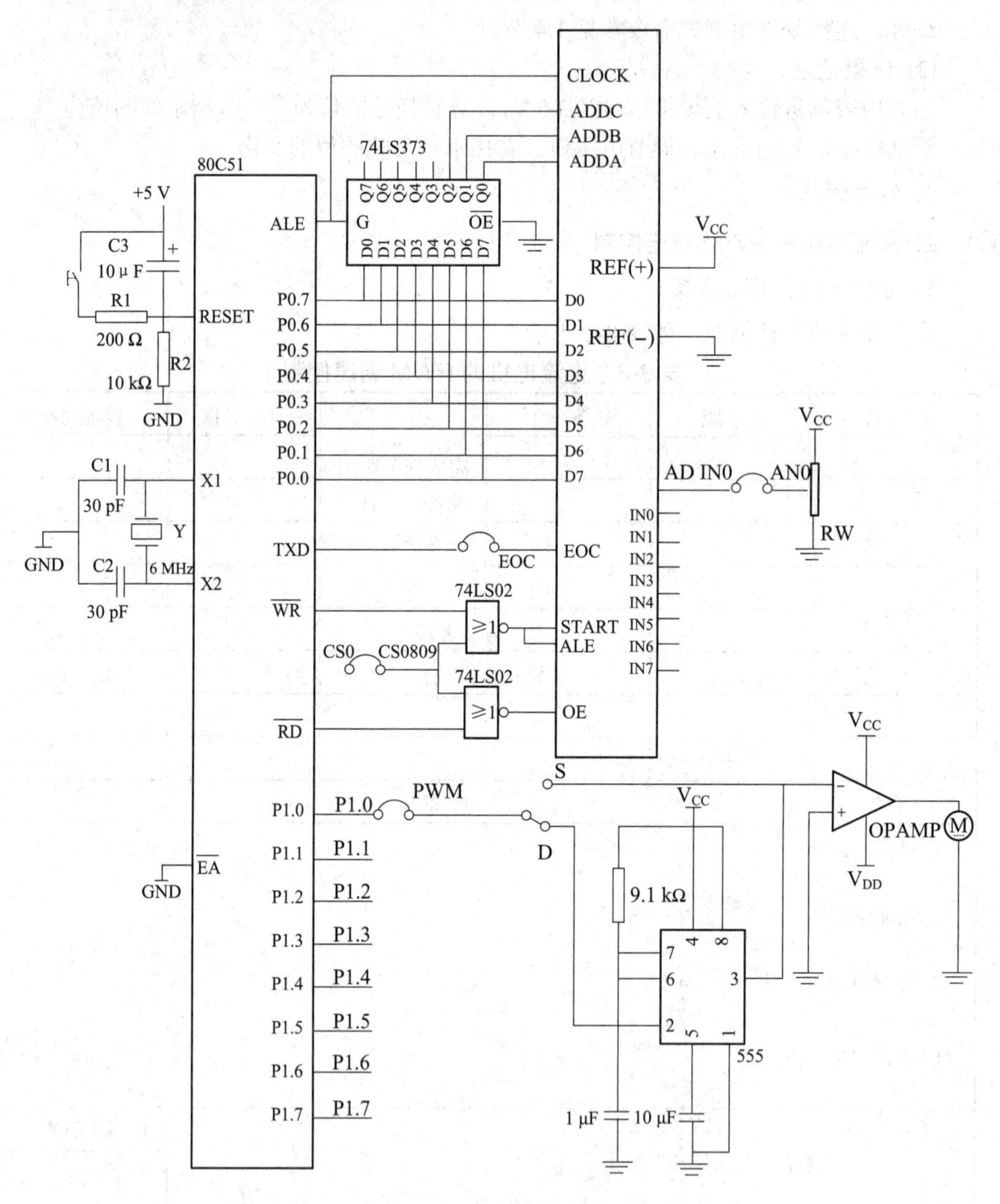

图 8-15　直流电机的 PWM 调速控制硬件电路图

项目需要用到 THMEMU-1 实训设备的单片机挂箱 D40 上的单片机最小应用系统、8 位逻辑电平输出模块和单片机挂箱 D42(PWM 模块)。按如下步骤接线：

(1) 模块的 PWM 插口与系统板上的 P1.0 插口相连；

(2) 外扩 A/D 模块 0809 的片选信号与系统板上的 CS3 相连(箱式的片选地址为 CFB8H)；

(3) PWM 模块的跳线：在 S 端短路时，单脉冲；在 D 端短路时，双脉冲。

注意：有的单片机实训装置已经接好了单片机与 ADC0809 的接线，只需要接片选端、模拟信号输入和 PWM 模块的信号输入端即可。

3) 画流程图、建立工程项目及编写源程序

(1) 画流程图。

根据任务要求，画出如图 8-16 所示流程图。

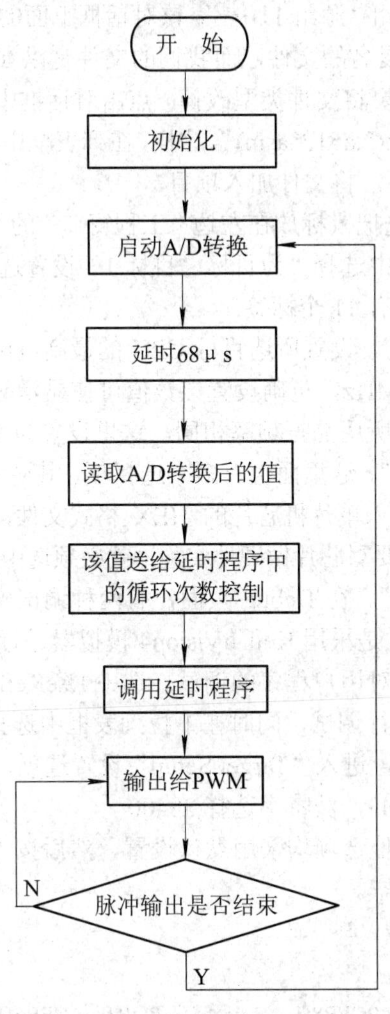

图 8-16　直流电机的 PWM 调试控制流程图

(2) 工程项目建立。

① 启动 Keil μVision4 软件的集成开发环境，进入编程界面。

② 创建源程序文件。执行“文件/新建”即可在项目窗口的右侧打开一个新的文本编辑窗口，默认文件名为“Text1”，在该窗口中可以输入汇编语言的源程序(汇编语言源程序一般用“.asm”为扩展名)。

③ 建立工程文件。执行“工程”菜单下的“New μVision Project”命令，打开创建新工程(Create New Project)对话框，要求给将要建立的工程起一个名字，存在指定盘建立的

文件夹中，在编辑框的文件名中输入一个名字(假设为实验二)，不需要扩展名，点击“保存”按钮即可。

选择目标 CPU(即所选用芯片的型号)，选择 Atmel 公司。点击 Atmel 前面的“+”号，展开该层，点击选中其中的 AT89C51，然后点击“确定”按钮，回到主界面。在弹出的“是否添加 Startup Code”的提示对话框中选择“否”。

在工程窗口中的“目标 1-源组 1”下添加源文件，点击鼠标右键，出现一个下拉菜单，在菜单中选择“添加文件到组‘源组 1’…”，该对话框下面的“文件类型”默认为 C source file(*.c)，也就是以 C 为扩展名的文件，而我们的文件是以 asm 为扩展名的，所以在列表框中找不到 program1.asm，要将文件类型改掉。点击对话框中“文件类型”后的下拉列表，找到并选中“Asm Source File(*.a51,*.asm)”，这样，在列表框中就可以找到 program1.asm 文件，双击 program1.asm 文件，将文件加入项目。

④ 工程详细设置。首先把鼠标放在左边“工程窗口”的“目标 1”上，点击鼠标右键，出现一个下拉菜单，在菜单中选择“为目标‘目标 1’设置选项…”，点击“确定”后出现一个对话框，这个对话框共有 11 个标签。

首先设置“Target 标签”。设置所选目标 CPU 的最高可用频率值，Xtal 后面的数值是晶振频率值，默认值是 24 MHz，正确设置该数值可使显示时间与实际所用时间一致，一般将其设置成与用户的硬件所用晶振频率相同，这里设置为 12 MHz。

其次设置“OutPut 标签”。这里面也有多个选择项，其中 Creat Hex file 用于生成可执行代码文件(可以用编程器写入单片机芯片的 HEX 格式文件，文件的扩展名为.HEX)，默认情况下该项未被选中，如果要写芯片做硬件实验，就必须选中该项，其他均采用默认即可。

最后设置“Debug 标签”。在 Debug 页面，有两种调试模式，即模拟器调试和仿真器调试。选中 Use Simulator 时是采用 Keil μVision4 模拟器进行调试，即在 Keil μVision4 环境下仅用软件方式即可完成对用户程序的调试。选中 UseKeil Monitor-51 Driver 时是采用 Keil 公司提供的监控程序进行调试，同时在下拉列表框中选择 Keil Monitor-51 Driver 选项。再点击“settings”按钮，进入“Target Setup”设置选项，用于选择仿真器与计算机的通信端口，选择串行口 COM3，波特率选择 38400。

设置好以上几项后，其他选项均采用默认设置，然后按“确定”按钮，返回主界面。至此工程文件建立并设置完毕。

(3) 编写源程序。

汇编语言程序如下：

```
        PORT     EQU   0CFB8H       ; 定义 PORT 为 CFB8H
        PWM      EQU   P1.0         ; 定义 PWM 为 P1.0
        ORG      0000H              ; 定义程序起始地址在 0000H
        LJMP     START              ; 跳转到 START
        ORG      0100H              ; START 程序起始地址在 0100H
START:  MOV      R3, #1H            ; 给 R3 中赋值 1
        MOV      DPTR, #PORT        ; 设置通道 0 输入
        MOVX     @DPTR, A           ; 启动 A/D 转换
        MOV      R0,#34
```

```
LOOP1: DJNZ     R0, LOOP1        ; 延时 68 μs，较 A/D 转换时间略长
       MOVX     A, @DPTR         ; 读 A/D 转换结果值
       SWAP     A                ; 累加器 A 高 4 位和低 4 位互换
       ANL      A, #0FH          ; 累加器 A 中值屏蔽高 4 位
       CJNE     A, #0H,LP        ; 累加器 A 中值不等于 0 则跳转到 LP
       JMP      LP2              ; 否则跳转到 LP2
   LP: CJNE     A, #0FH,LP1      ; 累加器 A 中值不等于 0FH 则跳转到 LP1
       JMP      LP2              ; 否则跳转到 LP2
  LP1: MOV      R0, A            ; 将累加器 A 中值传给 R0
       MOV      R4, A            ; 将累加器 A 中值传给 R4
       MOV      A, #0FH          ; 将 0FH 传给 A
       CLR      C                ; Cy 清零
       SUBB     A, R0            ; 0FH 减去 R0 中的值，差值放入累加器 A
       MOV      R5, A            ; 累加器 A 中的差值存入 R5
  LP2: CPL      PWM              ; P1.0 取反
       MOV      A, R4            ; R4 中的值传给累加器 A
       MOV      R0, A            ; 将累加器 A 中值传给 R0
       CALL     DELAY            ; 调用延时子程序
       CPL      PWM              ; P1.0 取反
       MOV      A, R5            ; R5 中的值传给累加器 A
       MOV      R0, A            ; 累加器 A 中的值传给 R0
       CALL     DELAY            ; 调用延时子程序
       DJNZ     R3, LP2          ; R3 中值减 1 并且不等于 0 则跳转到 LP2，否则向下执行
       MOV      R3, #1H          ; R3 中值重新赋值 1
       JMP      START            ; 跳转到 START 重新开始执行
DELAY:  MOV     R1, #8FH         ; 延时子程序，延时大约为[(2+1) × 143+2+1] × (R0)+1
DELAY1: NOP
        DJNZ    R1, DELAY1
        DJNZ    R0, DELAY
        RET
        END
```

C51 语言程序如下：

```
#include<reg51.h>                      //头文件包含访问 sfr 库函数 reg51.h
#include<absacc.h>                     //头文件包含绝对地址访问库函数 absacc.h
sbit PWM=P1^0;                         //定义为变量 PWM 为 P1.0
void PWM_delay(unsigned char n)        //无类型带形参的延时子函数 PWM_delay
{
   unsigned char j, i=142;             //定义无符号字符型变量 j、i，i 赋初值 142
   while(i!=0)                         // i 不等于 0 执行循环
```

```
    {
        for(j=n; j>0; j--);                  //该指令延时 n × 8 μs，子函数延时约 n × 8 × 142 μs
            i--;
    }
}                                            //i 自减 1

void AD_change()                             //无类型子函数 AD_change，用于 A/D 转换
{
    unsigned char j, i=0;                    //定义无符号字符型变量 j、i，i 赋初值 0
    XBYTE[0xcfb8+i]=i;                       //启动 A/D 转换
    for(j=10; j>0; j--);                     //延时等待 A/D 转换完毕
        DBYTE[0x30]=XBYTE[0xcfb8];           //读 A/D 转换结果值
}

void PWM_change()                            //无类型子函数 PWM_change，用于产生 PWM 波
{
    unsigned char a, b, c, d;                //定义无符号字符型变量 a、b、c、d
    a=DBYTE[0x30];                           //将 A/D 转换值赋予变量 a
    b=DBYTE[0x30];                           //将 A/D 转换值赋予变量 b
    a<<=4;                                   //变量 a 值左移 4 位
    b&=0xf0;                                 //变量 b 和 0xf0 逻辑与运算，保留高 4 位
    b>>=4;                                   //变量 b 右移 4 位
    a=a | b;                                 //变量 a 和 b 逻辑或运算，结果重新赋予 a
    a&=0x0f;                                 //保留变量 a 低 4 位
    if(a!=0x00)                              //如果 a 不等于 0
        if(a != 0x0f)                        //如果 a 不等于 0x0f
            c=0x0f-a;                        //求 0x0f 与变量 a 的差值
    for(d=1; d>0; d--)                       //执行一次 PWM 波输出
    {
        PWM=~PWM;                            // P1.0 取反
        PWM_delay(a);                        //调用延时子函数
        PWM=~PWM;                            // P1.0 取反
        PWM_delay(c);                        //调用延时子函数
    }
}
void main()                                  //无类型主函数
{
    while(1)                                 //执行无限循环
    {
```

```
        AD_change();                  //调用 A/D 转换子函数
        PWM_change();                 //调用 PWM 波输出子函数
    }
}
```

4) 硬件、软件联调

编译、连接及常用调试命令见 1.4 节。

5) 写工作总结

略。

8.5 检 查 评 价

填写考核单，如表 8-3、表 8-4 所示。

表 8-3　数字温度计模拟显示任务考核单

任务名称：数字温度计模拟显示			姓　名			
项　目	评 分 标 准	评　分	得　分	得　分	得　分	得　分
程序设计(45 分)	① 程序设计合理、正确(有典型错误处一次扣 5 分)	35 分				
	② 问题回答	10 分				
程序调试(30 分)	① 正确建立文件夹、文件名(不能正确建立文件夹、文件名，每次扣 5 分)	5 分				
	② 会查找错误，灵活使用各种调试方法(调试过程中不会查找错误，每次扣 5 分)	10 分				
	③ 调试结果正确	15 分				
团队协作(10 分)	小组在接线、程序调试过程中，团结协作，分工明确，完成任务(有个别同学不动手，不协作，扣 10 分)	10 分				
扩展能力(5 分)	能够举一反三，采用多种编程方法，编程简洁、灵活	5 分				
安全文明意识(10 分)	① 不遵守操作规程扣 4 分	4 分				
	② 结束不清理现场扣 4 分	4 分				
	③ 不讲文明礼貌扣 2 分	2 分				
总　分		100 分				
备　注						
指导教师签字	年　月　日					

表 8-4　直流电机的 PWM 调速控制任务考核单

任务名称：直流电机的 PWM 调速控制			姓　名			
项　目	评 分 标 准	评分	得分	得分	得分	得分
程序设计 (45 分)	① 程序设计合理、正确(有典型错误处一次扣 5 分)	35 分				
	② 问题回答	10 分				
程序调试 (30 分)	① 正确建立文件夹、文件名(不能正确建立文件夹、文件名，每次扣 5 分)	5 分				
	② 会查找错误，灵活使用各种调试方法(调试过程中不会查找错误，每次扣 5 分)	10 分				
	③ 调试结果正确	15 分				
团队协作 (10 分)	小组在接线、程序调试过程中，团结协作，分工明确，完成任务(有个别同学不动手，不协作，扣 10 分)	10 分				
扩展能力 (5 分)	能够举一反三，采用多种编程方法，编程简洁、灵活	5 分				
安全文明意识 (10 分)	① 不遵守操作规程扣 4 分	4 分				
	② 结束不清理现场扣 4 分	4 分				
	③ 不讲文明礼貌扣 2 分	2 分				
总　分		100 分				
备　注						
指导教师签字	年　　月　　日					

思考与练习

1. A/D 转换器的主要性能指标有________和________。

2. A/D 转换器按照转换原理可分为________式、________式和________式。

3. ADC0809 是________通道________位逐次逼近式 A/D 转换器。

4. DAC0832 有三种工作方式，分别为________方式、________方式和________方式。

5. LED 数码管的使用与发光二极管相同，根据其材料不同正向压降一般为V，额定电流为________mA。

6. D/A 转换器是一种把________信号转换成________信号的器件。

7. 已知 ADC0809 在进行 A/D 转换时 DPTR 值为 DFFF9H，当前 A/D 的通道编号是(　　)。

A. 0　　B. 1　　C. 2　　D. 3

8. 若 ADC0809 的 $U_{REF}=5$ V，输入模拟信号电压为 2.5 V，那么 A/D 转换后的数字量是多少？若 A/D 转换后的结果为 60H，那么输入的模拟信号电压是多少？

9. 一个 8 位的 A/D 转换器的分辨率是多少？若基准电压为 5 V，那么该 A/D 转换器能分辨的最小电压变化是多少？10 位和 12 位呢？

10. 根据图 8-17，对 8 路模拟信号轮流采样一次，并依次把转换结果存储到片内 RAM 以 DATA 为起始地址的连续单元中，采用查询方式。

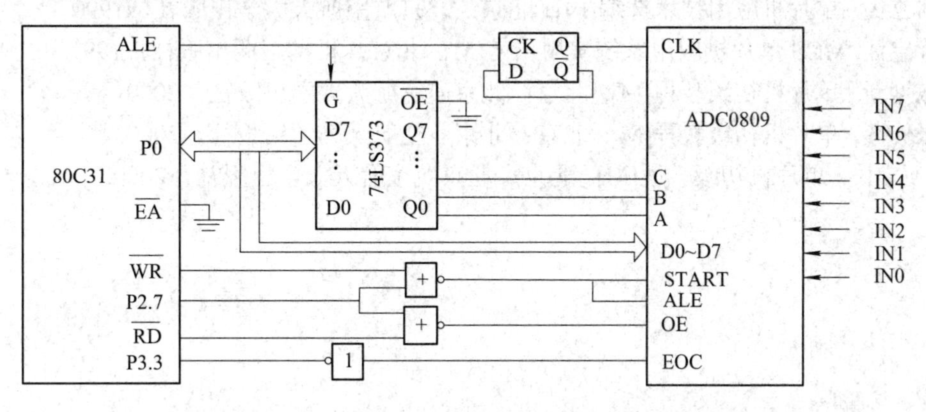

图 8-17　题 10 电路图

参 考 文 献

[1]　张志良. 单片机原理与控制技术[M]. 北京：机械工业出版社，2016.
[2]　马忠梅. 单片机的 C 语言应用程序设计[M]. 北京：北京航空航天大学出版社，2005.
[3]　何立民. 单片机高级教程[M]. 北京：北京航空航天大学出版社，2000.
[4]　陈涛. 单片机应用及 C51 程序设计[M]. 北京：机械工业出版社，2010.
[5]　李华. MCS-51 单片机实用接口技术[M]. 北京：北京航空航天大学出版社，1990.
[6]　何立民. 单片机应用技术选编[M]. 北京：北京航空航天大学出版社，1990.
[7]　陈宝江. MCS 单片机应用系统实用指南[M]. 北京：机械工业出版社，1997.
[8]　张迎新. 单片机初级教程[M]. 北京：北京航空航天大学出版社，2000.
[9]　张俊藻. 单片机初级教程[M]. 北京：北京航空航天大学出版社，2000.
[10]　何立民. 单片机初级教程[M]. 北京：北京航空航天大学出版社，2000.